I0046772

HISTOIRE

NATURELLE

DES POISSONS.

STRASBOURG , imprimerie de V.ᶜ Berger-Levrault.

HISTOIRE

NATURELLE

DES POISSONS,

PAR

M. LE B.ON CUVIER,

Pair de France, Grand-Officier de la Légion d'honneur, Conseiller d'État et
au Conseil royal de l'Instruction publique, l'un des quarante de l'Académie
française, Associé libre de l'Académie des Belles-Lettres, Secrétaire per-
pétuel de celle des Sciences, Membre des Sociétés et Académies royales de
Londres, de Berlin, de Pétersbourg, de Stockholm, de Turin, de Gœttingue,
des Pays-Bas, de Munich, de Modène, etc.;

ET PAR

M. A. VALENCIENNES,

Professeur de Zoologie au Muséum d'Histoire naturelle, Membre de l'Académie
royale des sciences de Berlin, de la Société zoologique de Londres, etc.

TOME QUINZIÈME.

A PARIS,

Chez Ch. PITOIS, éditeur, rue de la Harpe, n.° 81.
STRASBOURG, chez V.e LEVRAULT, rue des Juifs, n.° 33.

1840.

AVERTISSEMENT.

Je finis de traiter dans ce volume de la famille des siluroïdes, si nombreuse, que l'on trouvera la description de près de trois cents espèces. C'est une de celles de la classe des vertébrés qui mérite le plus de fixer l'attention du naturaliste, à cause de la variété d'organisation que présentent la plupart de ces poissons comparés avec tous les autres en général, ou même à cause de la variété que les espèces les plus voisines les unes des autres offrent dans cette même famille. Ces silures habitent généralement les eaux douces du globe, mais nous en voyons quelques-uns s'égarer dans les mers. Ils vivent en plus grand nombre sous les latitudes équatoriales; mais la nature leur a fait aussi supporter la rigueur de latitudes boréales assez froides, ou même les fait s'élever à des hauteurs considérables sur les montagnes, ainsi que nous en avons la preuve dans les plus hautes régions des Cordillères du Pérou.

Cette famille a un seul représentant en Europe, où il ne s'est pas également répandu, car

l'Autriche méridionale, l'Italie, la France o
l'Espagne ne connaissent pas le Glanis. Commo
mun dans certains lacs de la Suisse ou de l
Hollande, il est rare dans le Rhin et dans ses
affluens; il devient commun dans l'Elbe, dans
la Sprée, dans le Danube et dans toutes les
eaux douces de l'Est de l'Europe jusqu'aux Dar
danelles, où il entre volontiers dans la mer.
Les formes de notre silure sont plus variées
et par conséquent les espèces en sont plus
nombreuses, en Asie ; elles se retrouvent o
Afrique, mais en un petit nombre, et avec une
physionomie si particulière, qu'elles constituen
un groupe, celui des Schilbés. L'Amérique,
riche en siluroïdes, manque des formes de
silures asiatiques. La nature a même encoro
varié le type des silures en Asie, en y créan
les bagres, silures avec une adipeuse derrière
la dorsale. Sur les cinquante-neuf espèces qu
j'ai décrites, quarante appartiennent à l'Asie
huit à l'Afrique. Cette forme se montre en Amé
rique, qui nous en a fourni peu d'espèces; ma
dans les eaux douces du nouveau monde a
conformation des Bagres s'est modifiée en cel
des Platycéphales, qui se composent de ono

espèces, et en celle des Galéichthes, dont la plupart sont marins. Un seul d'entre eux habite les mers de l'Afrique australe. Les eaux douces des deux continens deviennent à leur tour peuplées, principalement dans la zone équatoriale, par d'autres siluroïdes, qui ne sont que des bagres avec de légères modifications aux dents palatines. Ce sont nos Arius, dont nous avons signalé quarante espèces : dix-sept d'entre elles sont américaines, deux vivent en Afrique, et vingt et une sont asiatiques.

Les Pimélodes, autre modification des silures ou mieux des bagres, et qui se distinguent de ces derniers par le manque de dents au palais, doivent être regardés comme une forme américaine, représentée en Asie par douze espèces, et en Afrique par deux seulement. Ces siluroïdes américains se tiennent plus en dehors des tropiques que les autres poissons de la famille. Nous en voyons plus du tiers des espèces peupler l'Ohio et même le Saint-Laurent, et remonter jusque dans les latitudes septentrionales parcourues par le capitaine Francklin et le docteur Richardson.

Les groupes Silures, Bagres et Pimélodes

constituent les trois principales formes des Siluroïdes, et leurs petites modifications ont donné
lieu à des subdivisions génériques que nous ne
devons pas mentionner ici, car elles ne sont
composées que d'un trop petit nombre d'espèces
chacune, et qui n'appartiennent pas spécialement à une région du globe. Après elles, nous
n'avons cependant à signaler que quelques groupes peu nombreux en espèces, mais qui sont jusqu'à présent limités à certains continens. Ainsi
les Synodontes, avec leurs dents crochues et
mobiles, mode de dentition qui rappelle celui
de certains acanthoptérygiens, appartiennent
au Nil ou au Sénégal. Nous ne les avons pas
encore reçus de l'hémisphère austral. Les Doras
et les Callichthes, si curieux par leur corps cuirassé et les trajets qu'ils font à travers les terres,
sont américains.

Nous trouvons aussi sur ce continent ces Pimélodes alpins, qui vivent sur des hauteurs de
3000 à 5000 mètres au-dessus du niveau de la
mer; et ceux aussi qui, d'après les précieuses
observations de mon illustre ami, M. de Humboldt, pénètrent dans les entrailles de la terre,
et montrent au physiologiste de nouveaux effets

de la puissance vitale, dans les lacs intérieurs de ces gigantesques volcans américains, qui rejettent ces poissons lors de leurs éruptions.

Dans les grandes chaînes de l'Asie, un seul silure (*Sil. lamghur,* Heckel) a été jusqu'à présent observé à une hauteur de 2000 mètres au-dessus du niveau de la mer. Par ses caractères, cette espèce appartient aux autres silures des eaux douces qui arrosent les plaines du Bengale; car ce *silurus lamghur* est voisin, comme le remarque très-justement M. de Heckel, du *Sil. pabda,* Ham. Buch. et Cuv.-Val., XIV, p. 364. Dans l'ancien monde, les forces de la nature entretiennent à cette élévation des êtres vivans semblables à ceux qui peuplent les eaux de nos plaines les plus basses. Cette observation ne s'applique pas au seul silure que je viens de citer, mais elle prend un caractère de généralité tout-à-fait important, quand l'on verra dans les volumes suivans que les eaux douces de Cachemire nourrissent des cyprinoïdes appartenant pour la plupart aux genres qui vivent dans les eaux qui coulent à de très-petites hauteurs au-dessus du niveau de la mer, et que les différences spécifiques sont même assez légères.

Ces comparaisons deviennent encore plus curieuses et plus dignes de frapper l'attention du
naturaliste, si on l'étend jusqu'aux animaux de
la classe des mollusques. Victor Jacquemont a
envoyé du lac de Cachemire les lymnées de nos
étangs d'Europe, *Lymnæus stagnalis*, *Lymn.*
auricularis, *Lymn. pereger*, et l'on voit par
la quantité d'individus recueillis par ce voyageur que ces espèces y abondent.

Dans les Cordillères d'Amérique, la nature
s'y montre plus variée, plus créatrice ; car les
siluroïdes alpins dont j'ai publié la description,
soit d'après mes propres observations, soit d'a-
près celles de M. de Humboldt, appartiennent
à des genres tout-à-fait distincts, et ont des
caractères tellement importans, que l'Astroblepus, par exemple, siluroïde apode, a été
regardé comme un poisson d'un tout autre
ordre. Ce même caractère d'originalité se retrouve aussi dans les précieuses espèces de Cyprinoïdes que l'ichthyologie devra aux soins
éclairés de M. Pentland. Dans ces montagnes
du nouveau monde, on trouve donc, si l'on
peut ainsi s'exprimer, des êtres d'une création
toute spéciale, et ne se laissant rattacher à ceux

observés sur le globe en général que par des caractères cachés difficiles à saisir.

Un autre fait très-digne de remarque et qui doit naturellement être cité à l'occasion de ces observations sur la distribution oréographique des poissons, c'est que les truites ne paraissent pas exister dans les montagnes soit de l'Inde, soit de l'Amérique; tandis que ce sont les poissons qui s'élèvent sur les chaînes d'Europe aux plus grandes hauteurs. M. Ramond a observé des truites (*salmo fario*) jusqu'à 2500 mètres dans les Pyrénées, et cependant dans les eaux des plaines de l'Inde et de l'Amérique les espèces de salmonoïdes sont abondantes.

Les Clarias et les Hétérobranches, avec leurs branchies compliquées d'organes accessoires, le plus souvent arborescens, sont propres à l'ancien continent, et surtout à l'Asie, quoique les plus grandes espèces, et celles qui avaient été décrites les premières, vivent dans le Nil.

Les Asprèdes, les Loricaires et leurs démembremens sont américains, et fixeront l'attention de l'anatomiste philosophe, puisque ces genres joignent aux anomalies caractéristiques de tous les siluroïdes, une autre, unique jusqu'à présent dans la classe des poissons. Leur opercule n'est plus mobile, et le mécanisme de la respiration s'exécute par le jeu des pièces qui forment l'arcade temporo-palatine.

Je viens de parler d'une sorte d'anomalie constante de certaines dispositions organiques qu'offrent à notre observation et à nos méditations tous les Siluroïdes. Ils manquent tous, en effet, d'un des os de l'appareil operculaire. Le sous-opercule n'existe plus chez eux : l'absence de cet os devient un caractère anatomique essentiel qui sert à les distinguer des poissons de la famille des Cobitis, dont je vais traiter dans le volume suivant.

Ce fait anatomique est sans doute un des plus curieux de l'anatomie comparée des poissons. Chez les poissons, dont le nombre des espèces est si considérable, nous trouvons dans l'appareil de la respiration une constance dans les formes et dans la composition de l'organe telles que nous devons les supposer *a priori,* vu l'importance de la fonction remplie par ces organes pour l'organisme de l'animal.

Quand la nature nous présente de ces exceptions qui viennent se jouer de nos méthodes,

nous les voyons en quelque sorte isolées, et
une seule espèce nous offre ce que nous appelons alors une anomalie. Je citerai, pour mieux
faire connaître ma pensée, la Baudroye, qui,
seule entre tous les acanthoptérygiens, n'a que
trois arceaux branchiaux, et par conséquent
trois paires de branchies au lieu de quatre,
comme cela a lieu dans tous les autres poissons;
mais voici une famille toute entière, comprenant près de trois cents espèces réunies dans
une collection, examinées par les naturalistes
et n'ayant plus que trois osselets à l'opercule
au lieu de quatre. Ce caractère se conserve avec
constance, quelles que soient d'ailleurs les variations des autres parties, et elles sont grandes
et aussi inattendues souvent que dans les autres
familles de poissons. Ainsi tous les Siluroïdes
sont abdominaux, et cependant les eaux de Popayan recèlent un siluroïde apode. Tous les Siluroïdes ont une vessie aérienne, mais les eaux
douces du Bengale nourrissent deux ou trois
espèces qui manquent de cet organe, par conséquent des osselets destinés à cette vessie,
quoique la grande vertèbre et la production
interpariétale soient non moins développées que

dans les autres Pimélodes. Enfin, cette famille renferme un poisson qui partage avec la torpille et le gymnote la faculté si rare dans la classe, et si merveilleuse, de foudroyer à volonté par la force de sa batterie électrique.

Je termine ce volume par l'histoire naturelle des Malaptérures ou des Silures électriques, connus jusqu'à ce jour dans les eaux douces de l'Afrique, depuis l'Égypte jusqu'au cap Sofala.

Nos lecteurs pourront voir que j'ai ajouté des observations nouvelles sur l'anatomie de leur organe électrique. J'en ai également fait de nouvelles sur le Plotose, et j'oserai dire sur la plupart des genres dont j'ai décrit l'histoire dans ce volume. J'ai ajouté beaucoup de nouveaux genres à ceux établis par M. Cuvier dans la seconde édition du Règne animal, de sorte que j'ai entièrement refondu son travail, et que, si ses travaux m'ont servi de guide et m'ont éclairé pour traiter de cette famille, comme pour les familles précédentes, je n'ai pas, cependant, la moindre part du travail en y ayant ajouté les nombreux matériaux accumulés depuis les dix dernières années dans les riches collections du Muséum d'histoire naturelle.

Pendant que ces pages étaient à l'impression, je viens de recevoir le travail de M. Heckel sur les poissons de Cachemire, ouvrage précieux qui nous fait connaître les savantes récoltes de M. le baron de Hugel, et répare scientifiquement la perte des collections faites dans ces mêmes eaux par notre célèbre compatriote, V. Jacquemont. Un autre ouvrage très-important pour l'histoire des poissons de l'Inde, vient aussi de m'être adressé par M. M'Clelland. Ces deux ouvrages vont m'aider pour la rédaction de l'histoire des Cyprinoïdes. Je leur témoigne ici ma reconnaissance pour l'appui qu'ils me prêtent dans une entreprise aussi laborieuse que celle de l'histoire de l'Ichthyologie.

Au Jardin du Roi, Août 1840.

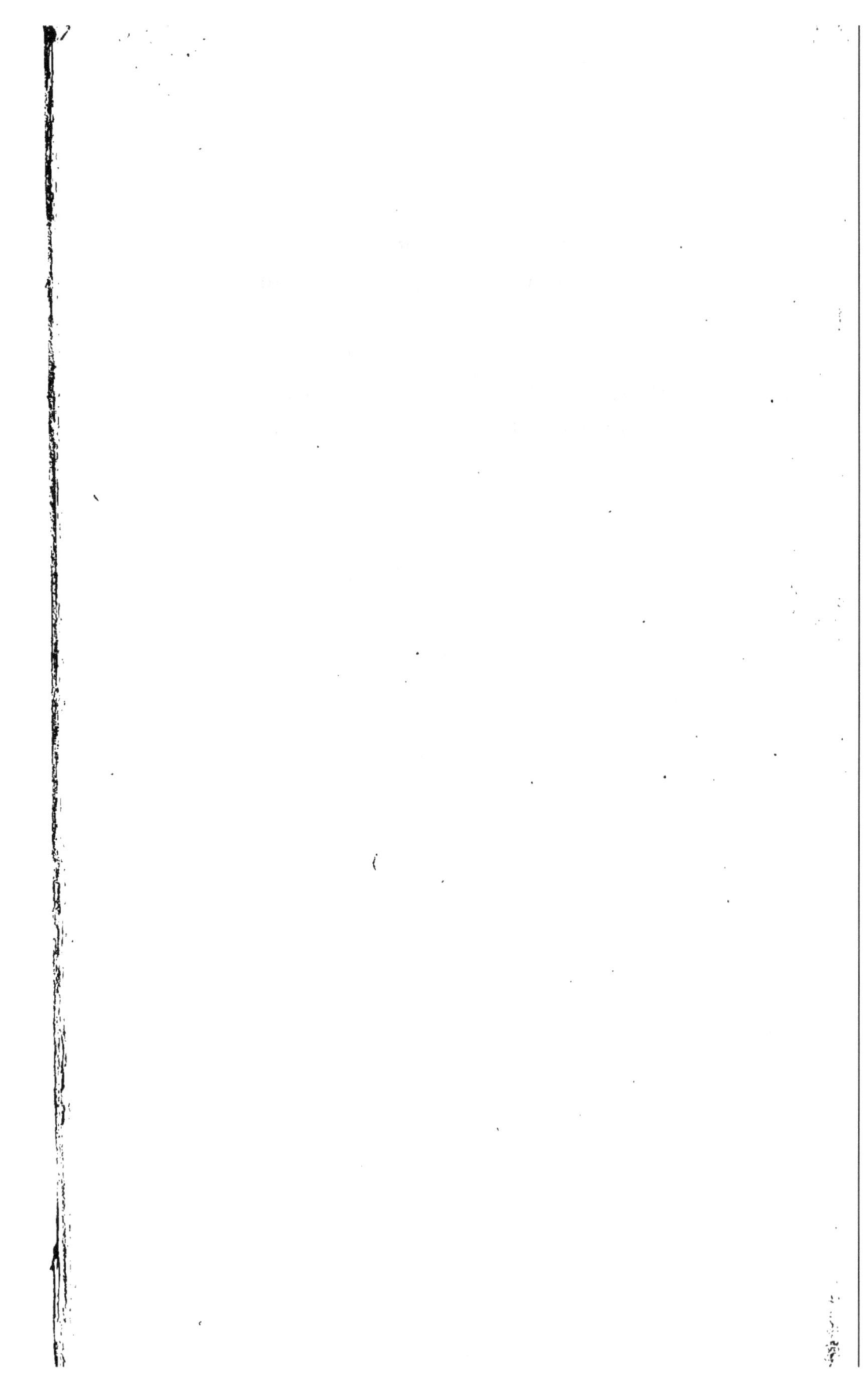

TABLE
DU QUINZIÈME VOLUME.

SUITE DU LIVRE DIX-SEPTIÈME.

CHÁPITRE V.

15.   b

TABLE. xix

TABLE. XX**j**

CHAPITRE VII.

CHAPITRE VIII.

DES AUCHÉNIPTÈRES (*AUCHENIPTERUS*, nob.).. 207

CHAPITRE IX,

TABLE.   XXV

CHAPITRE X.

CHAPITRE XI.

CHAPITRE XII.

CHAPITRE XIII.

CHAPITRE XIV.

TABLE.   XXIX

CHAPITRE XVII.

CHAPITRE XVIII.

CHAPITRE XIX.

CHAPITRE XX.

HISTOIRE

NATURELLE

DES POISSONS.

SUITE DU LIVRE DIX-SEPTIÈME.

Continuation des MALACOPTÉRYGIENS
SILUROÏDES.

CHAPITRE V.

De quelques genres voisins des Bagres,
les Phractocéphales, *les* Platystomes,
les Galéichthys, *les* Pangasis *et les*
Silundies.

Nous allons continuer dans ce volume l'histoire naturelle des siluroïdes, dont nous avons fait connaître les premiers genres dans le volume précédent. Les bagres qui le terminent, constituent un genre naturel, caractérisé par la bande de dents en velours, tracée en arc plus ou moins large derrière l'arcade dentaire des intermaxillaires.

Nous avons encore plusieurs siluroïdes très-voisins des bagres, mais offrant quelques particularités qui ont paru suffisantes à quelques zoologistes pour les séparer en plusieurs genres. Ces coupes génériques ne sont, à mon avis, que très-secondaires, car la dentition de toutes ces espèces ne diffère nullement de celle des bagres déjà décrits; mais cependant j'ai cru pouvoir tenir compte des petites variations de formes extérieures, et conserver ces sous-genres, qui rendront plus précis les caractères du genre des bagres, lequel sera par cette méthode mieux circonscrit.

DES PHRACTOCÉPHALES.

(*Phractocephalus*, Agass.)

Le premier groupe de ces sous-genres, établi par M. Agassiz, a été nommé *Phractocephalus*. Son caractère consiste dans les rayons osseux incomplets, enchâssés dans le bord supérieur de la nageoire adipeuse. La tête, aplatie, a un casque osseux profondément ciselé, et un bouclier élargi en ovale transverse au-devant du premier rayon épineux de la dorsale. Il est libre et tout-à-fait séparé de pièces osseuses du crâne. Les rayons branchiostèges sont au nombre de neuf. La bouche est garnie de six filets.

Le PHRACTOCÉPHALE HÉMILIOPTÈRE.

(*Phractocephalus hemiliopterus*, Agassiz.)

On ne connaît encore qu'une espèce de ce genre, qui a été décrite dans le Bloch posthume, p. 385, n.º 22, sous le nom de *silurus hemiliopterus*. Depuis, M. Spix l'a retrouvée dans l'Amazone, et l'a fait figurer, pl. VI, sous le nom de *siraraa bicolor,* que M. Agassiz a changé dans le texte en celui que nous adoptons.

Sa tête est énorme; mesurée jusqu'à l'ouïe elle fait le quart de la longueur du poisson; jusqu'au bout de la proéminence interpariétale elle approche d'en faire le tiers; sa largeur égale la première de ces deux mesures, et elle en a les deux tiers en hauteur. Sa proéminence interpariétale est en forme de grand demi-cercle, dont le diamètre, presque égal à la largeur du casque derrière les yeux, est trois fois dans sa longueur prise du museau. Au bout de cette proéminence les surscapulaires n'y ajoutent qu'un petit triangle de chaque côté. Le bouclier, aussi large que la proéminence, mais d'un quart moins long, est arrondi aux côtés, échancré en arrière, et présente ainsi la forme d'un rein. La pointe humérale, un peu plus longue que haute, est aiguë; sa surface, celle de l'opercule, celle du bouclier, celle du casque jusqu'en avant des yeux sont profondément vermiculées, même dans les jeunes sujets. Le bas de l'opercule et l'intéropercule ne sont que striés; le limbe du préopercule est lisse. L'œil est un peu après le tiers antérieur et dirigé sur le côté; son diamètre est du septième de la longueur de la tête prise jusqu'à l'ouïe. Il y a près de quatre de ces diamètres d'un œil à l'autre. Une petite solution de continuité, en ellipse alongée, se voit entre les deux yeux. Les orifices des narines sont fort petits; le premier, près de la lèvre, un peu en dedans du barbillon maxillaire, a un léger rebord; l'autre, à moitié distance de celui-là à l'œil, paraît simple; le barbillon maxillaire atteindrait le côté du bouclier, les autres sont d'un tiers et de moitié plus courts. Chaque mâchoire a une large bande de dents en fin velours ras, et il y a en outre au palais, non plus une bande, mais un très-grand triangle, presque aussi large que ces bandes et plus long, qui paraît entièrement garni de ce même velours ras. La membrane des ouïes est échancrée et a neuf rayons, dont les deux supérieurs sont larges et striés. L'épine pectorale, de plus du septième de la longueur totale, est très-forte, comprimée, striée ou même vermiculée, fortement crénelée aux deux bords. L'épine dorsale, un peu plus courte, moins forte, arrondie, n'a aucune dentelure. Dans les grands individus elle est aussi vermiculée. Cette nageoire est coupée carrément, du

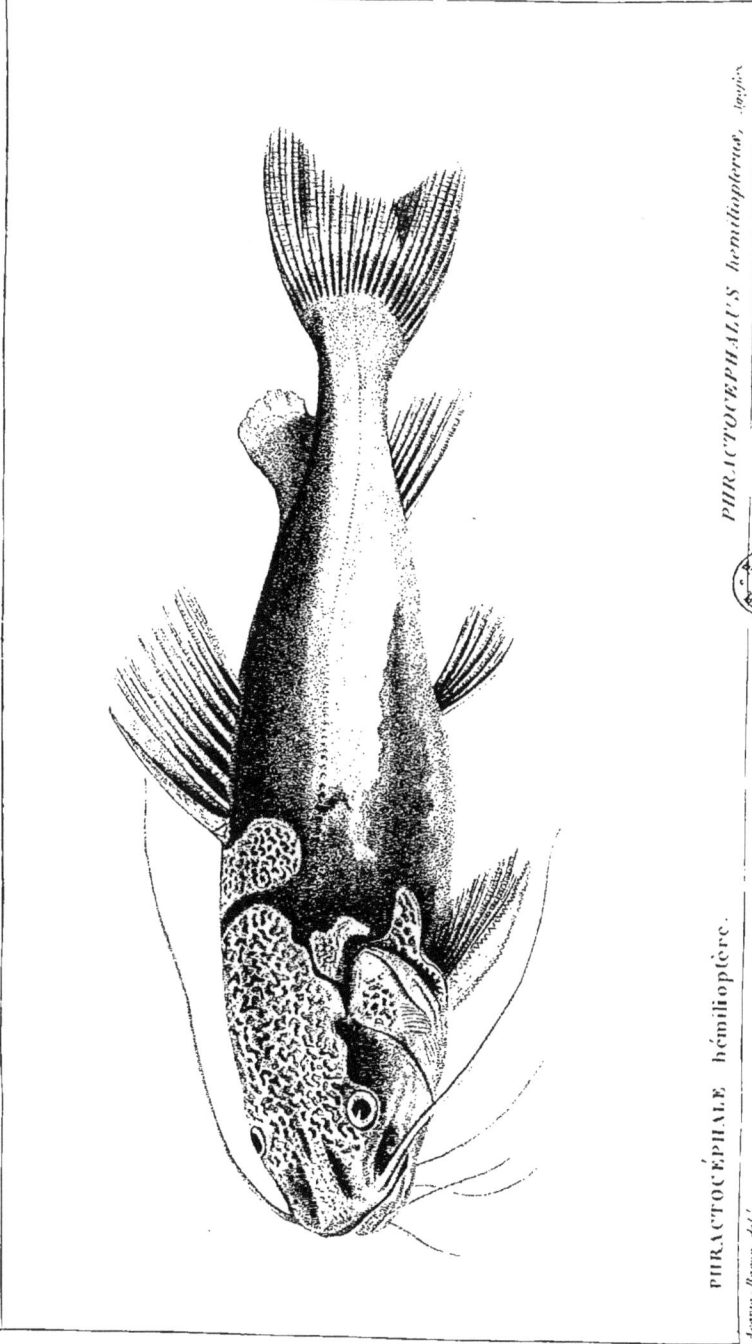

PHRACTOCÉPHALE hémiloptère.

PHRACTOCEPHALUS hemiliopterus, Agass.

Acarie Baron del.￼￼ Impr.ᵉ de Langlumé￼￼ Mᵐᵉ Boulud sculp.

septième de la longueur totale, et un peu moins haute que longue. Les ventrales, attachées un peu après le milieu, répondent au bord postérieur de la dorsale et sont d'un quart moindres que les pectorales. L'anale commence après le deuxième tiers de la longueur, est fort courte et deux fois plus haute. L'adipeuse, qui lui répond, n'a que moitié de sa hauteur et est arrondie ; tout son bord supérieur est garni de filets osseux qui semblent des vestiges de rayons : il y en a quinze ou seize. La caudale paraît avoir été coupée carrément ou légèrement échancrée en arc de cercle.

B. 9 ; D. 1/7 ; A. 8, dont le premier caché dans le bord ; C. 17 et quelques petits ; P. 1/9 ; V. 6.

Bloch et M. Agassiz parlent d'un petit orifice muqueux au-dessus de la base de la pectorale, que nous n'avons pas pu reconnaître.

A l'état sec ce poisson paraît d'un brun roussâtre, moucheté de points noirâtres; une large bande d'un jaune pâle en parcourt le flanc dans toute sa longueur. La figure de M. Spix montre que ses couleurs n'ont pas été altérées par le dessèchement. M. Agassiz, qui l'a disséqué, dit, que

l'œsophage se dilate en un grand estomac musculeux qui remplit une grande partie de la cavité abdominale, et a du côté gauche une boursoufflure aveugle. Le pylore est tout près du cardia. L'intestin grêle fait divers replis, et donne dans un gros intestin du double plus large, placé au côté gauche de l'épine et qui se rendrait à l'anus. Le foie est très-petit; la rate est lobée; la vessie natatoire en forme de cœur; la vessie urinaire, fort grande, en forme de poire, etc.

Ce poisson devient grand. Le Cabinet du Roi en possède un individu de trois pieds et demi, cédé par le Cabinet de Lisbonne avec un autre de quinze pouces. Il y en a un à Munich de deux pieds et demi, et un d'un pied dans la liqueur. L'exemplaire de Bloch avait quatre pieds.

Nous n'en avons trouvé d'indication dans aucun des auteurs antérieurs à l'Ichthyologiste de Berlin, et nous-mêmes n'avons reçu aucunes notes sur ses habitudes.

M. le docteur Roulin l'a vu et dessiné en Colombie, où on le nomme *cajaro*. Il y parvient, dit-il, à deux pieds et demi; et il y en a une race ou une variété plus petite, qui n'en diffère que parce que sa ligne latérale est noire.

DES PLATYSTOMES.
(*Platystoma*, Agassiz).

M. Agassiz a également changé en Platystome la dénomination de *Sorubim,* que Spix avait employée pour désigner certains siluroïdes à museau déprimé, et remarquables, en général, par le nombre considérable de rayons branchiostèges. Les dents sont sur une bande transverse, mais plus nettement divisées en deux plaques de chaque côté de la ligne moyenne du vomer, que dans les bagres déjà décrits. Ces espèces commencent à nous conduire vers ces deux plaques de dents vomériennes bien distinctes qui caractérisent les *Arius.*

Nous aurions même placé les Platystomes comme une sous-division de ces derniers, si nous n'avions un certain nombre d'espèces voisines du *Platystoma Vaillantii,* qui lient encore plus intimement les siluroïdes à museau déprimé aux bagres dont nous avons déjà donné la description.

Les Platystomes paraissent atteindre à une longueur assez considérable; car nous en avons dans nos collections des individus de cinq pieds, et les voyageurs s'accordent à les signaler comme plus grands encore.

Nous commencerons par la description de l'espèce connue déjà depuis long-temps par Bloch, et qui est la plus caractérisée du genre par l'aplatissement de son museau fort avancé.

Le PLATYSTOME LIME

(*Platystoma lima,* Ag.; *Silurus lima,* Bl. Sch., p. 384, n.° 21; *Sorubim infraocularis,* Spix, pl. XV.)

est l'espèce où les caractères de ce genre sont portés au plus haut degré, par l'extrême aplatissement de sa tête, la grande saillie de sa mâchoire supérieure et le nombre de ses rayons branchiostèges.

Sa tête, du museau à l'ouïe, est trois fois et demie dans sa longueur totale; la largeur d'un opercule à l'autre est deux fois et demie dans sa longueur; le museau est aminci au point de ne plus présenter qu'une lame demi-circulaire, qui dépasse la mâchoire inférieure de moitié de sa largeur, et dont tout le dessous est garni d'innombrables dents en velours. Ses dents voméro-palatines sont divisées en quatre parties, deux triangulaires au vomer et deux oblongues sur les côtés, toutes assez grandes. La mâchoire inférieure, coupée en demi-cercle, n'a qu'une bande étroite de dents, aussi en velours. L'œil est au bord externe de la tête, au milieu de sa longueur, à une distance de la commissure égale à celle de l'angle de la bouche au bout de la mâchoire supérieure, et il est placé de manière à regarder aussi bien en dessous qu'en dessus. Le casque est finement granulé, jusques entre les yeux. Plus en avant il n'est que strié; sa largeur, derrière l'œil, est du quart de la longueur de la tête, non compris la proéminence interpariétale, qui elle-même égale presque le quart du reste, et est à peu près rectangulaire et de moitié moins large que longue. La plaque interépineuse est en triangle isoscèle, de moitié plus longue que large et finement granulée, ainsi que la pointe de l'huméral, qui est aussi un peu plus longue que large. L'opercule n'est que légèrement strié en rayons; le barbillon maxillaire atteindrait au milieu de la pectorale, le sous-mandibulaire externe à l'ouïe. Les orifices de la narine sont deux assez petits trous ; le supérieur un peu en dedans de la racine du barbillon maxillaire, l'inférieur près du bord de la lèvre. Il y a quinze, et peut-être même seize rayons aux ouïes, qui sont fendues jusques entre les commissures des mâchoires ; encore je ne puis compter les rayons que sur un individu desséché ; il serait possible que le dernier, qui est collé sous l'opercule, et que le premier, qui est très-petit, vinssent à m'échapper. L'épine dorsale, aussi haute que le corps, est assez grêle, lisse et sans dentelures ; celle de la pectorale est plus large, comprimée, très-finement striée, et a de petites dentelures à son bord postérieur, seulement les ventrales sont moins longues que les pectorales. L'adipeuse est petite, mais l'anale prend plus du septième de la longueur. La caudale n'a pas même cette longueur, et est échancrée : ses lobes diffèrent peu en longueur. M. Spix représente le supérieur plus étroit et plus pointu ; c'est cependant ce que je n'observe point dans mon individu ; mais il est vrai que le lobe inférieur est plus large et a douze rayons entiers, tandis que le supérieur n'en a que sept. Le premier rayon des ventrales est presque épineux ; mais le bout en est articulé.

B. 16 ; D. 1/7 ; A. 20 ou 21 ; C. 21 ; P. 1/9 ; V. 6.

La ligne latérale est garnie dans son commencement de cinq ou six petites lames osseuses granulées ; ensuite elle n'a que des élevures alternativement simples, ou augmentées d'une branche en dessous.

Le dos de ce poisson est d'un brun verdâtre foncé,

semé de taches et d'ondes noirâtres; le dessous d'un blanc argenté : dans le brun au-dessus de la ligne latérale règne tout du long une bande fauve, qui commence à l'œil et finit sur le lobe supérieur de la peau, où elle s'épanouit ; la bande inférieure du brun se continue au bord inférieur de ce même lobe.

Le sujet de cette description, long de dix-huit pouces et desséché, a été cédé au Cabinet du Roi par celui de Lisbonne. C'est aussi la taille de celui qui est décrit dans le Système posthume de Bloch. M. Agassiz n'en a eu sous les yeux qu'un individu de neuf pouces, rapporté par Spix, qui l'avait nommé *sorubim infraocularis*. L'espèce habite le fleuve des Amazones et les autres rivières du Brésil équatorial.

Le Platystome tigre

(*Platystoma tigrinum*, nob.)

diffère beaucoup du *Pl. lima* par sa mâchoire supérieure, qui ne dépasse que de fort peu l'inférieure ;

mais son casque et les parties attenantes de son armure sont à peu près semblables, ainsi que ses épines. Les dents de sa mâchoire supérieure sont sur une bande large à ses deux extrémités, mais fort rétrécie au milieu ; celles du palais forment une demi-ellipse, dont la partie antérieure est très-large et produit un lobe obtus à son extrémité, dont les branches

PLATYSTOME tigré.

PLATYSTOMA tigrinum, nob

Kireru-Rinen del.

Imp.^e de Langlume

W^{me} Bouchet sculp.^t

se prolongent en partie vers l'arrière. Son corps est un peu plus gros, et n'a son épaisseur que six fois et demie dans sa longueur. Sa tête y est trois fois et un tiers. L'œil n'est pas si bas, mais au bord du casque et dirigé un peu vers le haut. L'anale est plus courte; les lobes de la caudale sont arrondis, et égaux pour la largeur comme pour la longueur; c'est au plus si les barbillons maxillaires atteignaient l'ouïe.

B. 16; D. 1/6; A. 11; C. 17; P. 1/9; V. 6.

La disposition de ses couleurs, qui ont quelque rapport avec celles du tigre royal, est ce qui nous a suggéré son épithète scientifique : sur un fond qui peut avoir été argenté, teint de verdâtre vers le dos, sont des bandes transverses irrégulières, noires; derrière l'ouïe il en est une presque circulaire ; ensuite, jusque vers le milieu de la longueur, il y en a une douzaine, dont quelques-unes sont alternativement plus courtes que les autres, et dont les plus longues sont quelquefois divisées vers le bas; plus en arrière ces bandes se joignent les unes aux autres, de manière à former un réseau à larges mailles irrégulières. Les trois nageoires verticales et les ventrales ont de petites taches noires sur leurs rayons dont le fond paraît avoir été fauve ou rougeâtre. Je n'en vois point sur les pectorales.

Notre description est faite sur un individu de trente-trois pouces, venu aussi du Cabinet de Lisbonne, et probablement originaire du Brésil, mais sur lequel nous n'avons pas de renseignemens particuliers.

Le Platystome d'Orbigny.

(*Platystoma Orbignianum*, n.; Atl. ichth. de d'Orb.,
Voy. dans l'Amér. mérid., pl. 4, fig. 3.)

M. d'Orbigny nous a envoyé un platystome
très-semblable au *Pl. tigrinum* pour la forme
et les détails de son armure, de ses dents et
de ses nageoires, mais où les couleurs sont
autrement distribuées.

Sa tête prend tout près du tiers de sa longueur;
son barbillon maxillaire ne dépasse pas l'ouïe.

B. 17; D. 1/6; A. 15; C. 17; P. 1/9; V. 6.

Tout le dessus est d'un plombé noirâtre; le dessous d'un blanc d'argent. De grosses taches rondes
et noires sont semées sur toute la partie supérieure
du corps (la tête n'en a point), et il y en a une
rangée irrégulière de plus petites sur le haut de la
partie blanche. Quatorze ou quinze traits verticaux,
blancs, se détachent sur chaque flanc dans le noirâtre au-dessus de la ligne latérale, et de manière
qu'il n'y ait guère qu'une ou deux rangées verticales
de taches noires entre deux de ces traits blancs. La
dorsale a des points noirs sur ses rayons. Il y en a
aussi sur la caudale et sur l'adipeuse, quelquefois ce
sont de petites taches clair-semées. L'anale en a deux
ou trois, mal marquées, et son bord est noirâtre. Les
nageoires paires sont grises et sans taches.

D'après le dessin de M. d'Orbigny, le frais né
diffère de ce que nous venons de dire que par une

teinte rosée à la caudale, à l'anale et aux ventrales : mais ce dessin porte à croire que les taches noires se joignent quelquefois de manière à former des lignes entre les traits blancs, ce qui pourrait faire regarder le *Pl. tigrinum* et celui-ci comme des variétés.

Notre individu, dans la liqueur, est long de vingt pouces. Je n'ai pu en examiner les viscères, qui n'avaient pas été conservés dans le seul exemplaire parvenu au Cabinet du Roi. On peut compter les vertèbres abdominales qui suivent la grande vertèbre : elles sont au nombre de treize.

Voici les renseignemens que M. d'Orbigny nous a communiqués sur ce poisson. On le connaît à Buénos-Ayres sous le nom guarani de *souroubi,* qui paraît aussi avoir une acception générique. Sa taille va quelquefois à huit et neuf pieds. On le pêche toute l'année dans le Parana jusqu'à Corrientes, surtout dans les lieux sablonneux. Il arrive à Buénos-Ayres au mois de Septembre, et en repart pour le nord en Mars et Avril. C'est en Novembre, Décembre et Janvier qu'il y abonde le plus. L'espèce est solitaire, et ne s'approche du bord que la nuit. Sa natation est assez rapide : elle se nourrit de petits vers aquatiques. C'est un très-bon manger, fort estimé des habitans.

et les dents des *Platystoma tigrinum* et *Pl. Orbignianum*, et à peu près la même armure, si ce n'est que la plaque interépineuse n'est point granulée, et ne se montre pas au travers de la peau.

Ses barbillons maxillaires n'atteignent qu'au préopercule ; les sous-mandibulaires externes vont un peu plus loin. Les ventrales égalent les pectorales. La dorsale est assez basse. Les lobes de la caudale sont courts, égaux et arrondis. L'adipeuse est presque aussi longue que l'anale.

B. 16 ou 17; D. 1/6; A. 13 ou 14; P. 1/9; V. 6.

Tout le dessus du corps paraît fauve, et est (à l'exception de la tête) semé de petites taches noires, nombreuses et assez fines, qui vers l'arrière deviennent oblongues et s'unissent même en partie en petites lignes. Les dorsales, l'anale, la caudale sont semées de plus petites taches rondes. On voit en outre de chaque côté douze ou treize lignes verticales blanchâtres, au-dessus de la ligne latérale, et les mouchetures sont disposées de manière qu'il y en a cinq ou six rangées verticales entre un de ces traits et le suivant.

L'individu est long de plus de cinq pieds et vient des environs de Buénos-Ayres.

Je l'ai fait représenter dans la partie ichthyologique du Voyage de M. d'Orbigny, dont ce voyageur m'a prié de me charger au moment de la publication de sa relation.

Le Cabinet de Berlin en possède un semblable et aussi grand.

Le PLATYSTOME ÉCLATANT.

(*Platystoma coruscans*, Agassiz; *Sorubim caparari*, Spix, pl. XIII.)

Le poisson, décrit dans l'article précédent, répondrait parfaitement à la figure du *sorubim caparari* de Spix, ou *platystoma coruscans* de M. Agassiz,

si dans cette figure les taches n'étaient beaucoup moins nombreuses et plus grandes, et surtout si les barbillons maxillaires n'y étaient pas représentés aussi longs : ils y atteignent les ventrales. Les nombres sont marqués

D. 1/6; A. 10; C. 15; P. 1/10; V. 6.

Le dessus en est enluminé d'un fauve brillant, et le dessous d'argent. Il n'y a point de traits blancs sur les côtés.

On en possède au Cabinet de Munich un individu de vingt-cinq pouces, pris dans la rivière de Saint-François au Brésil.

Le PLATYSTOME SPATULE.

(*Platystoma spatula*, Agassiz; *Sorubim jandia*, Spix, pl. XIV.)

On trouve dans les poissons de Spix trois platystomes que nous n'avons pas vus, mais

15.

qui paraissent appartenir au même groupe que ceux qui précèdent. Les deux premiers semblent même, d'après la grande proéminence de leur mâchoire supérieure, tenir de plus près au *Pl. lima.* L'un des deux

a en effet la mâchoire supérieure tellement avancée que ses dents ne rencontrent point l'inférieure quand la bouche se ferme. D'ailleurs ses formes ressemblent à celles du *Pl. coruscans*, si ce n'est que son adipeuse est un peu plus haute et pointue, les lobes de sa caudale un peu plus aigus, et qu'il y a des dents marquées aux deux bords de son épine pectorale. Ses barbillons atteignent aux ventrales.

D. 1/6; A. 10; C. 19; P. 1/10; V. 6.

On ne donne point le nombre des rayons branchiostèges. Son corps est enluminé de fauve, plus pâle en dessous. Il n'a point de taches; non plus que sur la caudale et l'anale; mais toute la tête, les deux dorsales, les pectorales et les ventrales sont semées de petits points noirs.

D'après la figure la production interpariétale est obtuse; la plaque interépineuse se montre peu et n'est pas grande; l'opercule est strié, et la pointe de l'épaule granulée, aussi longue que haute, et aiguë.

Le Musée de Munich en possède un individu, mal conservé, de plus de trois pieds de longueur, pris dans les eaux douces du Brésil équatorial : il est étiqueté *pirayapea.*

Le PLATYSTOME A TÊTE PLATE

(*Platystoma planiceps*, Agassiz; *Sorubim piravaca*, Spix, pl. XII.)

a la mâchoire supérieure encore plus avancée, et les barbillons maxillaires plus longs (ils dépassent les ventrales); ses épines pectorales paraissent plus grêles; mais les lobes de la caudale sont représentés aussi pointus, ainsi que l'adipeuse.

D. 16; A. 12; C. 17; P. 1/10; V. 6.

Tout le dessus est d'un olivâtre foncé, tirant au noi-râtre, semé sur la tête, comme sur le front, de pe-tites taches noires; les côtés et le ventre sont argentés; et une bande olivâtre interrompue y règne longitu-dinalement à la hauteur de la pectorale. Les nageoires ont une teinte roussâtre, excepté l'adipeuse, qui est de la couleur du dos. Elle a de petites taches noires, et la dorsale et les pectorales en ont aussi, mais il n'y en a pas sur les autres nageoires. Il paraît, d'après la figure, que la production interpariétale est courbe, large et obtuse, la plaque interépineuse assez grande et en demi-ovale, et la pointe humérale lisse et moins longue que haute, mais aiguë.

On en conserve au Musée de Munich un individu sec, long de vingt-cinq pouces, inti-tulé: *piraya peavi*, pris dans le Brésil équato-rial. L'espèce habite la rivière des Amazones, le Solimoens, le Rio négro.

La troisième de ces espèces de Spix,

Le Platystome tronqué

(*Platystoma truncatum* , Agassiz, pl. XIII, *a*.),

ressemble au contraire beaucoup au *Pl. corus-cans* et au *Pl. punctatum*

par sa mâchoire supérieure peu avancée, par son adipeuse basse et longue, par les lobes arrondis de sa caudale, par sa production interpariétale médiocre, et sa plaque épineuse non apparente; mais ses barbillons maxillaires n'atteignent qu'à peine le bout des pectorales. Sous ce rapport il tient le milieu entre les deux espèces auxquelles nous le comparons, et je ne m'étonnerais point que toutes les trois, mieux examinées, ne finissent par être reconnues pour des variétés d'une seule. Ses nombres sont indiqués

A. 12; C. 17; P. 1/10; V. 10;

la figure marque D. 1/6. Mais dans aucun de ces platystomes M. Agassiz ne fait une mention particulière des rayons branchiostèges.

La figure de ce platystome tronqué est enluminée de fauve, et n'a de taches noires que sur la première dorsale et la caudale.

L'individu que l'on possède à Munich est long de trois pieds : il est desséché et mal conservé.

L'espèce se trouve dans le Japura et le Solimoens, rivières du Brésil équatorial.

Outre ces platystomes à quinze, seize ou

dix-sept rayons branchiostèges, il y en a quelques-uns qui n'en ont que onze ou douze. La
Guyane en possède un,

Le Platystome de Vaillant

(*Platystoma Vaillantii*, nob.),

que nous appelons ainsi, parce nous en avons
dû les premiers échantillons à ce célèbre voyageur.

Il est remarquable par l'excessive longueur de ses
barbillons, dont les maxillaires, dans les jeunes sujets, dépassent le bout de la caudale, quoique celle-
ci ait elle-même les pointes de ses lobes prolongées
en longs filets. Dans les individus plus grands les
filets des lobes de la queue sont fréquemment tronqués, ce qui, en certaines occasions, pourrait faire
méconnaître l'espèce.

La plus grande hauteur, au pied de la dorsale, est
quatre fois et demie dans la longueur sans la caudale,
laquelle, suivant que ses filets sont plus ou moins
bien conservés, égale deux et trois fois en longueur
cette plus grande hauteur. Nous en avons un individu
où le filet du lobe supérieur est plus que double du
reste de la nageoire. La longueur de la tête, prise de
l'extrémité du museau au bout de l'opercule, est trois
fois et demie dans celle du poisson, sans la caudale,
et sa largeur d'un peu plus d'un quart moindre que
sa longueur, et ne diminue point en avant. Sa hauteur à la nuque est d'un peu plus de moitié de sa
longueur ; mais elle est fort plane en dessus et le

profil descend en ligne droite, d'où il résulte que le
museau est aminci en coin. Sa circonscription horizontale est en demi-cercle, de sorte que, latéralement,
la fente de la bouche, qui est horizontale, n'entame
que d'un quart : la mâchoire supérieure avance un
peu plus que l'autre. Les bandes des dents des mâchoires sont larges, et les dents en velours, mais fortes
et pointues, surtout les antérieures. La bande vo-
méro-palatine, assez large aussi, les a en velours plus
ras, et est divisée en quatre parties oblongues, qui se
touchent. Le barbillon maxillaire, comme je l'ai dit,
se prolonge en un filament très-fin, qui, dans les individus où il est bien conservé, atteint ou dépasse les
filets de la caudale. Le sous-mandibulaire externe ou
postérieur dépasse souvent les pointes des ventrales ;
l'interne ne va que jusqu'à la base de la pectorale.
L'œil est au milieu de la longueur de la tête, près du
plan supérieur ; son diamètre n'est guère que d'un
douzième de cette longueur, et il est à quatre diamètres de son semblable. Les orifices de la narine
sont en ligne droite avec l'œil ; l'antérieur près du
bord de la mâchoire ; le postérieur au tiers de la
distance du premier à l'œil : le premier a un léger
rebord, l'autre a un trou ovale ; tous deux sont petits. Le crâne au-dessus des yeux forme un casque
à peu près carré, qui envoie en arrière une proéminence interpariétale étroite, presque de sa longueur,
un peu échancrée au sommet, où elle reçoit la pointe
d'une plaque interépineuse, un peu moins longue
qu'elle, et qui s'élargit en arrière. Ce casque et sa
proéminence, et le milieu de cette plaque, sont légè-

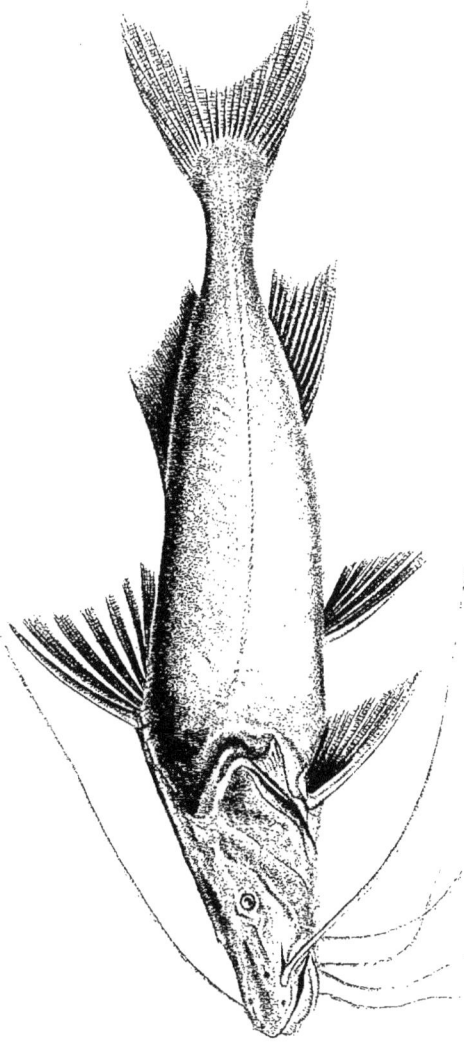

PLATYSTOME de Vaillant.

PLATYSTOMA Vaillantii.

Henri-Baron del.

Impr.te de Langlois

H.me Dandant sculp.t

rement rugueux, ainsi que la pointe de l'huméral, qui est plus longue que large et aiguë; mais l'opercule est lisse, ou tout au plus légèrement veiné. L'épine dorsale est grêle, à peine sensiblement dentelée en arrière. Celle de la pectorale est un peu plus forte et a des dentelures plus prononcées, mais encore très-petites, au bord postérieur. Les ventrales sont aussi longues que les pectorales. L'adipeuse, de moitié plus longue que l'anale et coupée obliquement en avant, s'abaisse un peu de l'arrière. Lorsque la caudale a ses filets bien conservés, elle égale presque la longueur du reste du corps.

B. 11; D. 1/6; A. 13, en comptant les 3 antérieurs; C. 17; P. 1/10; V. 6.

Nous n'avons pu rien voir des viscères de cet animal; ils étaient détruits,

seulement la vessie aérienne restait encore en place : elle est grande, divisée en deux parties sur sa longueur à moitié de la cavité abdominale; la portion antérieure a sur le devant deux ailes, ou mieux, deux lobes arrondis qui se logent sous l'armature du crâne. Le squelette n'a rien de particulier qui ne soit apparent en de^l . Le surscapulaire, uni aux angles du crâne par suture, est étroit, et s'appuie comme dans les espèces qui ont précédé. L'apophyse épineuse antérieure de la grande vertèbre, très-séparée de la seconde, s'unit à la crête verticale, formée en grande partie par les occipitaux latéraux sous la longue pointe interpariétale. Il y a quatorze vertèbres abdominales et vingt-huit caudales, y compris celle en éventail, etc.

Nos individus viennent de Cayenne et de Surinam. Ceux-ci ont été rapportés en Europe par Levaillant. Le plus grand sujet de cette description faisait partie des collections de MM. Leschenault et Doumerc. Conservés dans la liqueur, ils paraissent d'un fauve uniforme; dans le frais, ils étaient argentés ou plombés. Leur longueur varie de six à sept pouces, à douze et quinze pouces, sans les filets de la queue. M. le docteur Roulin en a observé de deux pieds trois pouces, aussi sans les filets; et les a entendu appeler en Colombie *padre blanco* : il en compare la couleur à celle du merlan.

Je ne trouve rien dans les auteurs méthodiques que l'on puisse y rapporter : on pourrait soupçonner, d'après la figure de Margrave, pag. 173, que c'est son premier bagre; mais le texte ne s'y rapporterait pas exactement.

Le PLATYSTOME APPARENTÉ.

(*Platystoma affine*, nob.)

M. le duc de Rivoli a cédé au Cabinet du Roi un poisson sec, dont les lobes de la caudale sont cassés au bout, mais semblable au précédent presque en toute chose,

si ce n'est que sa plaque interépineuse, beaucoup plus petite et moins apparente, n'arrive pas jusqu'à

toucher à la proéminence interpariétale, qui se termine en pointe obtuse, et que son adipeuse, un peu
moins longue que son anale, se trouve beaucoup
plus éloignée de la première dorsale. Ses barbillons
maxillaires devaient au moins atteindre l'anale.

B. 11; D. 1/6; A. 13, etc.

L'individu, quoique mutilé à la caudale, est encore long de deux pieds deux ou trois pouces. Il
paraît brunâtre en dessus et blanchâtre ou jaunâtre
en dessous, et a quelque peu de roussâtre aux nageoires : on n'y voit point de taches.

C'est à cette espèce que doit plutôt appartenir le premier bagre de Margrave, p. 173, ou
le *jundia* de Pison, p. 64, qui présente à peu
près les mêmes proportions, surtout pour les
barbillons, et qui est décrit comme entièrement argenté. Cependant cette figure, tirée avec
quelques changemens du livre de Mentzel,
p. 47, où elle est intitulée *guiri,* est enluminée
dans ce livre de vert jaunâtre, avec quelques
bandes brunâtres mal marquées aux côtés sur
le devant du tronc.

Le Platystome échancré

(*Platystoma emarginatum,* nob.)

est une espèce encore très-semblable aux deux
précédentes par les proportions de la tête, des
nageoires, etc., sans que nous sachions toute-

fois si les lobes de la caudale se prolongent en
filets, parce que notre individu, qui est desséché, les a cassés au bout;

mais son crâne est plus ridé; sa proéminence interpariétale, d'un tiers seulement moins large que longue,
a le sommet fourchu. La plaque interépineuse est
presque en triangle équilatéral et rugueux. La pointe
humérale, deux fois aussi longue que haute et très-
aiguë, est finement granulée, ou plutôt vermiculée.
L'opercule est finement, mais profondément, strié.
L'épine de la pectorale est plus large, plus plate, granulée au bord antérieur, fortement dentée au postérieur. Celle de la dorsale est forte, mais ses dents
sont faibles. L'adipeuse est plus longue que l'anale,
et coupée comme dans le *Pl. Vaillantii.* Le caractère
le plus marqué de l'espèce est dans ses dents supérieures, qui occupent d'abord une fort large bande
intermaxillaire, puis un grand espace en forme de
rein sur le devant du vomer, et enfin, plus en arrière,
deux espaces oblongs longitudinaux. Elles sont partout en velours fin, assez ras. Les barbillons maxillaires atteignaient au moins la pointe des ventrales,
lesquelles égalent presque les pectorales.

B. 10 ou 11? D. 1/6; A. 13; C. 17; P. 1/10; V. 16.

Notre individu est long de quinze pouces.
Il a été pris dans la rivière de Saint-François,
au Brésil, par M. Auguste de Saint-Hilaire, et
paraît, dans l'état sec, d'un brun verdâtre en
dessus, d'un blanc jaunâtre en dessous et aux
nageoires.

Le PLATYSTOME A MUSEAU PLAT.

(*Platystoma platyrhynchos,* nob.)

Parmi ces poissons à museau aplati, celui-ci l'a encore plus plat que les autres, et il diffère encore de tous les précédens,

parce que c'est sa mâchoire inférieure qui est la plus avancée : la supérieure est comme tronquée en ligne droite. Ses dents sont en velours ras ; les mandibulaires sur une bande étroite ; les intermaxillaires sur une bande large latéralement, étroite dans le milieu ; les vomériennes sur un espace semi-circulaire et transversal ; les palatines sur deux bandes longitudinales pointues. Son crâne est strié et granulé ; sa proéminence interpariétale, assez étroite et aigue, rencontre la pointe de la plaque interépineuse, qui lui est égale en grandeur et en configuration ; l'opercule est légèrement strié ; la pointe de l'huméral acérée, mais assez courte ; l'épine dorsale grêle et à dents très-fines ; l'épine pectorale plus forte, finement dentelée en sens contraire à ses dents ; l'adipeuse aussi longue que l'anale. Le barbillon maxillaire dépasse les ventrales, qui sont un peu moindres que les pectorales. Le lobe supérieur de la caudale est plus étroit et plus aigu que l'inférieur : ni l'un ni l'autre ne paraît avoir eu de filet.

B. 19 ou 11 ; D. 1/6 ; A. 12 ; C. 19 ; P. 1/9 ; V. 6.

Ce poisson est venu au Cabinet du Roi de celui de Lisbonne : dans la liqueur il paraît fauve en dessus, blanchâtre en dessous, et il a de chaque côté une suite longitudinale de cinq ou six taches noires, placées à égales distances, et dont la dernière est à la base du lobe supérieur de la caudale ; les deux ou trois premières sont sur la ligne latérale, les suivantes au-dessus.

L'individu est long de huit à neuf pouces.

DES GALÉICHTHES.

(*Galeichthys,* nob.)

On peut aussi former un groupe de siluroïdes voisins des bagres, et caractérisés par une tête ronde, couverte de peau, sans casque distinct. La membrane branchiale n'a que six rayons.

On peut les diviser en deux sections ; l'une reconnaissable aux six barbillons qui entourent la bouche, les espèces de la seconde n'en ayant que quatre.

Ces siluroïdes sont généralement désignés sous le nom de *catfish,* ou poisson chat, sans doute à cause des barbillons, considérés comme des espèces de moustaches analogues à celles de ce mammifère. C'est pour rappeler cette dénomination que j'ai cru pouvoir désigner ce groupe sous le nom de *galeichthys.*

La rade du Cap, la baie de la Table en possèdent abondamment une espèce, dont il ne nous semble pas qu'aucun auteur méthodique ait parlé; nous l'appelons

Le GALÉICHTHE A TÊTE DE CHAT

(*Galeichthys feliceps*, nob.),

à cause de la figure arrondie de sa tête et de ses moustaches.

Sa tête est en effet arrondie au contour, et bombée à la face supérieure; sa longueur est près de cinq fois dans la longueur totale. Elle est d'un cinquième moins large que longue, et d'un tiers moins haute. Toute couverte d'une peau lisse et molle, elle ne laisse point paraître les os du crâne, et il faut employer le scalpel pour voir la production étroite de l'interpariétal, qui va s'articuler avec une petite plaque interépineuse, également cachée. La bouche, fendue au bord antérieur du museau, a les mâchoires à peu près égales, garnies chacune d'une bande de dents en velours, et derrière la supérieure est une bande semblable, mais plus étroite. Les deux orifices de la narine sont grands, ovales, rapprochés; l'inférieur touche presque à la lèvre; au bord antérieur du supérieur est une lame membraneuse, qui peut l'ouvrir et le fermer, comme nous en avons déjà observé dans les bagres. L'œil est à peu près au tiers antérieur, dirigé sur le côté, un peu plus élevé que la commissure des lèvres. Son diamètre est du septième de la longueur

de la tête, et il y a cinq diamètres d'un œil à l'autre.
Le barbillon maxillaire atteint au bout de l'opercule;
le sous-mandibulaire externe est d'un tiers plus court;
et l'interne encore d'un quart. L'opercule et l'huméral sont striés; mais la peau qui les recouvre
les fait paraître lisses. La pointe de l'huméral est
tout-à-fait arrondie. Les membranes des ouïes sont
épaisses, s'unissent transversalement sous l'isthme
et ont chacune six rayons. L'épine de la pectorale
est dentelée à son bord antérieur, mais de dents
rétrogrades, comme elles le sont au bord postérieur
dans la plupart des autres espèces. Cette épine est
forte, et celle de la dorsale, où l'on observe la même
particularité, l'est également. Cette nageoire s'élève
en pointe de sa partie antérieure à moitié de la hauteur du corps. L'adipeuse est aussi longue que l'anale,
et un peu plus en arrière. La caudale a deux lobes
arrondis.

B. 6; D. 1/7; A. 16 ou 17; C. 17 et plusieurs petits; P. 1/10;
V. 6.

La couleur est en dessus un brun noirâtre, qui se
change sur les côtés en un plombé métallique, et
devient argenté en dessous : toutes les nageoires sont
brunâtres ou violâtres.

L'anatomie que j'ai faite de ce poisson, montre que
le foie est petit et échancré dans le milieu, que sa
vésicule du fiel est assez grande et paraît sous l'estomac par l'échancrure du lobe hépatique. Après
un œsophage assez long, nous voyons l'estomac se
renfler en un sac arrondi, assez gros; l'intestin est
de moyenne largeur; le pylore est sur le dos de la

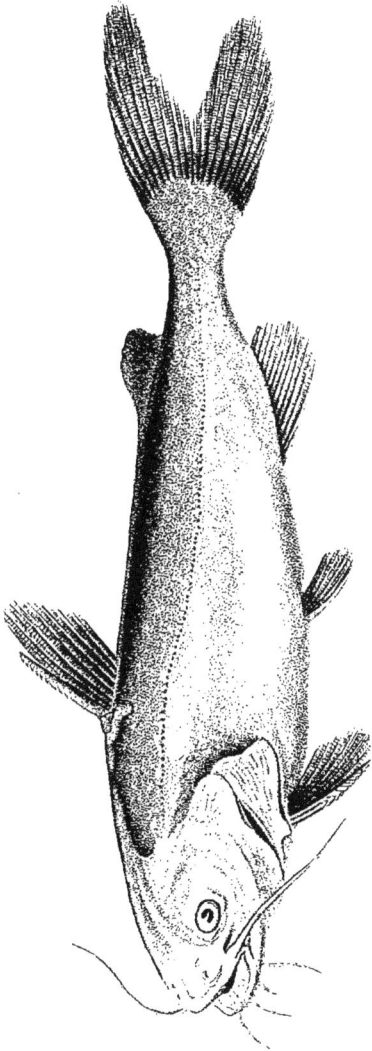

GALÉICHTHE à tête de chat.

GALEICHTHYS, feliceps, nob.

Acurea-Baron del.

Impr.ie de Langlois.

M.me Doudiet sculp.t

convexité de cet estomac. Il y a une vessie aérienne simple à parois argentées et flexibles; les organes génitaux sont rejetés à l'arrière de l'abdomen et ne font qu'une seule masse. J'ai trouvé l'estomac rempli de petits crustacés.

Le squelette de la tête du *galeichthys feliceps* a en avant assez de ressemblance avec celui du *Bagr. bilineatus;* les vides entre les frontaux et les frontaux antérieurs y sont cependant plus petits; il diffère davantage en arrière, parce que l'interpariétal s'y dilate, tandis que sa proéminence s'y rétrécit. Les lames produites par les occipitaux externes n'y atteignent pas la grande vertèbre, et le surscapulaire ne s'y attache que par un point de l'apophyse qu'il envoie en dessous au basilaire.

Il y a quinze ou seize vertèbres abdominales, et vingt-huit ou vingt-neuf caudales, y compris la dernière en éventail. Leurs dispositions sont à peu près les mêmes que dans le *Bagr. bilineatus.*

Nous avons des individus depuis six pouces jusqu'à dix-huit de longueur, tous pris aux environs du Cap, et rapportés par MM. Delalande, Quoy et Gaimard, et Lesson et Garnot, ou envoyés par M. Verreaux.

Nous ne croyons devoir considérer que comme une subdivision des Galéichthes les espèces qui vont suivre, parce qu'elles n'ont que six rayons aux ouïes, comme les précédentes; on ne pourrait les séparer que sur la considération du nombre des barbillons : ils sont au nombre de quatre, alongés et aplatis. Ceux de la mâchoire supérieure forment surtout des bandelettes qui sont semblables à celles du prolongement du premier rayon de la nageoire dorsale. Je ne m'étonnerais pas que quelques zoologistes ne donnent un jour à ces espèces une dénomination générique ; mais d'autres siluroïdes, à quatre filets arrondis, viendront lier ceux-ci aux *Galeichthys* à six filets, et décrits dans le précédent paragraphe.

Le casque est un peu plus visible que celui des Galéichthes à six filets ; on le voit apparaître par quelques scabrosités, mais il l'est beaucoup moins que celui des Bagres ou des Arius.

Les espèces américaines sont celles dont les prolongemens des nageoires sont articulés, et ils prouvent bien clairement que le premier rayon dur des nageoires de ces malacoptérygiens appartient à la nageoire, et ne peut être considéré comme un coracoïdien, ou comme un styloïde.

Il y a deux ou trois espèces des deux Amériques, que les auteurs ont confondues, mais dont deux offrent des caractères distincts.

Le GALÉICHTHE DE PARRA

(*Galeichthys Parræ,* n.; *Silurus marinus,* Mitchill.)

est l'espèce la plus répandue, et celle qui se porte le plus loin vers le nord et vers le midi.

La plus grande hauteur, mesurée à la naissance de la dorsale, est six fois dans la longueur totale; au même endroit la largeur est un peu moindre. La longueur de la tête, prise du bout du museau à celui de l'opercule, est près de cinq fois dans celle du poisson; au même endroit la largeur est d'un sixième moindre; la proéminence interpariétale ajoute un cinquième en sus à la longueur. Le devant du museau est coupé horizontalement en demi - cercle, et son contour est verticalement obtus. Les mâchoires sont égales, mais la bouche descend un peu en arrière, et entame d'environ un tiers la longueur de la tête. L'œil est au-dessus de la commissure, au milieu de la hauteur de la tête; il est ovale, et son diamètre longitudinal est d'un peu moins du sixième de la longueur de la tête. Il y a d'un œil à l'autre cinq fois ce diamètre; les orifices de la narine sont à la hauteur de l'œil et à une distance égale à son diamètre. L'inférieur est près de la lèvre et rond; le supérieur un peu au-dessus, et transversalement ovale; ni l'un ni l'autre n'a le rebord garni de barbillon ou de valvule. Les lèvres sont à peine marquées; chaque mâchoire a une bande assez large de dents en velours, et derrière la supérieure en est une aussi étendue en travers, qui appartient au chevron du vomer.

Les barbillons maxillaires sont aplatis comme une feuille de graminée, et se terminent en pointe filiforme, qui atteint l'extrémité de la pectorale, non compris son filet. Il n'y en a que deux sous-mandibulaires quatre fois plus courts que les maxillaires, mais comprimés de même. Toute la tête paraît lisse, excepté à la proéminence interpariétale, où elle est un peu granulée, et vers le côté du casque à la hauteur du préopercule, où l'on voit aussi quelques grains. Au travers de la peau on aperçoit la longue échancrure du casque, qui remonte jusques entre les préopercules; la proéminence interpariétale a sa base un peu moindre que sa longueur, se rétrécit un peu vers son sommet, qui est tronqué. Son dos est légèrement caréné. La plaque interépineuse est un très-petit croissant granuleux, aux extrémités duquel s'ajoutent deux petits prolongemens du troisième interpariétal. L'opercule est lisse comme la tête et obtus; les deux membranes n'en forment qu'une, enveloppant l'isthme et un peu échancrée dans son milieu; chacune contient six rayons; la pointe de l'épaule se laisse à peine sentir au travers d'une peau lisse; l'épine dorsale, placée un peu après le quart antérieur, a sa partie ossifiée d'un quart moins haute que le tronc, granulée à son bord antérieur, striée obliquement sur les côtés, sans dents au bord postérieur, et sa prolongation molle, finement striée, comprimée, et, lorsqu'elle n'est pas cachée, souvent du double plus longue que la partie osseuse, et terminée en pointe grêle. Six rayons branchus viennent ensuite, dont le premier est d'un tiers plus haut que la partie ossifiée de l'épine, et le dernier trois fois moindre que le premier. Elle occupe en longueur le treizième de la longueur totale, et est deux fois et un quart aussi haute, sans compter le filet. La pectorale, attachée fort bas, a aussi une épine semblable à celle du dos, mais bien dentelée au bord postérieur, et prolongée du double par un filet comprimé, strié et terminé en pointe grêle, qui atteint le bout de la ventrale. Les ventrales, d'un quart plus courtes que les pectorales, adhèrent un peu avant le troisième cinquième de la longueur totale. L'anale, commençant un peu après le milieu, est un peu échancrée en croissant, et a vingt-deux ou vingt-trois rayons, dont les trois premiers, cachés dans le bord antérieur, vont en grandissant, et dont le troisième et le quatrième, qui sont les plus longs, surpassent un peu les ventrales; l'espace occupé par l'anale est du septième de la longueur du poisson, et sa hauteur en avant est d'un quart moindre. L'adipeuse est vis-à-vis le milieu de l'anale quatre fois moins longue et deux fois moins haute. La caudale est très-fourchue; son lobe supérieur a le cinquième de la longueur totale; l'inférieur est un peu moindre.

B. 6, D. 1/6; A. 22; C. 17; P. 1/11; V. 6.

La ligne latérale ne se montre bien que vers le milieu du corps, et se marque par une suite de petites élevures.

Le corps de ce poisson est argenté, teint de plombé bleuâtre dans sa partie supérieure.

La splanchnologie de cette espèce est fort

curieuse, surtout en ce qui touche sa vessie natatoire.

A l'ouverture de l'abdomen on voit un très-grand estomac de forme conique à parois épaisses, et occupant en longueur à peu près la moitié de la cavité abdominale. Sa pointe postérieure est mousse. A l'intérieur; sa muqueuse montre de nombreux replis et de fortes rugosités. Vers les trois premiers cinquièmes de sa longueur, et du côté gauche, on voit le pylore, et l'intestin qui le suit remonte vers le diaphragme le long de l'estomac, auquel il est accolé par un tissu cellulaire dense. Le duodénum se contourne en dessous entre le foie et la portion renflée de l'estomac, passe dans le côté droit, et fait sous le lobe du foie quelques replis courts, qui continuent ainsi dans toute la longueur de l'intestin grêle, et qui deviennent plus fréquens et forment un paquet plus gros en arrière de la pointe de l'estomac. Cet intestin grêle remonte ensuite dans le côté gauche et au-dessus de l'estomac jusqu'à un peu en avant du pylore; il se contourne de nouveau, et donne obliquement dans le gros intestin, de manière à laisser au-devant de lui un véritable cœcum, à la manière de celui des mammifères. Le rectum se porte droit vers l'ouverture de l'anus.

Le foie n'est pas très-volumineux; il se compose d'un lobe épais, mais court, situé entre le diaphragme et l'estomac. Il donne à droite un lobe trièdre, encore assez épais, mais court, et à gauche une simple languette également trièdre. Sous la partie médiane du foie on découvre la vésicule du fiel, qui est alongée, un peu courbée, et donnant un canal cholédoque, qui, après avoir reçu plusieurs canaux hépato-cystiques, longe le duodénum et s'ouvre peu en arrière du pylore.

La rate est aplatie et comme composée de deux lobes.

Les laitances étaient vides et réduites à deux filets arrondis, d'un petit diamètre.

Les reins forment une masse assez épaisse, divisée en cœur de carte à jouer à sa partie antérieure, terminée en pointe, et qui verse presque directement la bile dans une vessie urinaire oblongue et étroite.

La vessie aérienne est d'une résistance remarquable; elle est de forme circulaire ou mieux cordiforme, convexe en dessous, et a deux forts muscles, dont les fibres se perdent dans les aponévroses, qui s'étendent sur les côtés de la vessie. Vue par la face supérieure, on trouve encore cette résistance des parois de la tunique externe, qui sont fixées sur la crête transverse, formée par le bord postérieur du corps de la grande vertèbre. En détachant les tuniques, on voit que le corps de cette même vertèbre fait saillie comme une arête, et entre dans la vessie sans cependant la diviser plus profondément. De chaque côté de cette vertèbre, et sous ses apophyses transverses, la tunique fibreuse cesse de s'étendre, de manière qu'en enlevant la vessie, on découvre deux grands trous ronds, qui laissent à nu la membrane excessivement fine et argentée de la vessie aérienne. La saillie du condyle de l'occipital forme de même une sorte d'échancrure à la vessie, qui s'appuie dessus. Des deux côtés du basilaire naissent deux faisceaux de fibres musculaires, insérées sur les parties latérales de la vessie, et des apophyses externes et transverses de la grande vertèbre naissent aussi deux forts muscles, qui s'étendent sur la face supérieure.

Elle n'occupe guère que la moitié de la longueur de l'abdomen; elle est aussi large que longue.

Quant au squelette, il nous a offert les particularités suivantes.

La tête osseuse de ce Galéichthe a d'assez grands rapports avec celle de plusieurs de nos bagres, et en particulier avec le *bagrus bilineatus*, surtout pour la partie postérieure, et pour la lame qui va de l'occipital externe à la grande vertèbre; mais elle offre une circonstance fort particulière, en ce que la face supérieure est renflée et toute poreuse comme une éponge, et donne ainsi une lame large et épaisse, qui s'avance sur le grand vide laissé entre la bifurcation de ces mêmes os et celle des frontaux antérieurs; vide que cette lame recouvre par là en grande partie, mais que l'on retrouve sous elle.

Il y a manifestement quatre vertèbres soudées pour former la grande vertèbre. Ensuite en viennent quatorze ayant des apophyses transverses assez longues, dont les neuf premières sont formées en cuilleron et ont une côte attachée sous sa face inférieure. Dans les suivantes la côte s'attache plus vers le bord. La quinzième a ses apophyses réunies par une traverse, et il en est de même des quatre suivants, qui ont encore de petites côtes. La dix-neuvième peut être regardée comme la dernière abdominale; elle n'a qu'une apophyse épineuse inférieure, aplatie d'avant en arrière et tronquée. Les trente suivantes sont de vraies vertèbres caudales à apophyses épineuses simples. La dernière est en éventail et formée de la réunion de quatre apophyses supérieures et de quatre inférieures. Les trois ou quatre premières vertèbres libres ont des apophyses épineuses supérieures, divisées en deux lames, une à droite, l'autre à gauche; et c'est dans l'intervalle que se logent les interépineux de la dorsale et leurs muscles. Les suivantes les ont simples.

Les petits rayons supérieurs et inférieurs de la caudale, et en grande partie cachés sous la peau, ont leurs interépineux, au nombre de quinze ou seize, tant en haut qu'en bas, portés sur les trois apophyses épineuses qui précèdent la vertèbre en éventail.

Nous en avons des individus, depuis six pouces jusqu'à deux pieds de longueur, venus les uns de New-York, par M. Milbert et par M. Plée, ou de Charlestown, par M. le docteur Holbrooke; les autres de la Nouvelle-Orléans, par M. Despinville; et de Rio-Janéiro, par M. Delalande.

Ainsi l'espèce se trouve dans toutes les parties chaudes des côtes de l'Amérique sur l'Atlantique.

C'est probablement ici le *deuxième bagre* de Margrave, p. 174, ou le *guiraguazu* de

Pison, p. 64, et toutefois la figure n'en est pas
assez précise pour ne pouvoir aussi être rapportée à l'espèce suivante. Toutefois il faut
bien faire attention qu'elle a été copiée par
Johnston, par Willughby (pl. H 7, fig. 6), et
que Linné cite cette figure de Willughby sous
son *silurus bagre;* mais il ne fait en cela que
suivre Gronovius, et comme c'est aussi de
Gronovius qu'il emprunte ce *silurus bagre,*
et d'après lui qu'il le caractérise, on ne peut
douter qu'il n'avait en vue notre *G. Gronovii.*

Parra, au contraire, a eu l'espèce actuelle
sous les yeux, et l'a très-bien rendue (pl. 81,
fig. 1).

Sa figure convient parfaitement à nos individus. C'est aussi elle que Mitchill (p. 433) a
décrite comme nouvelle, et sous le nom de
silurus marinus, d'après un individu pris dans
la baie de New-York, le 30 Juin 1814.

Le Galéichthe de Gronovius.

(*Galeichthys Gronovii,* nob.; *Silurus bagre,* Linn.)

C'est ici une espèce parfaitement distincte
de la précédente, par l'extrême longueur de
ses barbillons et des filets de ses nageoires, et
par ses trente ou trente-deux rayons de son
anale.

Ses formes sont à peu près les mêmes, si ce n'est que sa tête est un peu plus déprimée. Ses barbillons maxillaires, semblables, comme dans l'espèce précédente, à des feuilles de graminée, atteignent jusqu'au milieu de l'anale. Les prolongemens, tout-à-fait pareils, des épines de ses pectorales atteignent à la base de la caudale, et celui de son épine dorsale atteint presque à l'extrémité de la caudale.

B. 6; D. 1/6; A. 30; C. 17; P. 1/13; V. 6.

Le foie de celui-ci diffère beaucoup par sa forme de celui du *galeichthys Parræ*.

Il se compose de deux lobes trièdres presque égaux, du tiers de la longueur de l'abdomen. Ils sont réunis par une bandelette hépatique mince, et pliés en chevron sous le diaphragme. La vésicule du fiel est très-grande; elle forme un long cylindre, réuni à l'intestin dans l'hypocondre droit, et qui atteint presque à la pointe de l'abdomen, c'est-à-dire presque à la moitié de la cavité abdominale. Après avoir donné de son extrémité antérieure le canal cholédoque, qui passe sur la convexité de l'estomac et y reçoit un assez bon nombre de vaisseaux cystiques, on voit ce canal passer à la gauche de l'estomac, longer l'intestin, et venir y verser la bile tout près du pylore.

L'estomac, quoique moins pointu que celui du *G. Parræ*, est de même alongé et comme cylindrique; il a l'ouverture pylorique à sa gauche; l'intestin est plus gros que celui du précédent. Après de nombreux replis en arrière de l'estomac, il remonte sur l'estomac, plus haut que celui du *G. Parræ*, y devient un gros intestin à diamètre bien plus large, et il se continue ensuite droit jusqu'à l'anus.

La rate est mince, et divisée en deux lobes bien séparés dans toute leur étendue.

Les laitances étaient gonflées, et ne remontent guère au-delà de la pointe de l'estomac.

Les reins sont très-petits et très-minces; la vessie urinaire est alongée, mais très-étroite.

Dans cette espèce la vessie natatoire est cordiforme, mais plus pointue en arrière, et plus aplatie que la précédente. Elle est peu échancrée en avant; sa face supérieure a deux muscles plus longs et plus étroits, et comme le corps de la grande vertèbre ne fait pas autant de saillie en avant, et qu'il n'en fait même pas du tout en arrière, la vessie, détachée de ce point, n'offre qu'un seul trou ovale et petit. En dessous la face de la vessie est comprimée par deux muscles obliques.

Sa tunique fibreuse est plus argentée, mais en général moins résistante, que celle du *G. Parræ*.

Ce poisson paraît avoir eu les mêmes couleurs et arriver à la même taille que le précédent.

Il doit se renfermer dans des latitudes plus voisines de l'équateur; car nous n'en avons que de la Terre-Ferme ou de la Guyane.

Un autre individu a été pris à la barre de Maracaïbo par M. Plée. Nous en avons encore qui ont été envoyés en 1824 de la Mana, par

MM. Leschenault et Doumerc; trois sont venus de Cayenne, par M. Poiteau, et nous l'avons aussi de Bahia.

C'est manifestement cette espèce que Gronovius a décrite (*Zoophyl.*, p. 124, n.° 382). La longueur qu'il attribue à ses filets, et les trente-deux rayons qu'il compte à son anale ne laissent aucun doute sur ce point; et comme le *silurus bagre* de Linné (éd. XII, p. 505, n.° 17) n'est autre que ce poisson de Gronovius, il est évident que c'est cette espèce, et non pas la précédente, qui est le *silurus bagre* de Linné.

Le GALÉICHTHE DE EYDOUX.
(*Galeichthys Eidouxii*, nob.)

MM. Eydoux et Souleyet ont rapporté de la rivière de Guyaquil un galéichthe qui diffère des précédens, parce que

les rayons de la pectorale sont très-alongés, et atteignent jusqu'auprès du dernier rayon de l'anale. Je ne puis rien dire du rayon dorsal, il a été enlevé. Le barbillon maxillaire atteint jusqu'au dernier rayon de la ventrale.

Le crâne est relevé et a une forte carène, surtout vers l'arrière du casque, dont les côtés sont arrondis et la surface assez ciselée.

Le chevron de la première vertèbre est petit et caché sous la peau; l'os de l'épaule est peu visible;

le rayon pectoral est bien dentelé. La caudale est
profondément fourchue. Le dessus du corps est
plombé ou d'un gris argenté; le ventre est blanc;
l'anale et l'adipeuse sont jaunâtres; les autres nageoires sont plus grises.

D. 7; A. 29; C. 10 + 15 + 11; P. 13; V. 9.

Nous n'en avons qu'un individu, long de
huit pouces et demi.

Il est très-voisin de celui que Bloch a figuré,
mais nous ne le regardons pas tout-à-fait comme
identique, ainsi qu'on va le voir.

Le GALÉICHTHE DE BLOCH.

(*Galeichthys Blochii*, nob.; Bl., pl. 365.)

Bloch a décrit un bagre intermédiaire entre
les précédens, et différent des uns et des autres.

Ses filets pectoraux atteignent jusqu'à l'anale, et
son filet dorsal jusqu'au bout de la caudale. Les barbillons maxillaires, d'après sa figure, n'iraient que
jusqu'au bout du deuxième rayon pectoral; enfin,
son anale a vingt-quatre rayons.

L'individu qu'il a décrit venait, dit-il, de
Surinam.

Nous trouvons parmi les poissons de l'ancien Cabinet du Roi, un bagre qui présente
les mêmes caractères, si ce n'est que ses barbillons vont aussi loin que ses rayons pectoraux. Cette différence ne nous paraît néanmoins

pas suffisante pour le regarder comme d'une autre espèce.

Nous venons de recevoir deux individus, certainement de la même espèce que celui de l'ancien Cabinet du Roi, et qui ont été rapportés de Bahia par M. d'Abadie. Ils ont aussi vingt-quatre rayons à l'anale.

Le casque est plus apparent, plus chagriné et plus rétréci en arrière que dans aucun autre.

Celui-ci a le foie composé de deux lobes alongés, semblables au *G. Gronovii;* mais la vésicule du fiel est très-courte et cachée au-devant de l'estomac. Celui-ci est large et arrondi; l'intestin est long et replié; son diamètre est aussi à peu près égal à celui de ce galéichthe. Les reins sont très-épais, mais la vessie aérienne est beaucoup plus large en avant, moins prolongée en arrière, ce qui lui donne une forme triangulaire, différente de celle des précédens.

Nos individus ont huit pouces de long. Ils sont d'une teinte plombée uniforme.

Des PANGASIES (*Pangasius*), et en particulier *du* PANGASIE DE BUCHANAN.

(*Pangasius Buchanani; Pimelodus pangasius,* Ham. Buchan., p. 163, et pl. XXXIII, fig. 52.)

Le Bengale a aussi des siluroïdes à casque peu chagriné, et à quatre barbillons; mais leurs barbillons sont beaucoup plus courts qu'à ceux d'Amérique. Les rayons de leurs nageoires ne se prolongent pas, et, ce qui est plus important, ils ont dix rayons aux ouïes. Cette considération me force à les séparer des précédens, et montre l'affinité que ces espèces ont avec les platystomes.

Tel est le *Pimelodus pangasius* de M. Hamilton Buchanan, qui nous a été apporté des bouches du Gange par M. Dussumier, M. Raynaud et M. Belanger.

Sa hauteur à l'épine pectorale, qui est aussi la longueur de sa tête jusqu'aux ouïes, est six fois dans sa longueur totale. Son corps est comprimé; sa tête déprimée, presque aussi large que longue, coupée transversalement en demi-cercle, mais a le bord un peu plus saillant au milieu. Sa mâchoire supérieure est mousse, assez épaisse, et avance plus que l'autre; la commissure des mâchoires prend environ un quart sur la longueur de la tête. L'œil est derrière la commissure, à peine un peu plus élevé du cinquième de la longueur de la tête. Il y a cinq diamètres d'un œil à l'autre. Les orifices de la narine sont de grands trous ovales légèrement rebordés; l'inférieur près de la bouche, l'autre un peu au-dessus. La proéminence interpariétale est deux fois et demie dans le reste de la longueur de la tête, et est deux fois aussi longue que large. Elle est carénée, et sa surface est un peu chagrinée, ainsi que celle du crâne jusques entre les préopercules; les dents sont en velours ras sur des bandes peu larges, et il y en a une parallèle derrière les maxillaires. Les quatre barbillons sont très-grêles et presque égaux; les maxillaires n'atteindraient pas jusqu'au bout de l'opercule. Il y a dix rayons à la membrane des ouïes. La plaque interépineuse forme un petit croissant obtus aux deux bouts; le surscapulaire et la pointe assez aiguë de l'huméral sont lisses. L'épine de la dorsale et celle des pectorales sont fortes, striées, finement dentelées à leur bord postérieur, granulées ou même un peu dentelées à l'antérieur; l'adipeuse est fort étroite, mais l'anale est longue. La caudale est divisée en deux lobes pointus, à peu près égaux, d'un peu moins du quart de la longueur totale.

B. 10; D. 1/6; A. 31; C. 17; P. 1/11; V. 6.

La ligne latérale est droite et jette en dessus et en dessous de petites branches grêles et simples. Tout ce poisson paraît argenté, teint de violâtre vers le dos, et a les nageoires d'un gris jaunâtre.

Dans le frais les nageoires sont blanchâtres, le dos verdâtre, les côtés glacés de pourpre.

Sa splanchnologie ressemble beaucoup à celle des galéichthes.

Les intestins sont cependant beaucoup plus courts; l'estomac est arrondi vers le haut et à gauche sous le duodénum, qui se contourne par devant pour passer à la droite de l'estomac et se continuer en un intestin qui fait six plis avant de se rendre à l'anus. Le rectum est de longueur médiocre. Le foie n'a qu'un seul lobe épais dans la partie moyenne, et prolongé de deux pointes courtes dans chaque hypocondre. La vésicule du fiel est petite; son canal cholédoque est court; les reins sont épais et plus longtemps séparés que dans les autres. La vessie aérienne est oblongue, arrondie en arrière; elle n'a pas de muscles propres aussi épais.

Nos échantillons sont petits (de six à huit pouces); mais l'espèce devient grande. Selon M. Buchanan, elle arrive souvent à une taille de trois pieds. Elle est commune dans les bouches du Gange; et sans passer pour un poisson de première qualité, toutes les classes d'indigènes à qui il est permis de manger du poisson, s'en nourrissent volontiers.

DES SILONDIES (*SILUNDIA*, nob.).

Les Silondies sont des siluroïdes, voisines des Bagres, à petite tête lisse, fort semblable à celle des schilbés, à très-petite adipeuse, à longue anale, qui n'ont que les deux barbillons maxillaires, et tellement petits, qu'il faut de l'attention pour les découvrir. Leurs rayons branchiostèges sont au nombre de douze. Leurs dents des mâchoires, sur un ou deux rangs seulement, sont plus longues et moins semées que dans les autres siluroïdes. Nous n'en connaissons bien qu'une espèce,

PANGASIA Buchanani, nob.

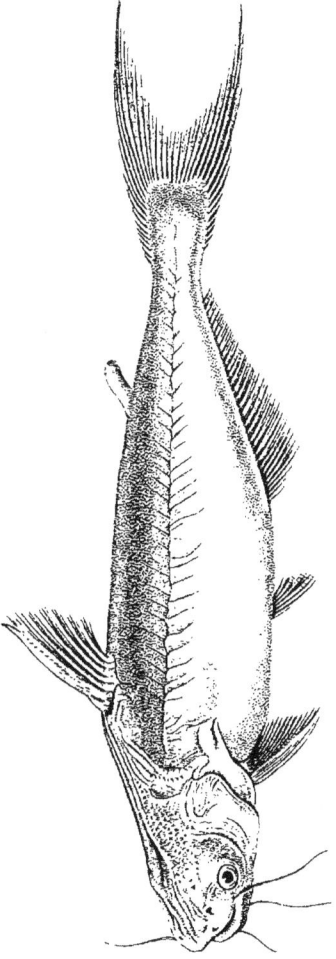

PANGASIE de Buchanan.

SILUNDIA gangetica, nob.

SILUNDIE du gange.

Avorte - Baron del.‎

Impr.‎ de Langlois.

Bourgenie sculp.‎

le *pimelodus silundia* de Buchanan; mais il me paraît que le *pimelodus chandramara* du même auteur s'en rapproche au moins beaucoup.

La SILONDIE DU GANGE

(*Silundia Gangetica*, nob.; *Pimelodus silundia*, Buchan.)

n'a encore été publiée que par M. Hamilton Buchanan, p. 160 et pl. VII, fig. 50. Nous en devons quelques individus à MM. Duvaucel et Dussumier.

Il a beaucoup de l'apparence d'un schilbé, à cause de la petitesse de sa tête, de la concavité de son profil, de la longueur de son anale et du peu d'étendue de son adipeuse.

Sa hauteur entre les ventrales et la dorsale, qui est presque à leur aplomb, est égale à la longueur de sa tête, et cinq fois et demie ou six fois dans la longueur du corps. L'épaisseur au même endroit n'est pas deux fois dans la hauteur, et plus en arrière le corps se comprime encore davantage.

La tête est de deux cinquièmes moins large que longue, et sa hauteur à la nuque égale sa largeur. La ligne du profil est légèrement concave, mais transversalement le front est presque aplati. En avant la circonscription horizontale du museau est en arc moindre qu'un demi-cercle. La fente de la bouche descend un peu et est arquée, la mâchoire supérieure ayant le bord un peu convexe, et l'inférieure l'ayant

.15.   4

concave et se relevant un peu au bout, où elle dépasse la supérieure; elle ne prend pas tout-à-fait le
tiers de la longueur de la tête. Chaque mâchoire a des
dents en crochets, assez grandes proportionnellement,
auxquelles il s'en mêle de plus petites. A la supérieure il n'y en a qu'un rang de grandes; à l'inférieure
on en voit deux, mais peu réguliers. Il y a de plus,
comme dans les bagres, une large bande de dents en
fin velours, appartenant au devant du vomer et aux
palatins. C'est à peine si le petit barbillon maxillaire
surpasse en longueur les dents des mâchoires. Il n'y
en a point à la mâchoire inférieure, ni aux narines,
qui n'ont chacune que deux fort petits trous, l'un
tout près du bord de la mâchoire, et l'autre un peu
plus haut. L'œil est derrière la commissure, et son
diamètre est du quart de la longueur de la tête. La
distance d'un œil à l'autre est de deux diamètres et
demi. Le préopercule est arrondi, l'opercule en angle
obtus; la membrane des ouïes est fendue jusque sous
la commissure des lèvres, et a douze rayons. L'épaule,
ainsi que toute la tête, est lisse et couverte par la
peau, au travers de laquelle on sent qu'il n'y a
qu'une très-petite proéminence à l'huméral, et que
la crête de l'occipital, quoique pointue et du tiers
de la longueur de la tête, est loin d'atteindre au
disque de l'interépineux qui porte l'épine dorsale.
La pectorale a le septième de la longueur totale;
son épine est médiocre, comprimée, finement dentelée en arrière. Les ventrales s'attachent au tiers antérieur, juste sous le milieu de la première dorsale,
qui n'a que les deux tiers de la hauteur du corps,

et dont l'épine est encore un peu plus faible que celle des pectorales. L'anale commence un peu avant le milieu de la longueur totale, et en occupe trois dixièmes. Ses trois premiers rayons sont courts et sans branches. La caudale est fourchue, à lobes pointus, et prend un peu plus du cinquième de la longueur totale. L'adipeuse est très-petite, et sur le tiers postérieur.

B. 12; D. 1/6; A. 42; C. 17; P. 1/13; V. 6.

Nos échantillons dans la liqueur sont argentés, plombés sur le dos, et ont les nageoires jaunâtres, avec du noirâtre au bord postérieur de la caudale et au sommet de la dorsale.

La tête osseuse du *silundia* ressemble beaucoup à celle du schilbé; sa pointe interpariétale est plus courte, et creusée en dessus d'une fossette profonde; sa grande vertèbre est plus profondément échancrée sur les côtés. Il y a en outre treize vertèbres abdominales et trente caudales; la trentième fait l'éventail. Excepté les deux ou trois paires antérieures, les côtes sont grêles comme des cheveux.

A l'état frais, selon M. Buchanan, le dos est teint de vert obscur, les flancs sont argentés, la dorsale et la caudale sont verdâtres, et les autres nageoires blanches.

Ce poisson est très-commun aux bouches du Gange, et fort estimé comme aliment.

Il n'est pas rare d'en voir de trois pieds de long, et il atteint quelquefois le double de cette taille.

La Silondie chandramara.

(*Silundia chandramara*, nob.; *Pimelodus chandra-mara*, Buchan.)

M. Hamilton Buchanan décrit sous ce nom un très-petit siluroïde à petite adipeuse,

qui n'a aussi que deux barbillons à peine visibles à la loupe, et dont tout le corps est transparent, excepté au ventre, où le péritoine argenté se montre au travers des chairs, et le long de l'épine, où il y a du noirâtre. Des amas de points noirâtres forment de petites taches à la surface, et il y a de chaque côté une raie longitudinale dorée.

M. Buchanan n'a pu fixer que les nombres suivants :

D. 1/7; A. 17; V. 6.

Malgré la différence considérable des rayons de l'anale, il se pourrait que ce fût aussi un *silundia*.

Ce poisson, qui n'excède guère dix-huit lignes, a été pris dans la rivière d'*Atreyi*.

CHAPITRE VI.

Les Arius (Arius, nob.).

On a pu voir dans le chapitre précédent, que les Bagres tendent à se subdiviser en plusieurs groupes, rentrant plus ou moins les uns dans les autres, n'en constituant pas moins des sous-genres assez nettement tranchés, et qui viendraient cependant rendre le caractère des bagres moins précis et moins net, si l'on réunissait entre eux tous ces groupes sous une seule dénomination générique.

Je vais donner dans ce chapitre l'histoire naturelle de siluroïdes ayant encore de l'affinité avec les bagres, mais qui cependant sont plus faciles à en être distraits, parce que leurs dents palatines forment deux plaques distinctes et éloignées, et que ces dents sont le plus généralement portées sur le palatin seul. Cependant je les vois s'avancer quelquefois sur les angles latéraux du chevron du vomer.

DES ARIUS A DENTS EN VELOURS OU EN CARDES.

Les espèces de ce genre sont assez nombreuses, et elles forment deux groupes assez distincts que j'ai long-temps hésité à ne pas séparer. Les uns, en effet, ont les dents en velours ou en forte carde, et les autres ont des petits pavés arrondis sur leur palais, au lieu de dents pointues. Mais comme plusieurs espèces ont des dents cylindriques et inverses obtuses et arrondies à l'extrémité, et que le plus ou moins de grosseur de la pointe les fait paraître plus ou moins en carde ou grenues, on arrive par l'examen suivi des espèces rapprochées à des passages qui lient étroitement ces deux groupes.

Le nom que je leur donne est emprunté à l'un des silures de M. Hamilton Buchanan; cependant nous trouvons de ces espèces dans les deux continens : plusieurs de celles qui vivent dans les eaux de l'Amérique offrent même un développement bien remarquable de la plaque interpariétale, dont la forme donne de très-bons caractères spécifiques.

L'ARIUS A GRAND CASQUE.

(*Arius grandicassis*, nob.)

Sa tête est grande, déprimée; son museau proéminent, son corps peu comprimé.

La hauteur de son corps aux pectorales est un peu plus de six fois dans la longueur totale; il a un cinquième de plus en largeur. La longueur de sa tête, prise du museau au bout de l'opercule, est du

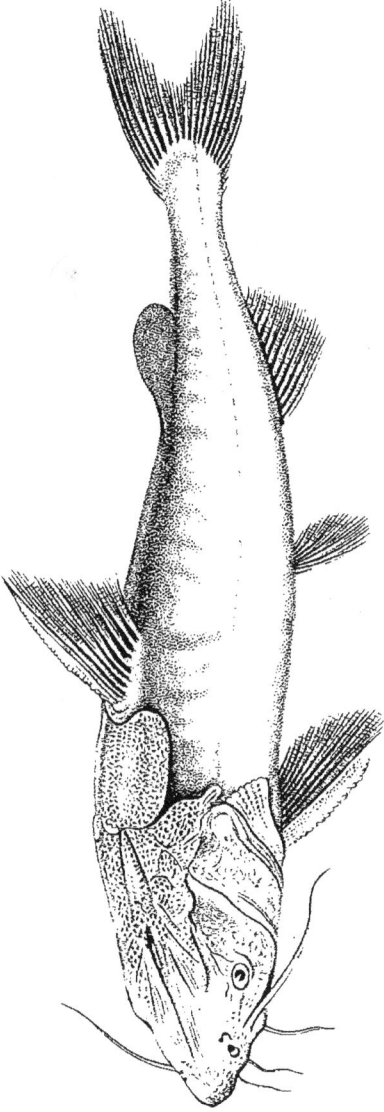

ARIUS à grand casque.

ARIUS grandicassis, nob.

Louis Baron del.t   Impr.ie de Langlois   Bourgeois sculp.t

quart de la longueur totale; sa largeur est de plus d'un quart moindre, et elle a en hauteur un peu plus de moitié de sa longueur.

Le crâne, si on ne lui compte pas le large disque dont je vais parler, serait coupé en arrière à peu près en ligne droite, et élargi un peu aux angles par les pointes que lui forment les surscapulaires; mais il y a entre cette ligne transverse de l'occiput et le petit croissant formé par la plaque du deuxième interépineux, un énorme disque ovale, de près de moitié de la longueur de la tête, et d'un sixième seulement moindre en largeur, qui fait corps avec l'interpariétal, de manière cependant à en être distingué par une ligne enfoncée dans une espèce de suture. On pourrait soupçonner que c'est la plaque du premier interépineux, encore plus développée dans cette espèce que dans les schalls; mais en attendant que l'on ait pu faire un squelette de l'espèce actuelle, je crois plus vraisemblable que c'est la proéminence ordinaire de l'interpariétal.

Cette partie est toute couverte d'une granulation serrée; le crâne en a également, mais ses branches entre les yeux ne sont que striées; une grande solution de continuité obtuse dans le haut, et qui remonte jusques entre les préopercules, est garnie, ainsi que le dessus du museau, la joue et l'opercule, d'une peau veinée. La circonscription horizontale du museau est parabolique. La mâchoire supérieure dépasse l'autre du cinquième de la longueur de la tête. La commissure est presque au tiers de cette longueur; les dents des mâchoires sont en fort velours, et il y en a au palais deux espaces triangulaires, aussi en velours, séparés par un assez grand espace. L'œil, placé un peu avant le milieu de la longueur et à peu près au milieu de la hauteur de la tête, n'a pas le dixième de cette longueur en diamètre, et il y a six de ces diamètres d'un œil à l'autre. Les orifices de la narine sont à peu près au milieu de l'espace, entre l'œil et le bout du museau, l'un au-dessus de l'autre, ronds, assez grands; le supérieur a en avant une lame membraneuse, mais point de barbillons. Le barbillon maxillaire est mince, et ne dépasse guère le limbe du préopercule; le sous-mandibulaire externe a un tiers de moins, l'interne est encore plus court. La membrane des ouïes, épaisse, échancrée, en arc rentrant, a de chaque côté six rayons osseux et robustes. L'épaulette est aussi haute que longue, rectiligne, et a ses crénelures disposées en rayons. L'épine pectorale est comprimée et très-forte, du septième de la longueur du poisson, et a en largeur le sixième de sa propre longueur; sa surface est légèrement granulée; son bord antérieur assez fortement crénelé, le postérieur finement dentelé. L'épine dorsale est aussi longue, mais un peu moins large, et d'ailleurs semblable. Les ventrales sont moindres que les pectorales; l'anale occupe le neuvième de la longueur totale; l'adipeuse est presque aussi longue que l'anale, mais plus basse. Les lobes de la caudale en ont plus du sixième.

B. 6; D. 1/7; A. 18; C. 15; P. 1/12; V. 6.

Dans la liqueur ce poisson paraît d'un argenté tirant au roussâtre.

Sa longueur est de seize pouces.

Nous ne trouvons rien qui en approche dans aucun des auteurs que nous avons consultés.

Quoique l'on n'ait point conservé de note sur son origine, diverses circonstances nous font penser qu'il vient de la Guyane.

L'ARIUS A CASQUE EN BOUCLIER.

(*Arius parmocassis*, nob.)

Le Musée de Genève a reçu de Bahia, par les soins de M. Blanchet, plusieurs échantillons d'une espèce d'Arius qui tient des deux précédentes, et surtout de la première.

Les dents maxillaires sont cependant en cardes plus fines. Les palatines forment deux larges plaques, dont les angles antérieurs et internes se prolongent en arc, dirigés l'un vers l'autre, mais sans se toucher ni se confondre. Les barbillons sont semblables; le museau est moins pointu, ce qui fait paraître l'œil plus en avant. La forme du crâne est très-mince, ses granulations sont un peu plus grosses, surtout vers les angles postérieurs, et le sillon qui est sur le devant de la tête est plus large. En arrière il est un peu plus échancré, pour recevoir la proéminence interpariétale, qui est ovale et rétrécie en avant, car son diamètre antérieur n'est que des deux tiers du postérieur, et le premier fait à peu près la moitié du longitudinal. Ce bouclier est très-peu caréné dans le milieu, et faiblement échancré en arrière. Le croissant, formé par la plaque du deuxième interépineux, est plié en chevron, et à surface granuleuse.

L'épine pectorale est plus longue et un peu moins large que celle de l'*Ar. grandicassis*. L'os de l'épaule est très-fortement rugueux.

B. 6; D. 7; C. 15; P. 12; V. 6.

La ligne latérale est tracée par le milieu du corps. La couleur est plombée, avec quelques teintes verdâtres conservées sur le dos. Le ventre est gris argenté, d'une couleur de plomb plus claire que le dos.

Nous n'en avons qu'un individu long de dix-sept pouces.

L'ARIUS A CASQUE ÉTROIT.

(*Arius stricticassis*, nob.)

Cayenne produit une espèce semblable à la précédente par tous les détails de sa tête, de sa bouche, de ses barbillons, de ses épines, de ses nageoires,

mais dont la proéminence interpariétale se fait remarquer par sa forme longue et étroite : elle a en longueur plus du tiers de celle de la tête; sa largeur est de moins du tiers de sa longueur, et, loin de s'élargir vers le crâne, elle s'y rétrécit un peu. L'opercule et le limbe du préopercule sont irrégulièrement striés. Les ventrales sont aussi longues que les pectorales.

B. 6; D. 1/6; A. 18; C. 15; P. 1/12; V. 6.

Notre individu est, desséché, long de dix-huit pouces, et paraît d'un fauve roussâtre en dessus, blanchâtre en dessous.

Il a été rapporté de Cayenne par M. Frère, qui nous dit, que dans cette colonie on nomme l'espèce le *grondeur,* signe qu'elle fait entendre quelquefois, comme on le rapporte de plusieurs espèces de la famille.

Le Musée royal des Pays-Bas a reçu de Cayenne un poisson que nous rapportons à cette espèce, quoique sa proéminence interpariétale, très-étroite à sa base, s'élargisse un peu plus en arrière et y prenne un peu plus du tiers de sa longueur et de sa largeur. L'opercule est couvert d'une peau veinée; mais d'ailleurs tout est semblable entre les deux espèces.

Cet individu n'est long que de onze pouces.

Viennent maintenant les espèces où l'armure de la nuque consiste, comme à l'ordinaire, dans une production interpariétale en triangle isocèle tronqué au sommet, et en une plaque interépineuse, petite et en croissant. Il y en a dans les deux continens.

L'ARIUS A NEZ.

(*Arius nasutus*, nob.)

Nous distinguons d'abord dans le nombre une espèce des Indes que la proéminence de la partie supérieure de son museau fait presque ressembler à un squale ; mais qui est plus extraordinaire encore par la grande ressemblance qu'il a avec notre *bagrus bilineatus*. Il faut comparer les dents de l'une et de l'autre espèce avec la plus grande attention pour les distinguer et reconnaître que celle-ci même appartient à un groupe différent.

MM. Kuhl et Van Hasselt l'ont observée et dessinée à Java, et l'avaient appelée *catastoma nasutum*. M. Dussumier l'a rapportée de la côte de Malabar en 1827 : depuis, nous l'avons reçue aussi de la mer Rouge.

La longueur de la tête, mesurée jusqu'à l'ouïe, prend près du quart de celle du poisson, et la proéminence interpariétale ajoute en sus le tiers de cette première longueur. Le museau est de forme parabolique ; la saillie de la mâchoire supérieure est du sixième de la longueur de la tête. La fente de la bouche en entame le quart. Les dents, en fort velours ou en cardes, sont sur de larges bandes aux mâchoires, et au palais sont deux très-grands triangles, composés chacun de trois pièces, et écartés l'un de l'autre par un large espace longitudinal. L'œil est au milieu de la longueur et de la hauteur; son diamètre longitudinal est du huitième de la longueur de la tête; il y a près de cinq de ces diamètres d'un œil à l'autre. La production interpariétale est presque aussi large à sa base que longue; carénée, fortement granulée, ainsi que le reste du casque, et même ses branches latérales jusques entre l'œil et la narine. Les orifices de celle-ci sont un peu plus près du bout du museau que de l'œil, sans barbillon. Le barbillon maxillaire sort un peu plus en arrière, et dépasse à peine le limbe du préopercule; le limbe, l'opercule et l'épaulette sont striés en rayons. L'épaulette, aussi haute que longue, à bord supérieur concave, a la pointe un peu arrondie. L'épine pectorale est très-large, presque lisse à ses faces, fortement granulée au bord antérieur, finement dentelée au postérieur, et de près du septième de la longueur totale. L'épine dorsale est aussi longue, mais moins large, et d'ailleurs semblable; les ventrales égalent presque les pectorales. L'adipeuse est petite, plus haute que longue; les lobes de la caudale ont le cinquième de la longueur.

B. 6; D. 1/7; A. 15; C. 15 entiers; P. 1/11; V. 6.

Notre individu est long de vingt-sept pouces dans son état desséché. Il paraît avoir été argenté et teint de violâtre sur le dos : il a peu changé. Le dessin de MM. Kuhl et Van Hasselt offre à peu près les mêmes teintes, et glace seulement de verdâtre le crâne et les nageoires.

L'Arius a museau étroit.

(*Arius subrostratus*, nob.)

Une autre espèce du Malabar, assez voisine de la précédente, a la tête, et surtout la partie de la tête en avant de l'œil, plus longue à proportion et se distingue, d'ailleurs, par la petitesse de ses groupes de dents palatines.

La longueur de sa tête jusqu'au bout de l'opercule n'est que trois fois et demie dans la longueur totale; prise jusqu'au sommet de la proéminence interpariétale, elle n'y est pas trois fois; elle se rétrécit en avant un peu comme dans certains gades. Le bout du museau, d'une commissure à l'autre, est de moitié moins large que l'occiput. Les dents sont sur des bandes peu étendues aux mâchoires, et sur deux très-petits espaces ovales et écartés au palais. Les barbillons maxillaires, grêles et courts, n'atteindraient pas l'œil; l'œil est après le milieu de la longueur. Son diamètre est du sixième de la longueur de la tête jusqu'à l'ouïe. Il y a deux diamètres et demi entre les yeux. La proéminence interpariétale a le cinquième de la longueur du reste de la tête; sa base égale sa longueur; son sommet est tronqué en arc rentrant par le croissant interépineux : ce croissant et tout le casque sont granulés jusques entre les yeux. La solution de continuité est large, et pénètre en pointe jusqu'à la hauteur des opercules. Ceux-ci sont irrégulièrement veinés, ainsi que les épaulettes, qui sont aussi hautes que larges, et dont la pointe est rectiligne. Les épines dorsale et pectorale sont assez fortes, granulées en avant, médiocrement dentelées en arrière; l'adipeuse est moitié moindre que l'anale.

B. 6; D. 1/7; A. 20; C. 15; P. 1/11; V. 6.

Cet individu, mal conservé et long de près d'un pied, paraît avoir été d'un argenté brillant et avoir eu le dos d'un beau bleu d'acier bruni. Nous le devons à M. Belanger.

L'ARIUS ROSTRÉ.

(*Arius rostratus*, nob.)

Cet arius a le museau plus alongé que le précĕdent; d'ailleurs il en est très-voisin. Cependant, en l'examinant avec soin, on lui trouve encore d'autres différences qui le caractérisent nettement.

La tête mesure ici le tiers du corps, en n'y comprenant pas la caudale; prise jusqu'au sommet de la proéminence interpariétale, elle n'y est que deux fois et un tiers. Sa distance du bout du museau à l'angle du frontal, est moitié de la longueur du bout du nez à l'angle de l'opercule, par conséquent plus longue que dans l'*Ar. subrostratus.*

L'espace entre les yeux est plus aplati et le sillon nu entre les ciselures des frontaux est plus étroit et plus long.

La proéminence interpariétale est plus étroite, et a ses granulations un peu plus fortes.

Le tronçon du corps au-delà de la dorsale est un peu plus grêle. Le lobe supérieur de la caudale est moins alongé. Les nageoires et les barbillons sont semblables.

D. 1/6-0; A. 18; C. 8 - 15 — 10; P. 1/10; V. 7.

Le barbillon maxillaire n'atteint pas à l'angle saillant du frontal. Les autres sont d'un tiers ou de moitié plus courts.

L'épaule est lisse et sans aucune strie ou granulation. Les dents sont à fin velours aux mâchoires et sur une plaque très-petite aux palatins. Elles y sont mousses et comme grenues.

Sa couleur est plombée, tirant au noirâtre sur le dos, et argentée en dessous.

M. Dussumier a pris cette espèce dans les eaux des environs d'Alipey.

L'ARIUS A NEZ TRONQUÉ.

(*Arius truncatus*, nob.)

Il y en a à Java une espèce à tête longue, étroite, déprimée, et néanmoins à museau comme tronqué, à mâchoire supérieure peu proéminente.

Mesurée jusqu'au sommet de la proéminence occipitale, la tête fait le tiers du total; jusqu'à l'ouïe elle n'en fait pas tout-à-fait le quart; la ligne transverse de l'occiput est bien plus en arrière que le bout de l'opercule. Entre les opercules la largeur de la tête est une fois et deux tiers dans la longueur, prise de l'opercule au museau. En avant la tête est déprimée, et le museau est coupé en arc moindre qu'un demi-cercle. La bouche et l'œil sont au tiers antérieur, fort bas : leur diamètre est du septième de la longueur jusqu'à l'ouïe ; il y a trois diamètres d'un œil à l'autre. Le casque n'est ridé que jusqu'au milieu de la longueur de la tête, prise du sommet interpariétal ; la solution de continuité prend les deux tiers de cette même longueur ; la production interpariétale en prend le sixième ; elle n'est que moitié aussi large que longue. Les bandes de dents maxillaires sont fort étroites, et les palatines sur des espaces petits et écartés. Le barbillon maxillaire est grêle et atteint au milieu de l'opercule ; ses sous-mandibulaires sont d'un tiers plus courts. Les épines dorsale et pectorale sont assez fortes ; leur bord antérieur, granulé vers le bas, est dentelé dans le haut ; le postérieur est dentelé, et assez fortement, surtout dans la pectorale.

B. 6 ; D. 1/7 ; A. 23 ; C. 15 ; P. 1/9 ; V. 6.

Notre individu, dans la liqueur, est argenté, et a le dos brun roussâtre et les nageoires gris jaunâtre. Il n'est long que de cinq pouces. M. Leschenault l'a recueilli dans l'île de Java.

Restent les espèces qui n'ont plus que des caractères légers de proportions et de couleurs, qui ne diffèrent même guère de leurs analogues dans la section qui va suivre, que parce

15.

que les dents de leurs deux groupes palatins sont en velours.

Les Indes en ont de cette sorte à tête large et arrondie.

L'Arius a casque ciselé

(*Arius cœlatus*, nob.)

a la tête, mesurée jusqu'au bout de l'opercule, à peu près du quart de la longueur totale, d'un cinquième seulement moins large que longue, non rétrécie et coupée en demi-cercle en avant. La bouche, qui occupe toute cette largeur, entame à peine la longueur d'un cinquième. La mâchoire supérieure avance très-peu; les dents des mâchoires et de deux grands triangles au palais, sont en fin velours ras. Les orifices des narines sont grands, et la valvule du supérieur est très-prononcée. Le diamètre de l'œil est de près du sixième de la longueur, et il y a quatre diamètres d'un œil à l'autre. Le barbillon maxillaire atteint la pointe de l'épaulette, qui n'est pas plus longue que haute; le sous-mandibulaire externe a un tiers de moins; le casque est fortement et régulièrement granulé, ses grains étant disposés en rayons qui partent sensiblement de certains centres et lui font une ciselure remarquable. Ce grenetis se porte sur les branches externes jusques entre les yeux; l'échancrure entre ces branches est en angle fort ouvert, et n'a à son sommet qu'une solution de continuité étroite et assez courte. La production interpariétale n'a guère qu'un sixième de la longueur de la tête, elle comprise; sa base égale sa longueur; son sommet est échancré par une pointe de la plaque interépineuse ou bouclier, qui est triangulaire. Il y a des veines cutanées à la région temporale et sur l'opercule, mais la joue est lisse. L'épaulette montre à peine quelques grains; les épines sont fortes, granulées au bord antérieur; les dentelures postérieures sont faibles; celle du dos a ses faces ridées en travers; à celles des pectorales elles sont lisses. L'adipeuse est presque aussi longue que la dorsale; les ventrales égalent presque les pectorales; les lobes de la caudale sont arrondis et du septième de la longueur totale.

B. 6; D. 1/7; A. 20; C. 15; P. 1/9; V. 6.

Ce poisson a le dessus et les côtés d'un bleu d'acier brun clair; le ventre argenté, les nageoires grises; son adipeuse est noire, bordée de fauve à l'angle et au bord postérieur. Lorsqu'il est frais, M. Dussumier dit que le dos est bleu avec des teintes pourprées. Le dessus de la tête est noirâtre; les nageoires sont noires, lavées de bleu.

Ses viscères ressemblent à celles des espèces voisines; la vessie aérienne a une tunique épaisse, fibreuse et argentée, très-adhérente à la grande vertèbre. A l'intérieur la membrane propre est très-mince.

Après la grande vertèbre on trouve treize vertèbres abdominales.

Notre individu, long de onze pouces, a été apporté de Batavia, en 1829, par MM. Quoy et Gaimard. On trouve aussi l'espèce à Bombay où M. Dussumier l'a vue. C'est un poisson méprisé que les pauvres seuls mangent.

L'Arius a barbillons égaux.

(*Arius æquibarbis,* nob.)

Je nomme ainsi cette espèce, parce que ses barbillons sous-mandibulaires externes sont aussi longs que les maxillaires; les uns et les autres atteignent la pointe de l'épine pectorale. Elle est d'ailleurs assez semblable à la précédente; la forme de sa tête, ses dents, ses narines, le grenetis de son casque, les veines de sa tempe et de son opercule, le noir bordé de fauve de son adipeuse, sont à peu près semblables. Il y a seulement plus de grenetis à ses épines, et sa caudale a deux lobes pointus de près du quart de la longueur totale.

B. 6; D. 1/7; A. 22; C. 15; P. 1/9; V. 6.

Sa couleur paraît un argenté teint de gris vers le dos. Il a du noirâtre à ses nageoires paires et à son anale.

Cette espèce a un foie brun à lobes très-aplatis, et une vésicule du fiel ovale, mais remarquablement grosse.

L'estomac est étroit et cylindrique. Le duodénum naît au bas du côté gauche, et se porte ensuite dans le côté droit pour faire de petites et nombreuses circonvolutions en arrière.

La vessie natatoire est semblable à celle des autres arius; ses muscles sont épais.

Nous en avons un individu de neuf pouces, apporté de Rangoon par M. Raynaud, et un de onze, du Bengale, par M. Bélanger.

L'Arius a gros grains.

(*Arius granosus*, nob.)

M. Belanger a envoyé de Pondichéry une espèce semblable à cet *Ar. œquibarbis,*

et qui a les barbillons presque aussi longs et presque aussi égaux; dont l'adipeuse porte une tache noire entourée de fauve, mais qui se distingue parce que son casque a des grains bien plus gros, bien moins nombreux, et distribués plus inégalement et non en rayons réguliers.

D. 1/7; A. 20, etc.

L'individu n'a que six pouces et est décoloré.

L'Arius veiné

(*Arius venosus,* nob.)

est encore à peu près de la forme des précédens pour la tête;

mais le casque n'a que peu de grains épars; ses branches externes ne montrent que des veines, qui s'étendent, comme dans les précédens, sur la tempe et le haut de l'opercule, et de plus sur le scapulaire et une grande partie du tronc au-dessus et au-dessous de la ligne latérale. Sa mâchoire supérieure avance davantage; ses dents sont plus fortes et presque en cardes, tant aux mâchoires qu'au palais, où elles occupent des espaces plus petits et seulement ovales. Le barbillon maxillaire atteint aux deux tiers de l'épine pectorale; le sous-mandibulaire externe n'atteint qu'à sa base. Les épines, plus faibles qu'aux deux précédens, légèrement crénelées au bord antérieur, sont presque lisses à leurs faces. La dorsale n'a presque pas de dents sensibles; celles de la pectorale sont fines, mais pointues. L'adipeuse est de moitié plus courte que l'anale; les lobes de la caudale, peu aiguës, ont le cinquième de la longueur totale.

B. 6; D. 1/7; A. 20; C. 15; P. 1/10; V. 6.

Sa couleur est un bel argenté teint de gris-brun vers le dos. Toutes ses nageoires paraissent d'un gris pâle.

Nous n'en avons qu'un individu de neuf pouces, rapporté de Rangoon par M. Raynaud. Nous croyons pouvoir en rapprocher une figure faite à Manille, et que nous avons trouvée parmi les dessins de feu M. de Mertens.

L'Arius a nœud.

(*Arius nodosus*, nob.; *Silurus nodosus*, Bloch.)

Le poisson décrit par Bloch sous le nom spécifique que nous lui conservons, paraît devoir venir ici, et pourrait bien même appartenir à l'une des quatre espèces dont nous venons de parler; mais la description que Bloch en donne est si incomplète et sa figure si peu intelligible en ce qui concerne le casque, qu'il est difficile de prononcer.

Bloch l'avait reçu de Tranquebar, et l'avait appelé *nœud,* à cause, dit-il, des nœuds de la base de son premier rayon dorsal, par où il veut sans doute faire entendre le croissant du premier interépineux, et le rayon court ou en forme de grain que cet interépineux porte; mais cette conformation n'a·rien de plus extraordinaire que dans les espèces dont nous venons de parler, ni même, dans la figure que Bloch donne de son *silurus nodosus,* que dans une infinité d'autres siluroïdes.

Il donne pour nombres:

B. 5; D. 1/4; A. 20; C. 20; P. 1/7; V. 1/5;

mais je soupçonne qu'il les aura comptés sur un individu desséché.

L'Arius de Belanger.

(*Arius Belangerii,* nob.)

Nous ajouterons à ces espèces, originaires des Indes, un petit poisson long de six pouces, rapporté de Bombay par M. Belanger.

Il a la tête alongée, à très-fines granulations, ciselée principalement sur la plaque interpariétale, qui est très-étroite. Le chevron est aigu et courbé le long des côtés; l'huméral est lisse; le museau est coupé carrément; le barbillon maxillaire atteint au bord de l'ouïe; les autres sont beaucoup plus courts et inégaux.

L'épine dorsale est rugueuse et dentelée sur les deux bords.

D. 1/6; C. 17; A. 16; P. 10; V. 6.

La couleur est plombée sur le dos et les nageoires sont noirâtres.

L'ARIUS CHINOIS.

(*Arius sinensis*, nob.)

MM. Eydoux et Souleyet ont rapporté de Touraine une petite espèce d'arius qui ne se rapporte à aucune des précédentes :

elle a le casque finement strié; la plaque interpariétale presque quadrilatère, mais alongée; le barbillon de la mâchoire supérieure aussi long que la tète; ceux de l'inférieure, égaux entre eux et de moitié plus courts que l'autre.

D. 7; A. 13, etc.

Le dos est plombé, le ventre blanc, les barbillons bruns, les pectorales blanches, les autres nageoires grises.

Le poisson est long d'environ quatre pouces.

L'ARIUS DE HEUDELOT.

(*Arius Heudelotii*, nob.)

Nous avons aussi observé parmi les collections de l'infortuné M. Heudelot, botaniste plein de zèle, que le climat brûlant de l'Afrique vient de faire périr, une belle espèce d'arius qui doit venir du haut Sénégal.

Elle a le corps alongé et comprimé en arrière. La tête est longue du tiers de la longueur du corps, la caudale non comprise, laquelle a les deux lobes inégaux; le supérieur est du sixième de la longueur totale, et l'inférieur est un peu plus court.

Le dessus du casque et la proéminence interpariétale est fortement granulée. Toutefois ces granulations s'évanouissent sur le dessus du museau au-devant des yeux.

Le barbillon maxillaire dépasse un peu le limbe du préopercule; les sous-mandibulaires sont d'un tiers ou de moitié plus courts. Les surscapulaires sont granuleux, et l'huméral forme une large plaque triangulaire sillonnée et ayant quelques granulations sur le dos des intervalles du sillon. La membrane branchiostège est soutenue par six rayons. La dorsale est une très-longue épine derrière un chevron très-étroit, mais très-granuleux. L'épine est forte, assez longue, du sixième du poisson, dentelée sur ses deux bords. L'épine pectorale est à peu près semblable. L'adipeuse est très-courte. Les ventrales sont assez longues.

B. 6; D. 8; A. 16; C. 12 — 18 — 10; P. 10; V. 6.

Les dents des mâchoires sont en cardes fines serrées, mais assez longues. Les plaques palatines sont très-écartées et très-petites. C'est un caractère assez notable de cette espèce.

La couleur paraît avoir été verdâtre sur le dos et argentée sous le ventre.

Je ne sais rien des habitudes de ce poisson, la mort de Heudelot nous ayant privé de tout renseignement à ce sujet : les deux individus qu'il a envoyés sont assez grands. L'un a vingt-deux pouces de long.

Il y a aussi en Amérique plusieurs arius de cette catégorie, qui cependant, chacun pris à part, ne peuvent être confondus avec ceux des Indes. Ainsi il y en a une espèce qui paraît assez répandue dans les parties tempérées et chaudes des États-Unis, et que nous avons nommée

ARIUS DE MILBERT
(*Arius Milberti,* nob.),

du nom de celui qui nous l'a envoyée le premier de New-York, mais que nous avons aussi reçue de Charlestown par M. Holbrook, et qui a quelques rapports avec l'*Ar. cœlatus* des Indes pour les proportions et les couleurs, mais dont le casque est granulé à plein et non par centres de rayonnemens.

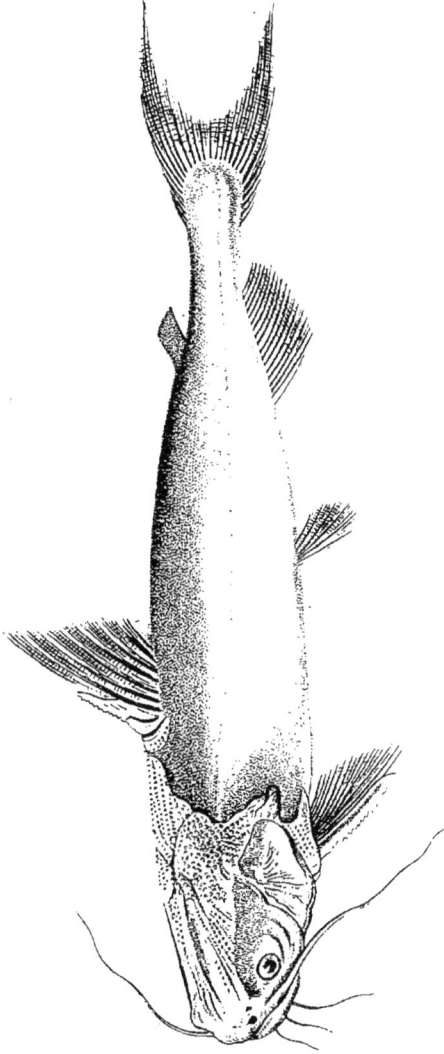

ARIUS de Heudelot.

ARIUS Heudelotii, nob

Avorie-Baron del.

Impr.^t de Langlois.

Bourgoin sculp.^t

Sa tête est cinq fois dans sa longueur totale. Son museau est arrondi, son casque granulé jusques entre les yeux, c'est-à-dire jusqu'au tiers antérieur de la tête, en y comptant la production interpariétale, ou jusqu'à moitié, en ne la mesurant que du museau au bout de l'opercule. Une fente étroite remonte jusqu'à moitié de la hauteur du casque; la production interpariétale a en longueur le tiers du reste de la tête. Sa base égale sa longueur, et elle est tronquée au bout par le croissant du bouclier, qui lui-même est tronqué en avant. La granulation est égale, assez forte, mais non pas grosse. Le devant et les côtés de la tête sont lisses; à peine aperçoit-on quelques veines à l'opercule. L'épaule n'a qu'une peau lisse; la proéminence de la mâchoire supérieure n'est pas très-forte; les dents palatines occupent deux ovales, qui se touchent presque en avant par une petite pointe. Les barbillons maxillaires dépassent un peu le bout de l'opercule; les sous-mandibulaires externes ont un quart de moins. Les épines sont de force médiocre; il y a des dents vers le bout de leur bord antérieur, faibles, ainsi que celles du postérieur; les ventrales sont moindres que les pectorales; l'adipeuse est petite. Le lobe supérieur de la queue dépasse l'inférieur d'un quart, et prend le cinquième de la longueur totale. Je n'ai pu lui découvrir que cinq rayons aux ouïes.

B. 5; D. 1/7; A. 17; C. 15; P. 1/10; V. 6.

Le poisson est argenté en dessous, d'un bleu d'acier bruni, tirant au noirâtre, en dessus; son adipeuse est noirâtre; ses autres nageoires sont grises ou brunâtres.

Dans cette espèce le foie est jaune, composé de deux lobes, à plusieurs lobules chacun, courts, et atteignant à peine au-delà du renflement de l'estomac. La vésicule du fiel est petite; l'estomac est alongé, cylindrique, arrondi en arrière, et donnant naissance, du fond du côté gauche, à un intestin large, qui remonte vers le diaphragme, se contourne dessus, et passe à droite pour faire ensuite beaucoup de petites circonvolutions. Les reins sont épais et peu longs.

La vessie natatoire, semblable à celle des premiers arius, est pointue en arrière, et est pourvue de muscles très-épais.

Nous en avons des échantillons depuis cinq et six, jusqu'à quatorze et quinze pouces.

L'Arius de Spix

(*Arius Spixii*, nob.; *Pimelodus Spixii*, Agass.; *Pimelodus albidus*, Spix, pl. VII, fig. 1.)

doit probablement se placer ici. Voici ce que M. Agassiz dit de ce poisson, conservé dans le Musée de Munich.

La tête mesure le tiers de la longueur du corps. Le bouclier, caréné sur le milieu de la nuque, est sillonné vers le bas. Le reste de la tête est nu et déprimé vers le museau. Les barbillons sont au nombre de six; les maxillaires atteignent à la pointe de la pectorale.

La caudale est fourchue.

D. 7; A. 16; C. 10 + 15 + 12; P. 10; V. 6.

La couleur est de bleu noirâtre sur la tête, plus clair et cendré sur les flancs, et argenté sous le ventre.

Les nageoires ont quelques teintes brunes; la caudale était plus foncée.

Les individus sont longs de sept à huit pouces.

Spix les avait nommés *pimelodus albidus*. M. Agassiz a dû, au moment de la publication, changer le nom d'*albidus* déjà employé par M. Lesueur. Il a dédié l'espèce à Spix, et nous avons conservé avec plaisir ce témoignage d'estime donné à un savant aussi distingué.

L'Arius à épines rugueuses

(*Arius rugispinis,* nob.)

est une espèce de Cayenne, que nous avons nommée ainsi, parce que ses fortes épines dorsale et pectorale sont granulées sur toute leur surface.

A Cayenne elle porte le nom vulgaire de *tumbeloc.*

Ses petits yeux, son adipeuse assez grande, la grande proportion de sa production interpariétale avec son casque, la font aisément distinguer.

Mesurée jusqu'au bout de l'opercule, sa tête a près du cinquième de sa longueur totale. La lon-

gueur de sa production interpariétale n'est que deux
fois et demie dans le reste de sa tête, et surpasse
d'un sixième la largeur de sa base. L'œil, placé au
tiers antérieur, en comptant jusqu'au bout de l'opercule, n'a que le dixième au plus de cette longueur,
et il y a cinq diamètres d'un œil à l'autre. Le casque
est fortement granulé, à grains assez gros et serrés,
mais seulement jusques entre le milieu des joues, de
sorte qu'il y a aussi loin du bout du museau aux
pointes de sa partie granulée, que de celles-ci à la
ligne transverse de l'occiput. La solution de continuité, assez large, pénètre en angle aigu jusqu'au
tiers de l'espace granulé, la production interpariétale
comprise. Cette production est un peu échancrée
par une très-petite pointe du croissant interépineux,
qui est aussi granulé, ainsi que l'épaulette, qui n'est
pas plus haute que longue et médiocrement pointue.
Tout le devant, les côtés de la tête et les opercules
sont parcourus de veines cutanées. Le museau est un
peu rétréci, déprimé; la mâchoire inférieure avance
un peu; les lèvres sont charnues, les dents assez
fortes; celles du palais sont sur deux espaces ovales
peu étendus, assez écartés. Le barbillon du maxillaire
atteint le milieu de l'opercule; les sous-mandibulaires
sont de moitié plus courts. Les épines sont très-fortes,
complètement granulées; la dorsale n'a presque point
de dentelures; celles de l'épine pectorale sont plus
marquées. Les ventrales n'égalent pas tout-à-fait les
pectorales; l'adipeuse est presque aussi grande que
l'anale. Les lobes de la caudale ont au moins le
sixième de la longueur; ils sont mal conservés dans
nos individus.

B. 6; D. 1/7; A. 21; C. 15; P. 1/11; V. 6.

Nos individus sont longs de douze et de quinze pouces. Ils nous ont été envoyés de Cayenne par M. Poiteau. M. Frère nous en a donné un sec de la même colonie. Aucun n'a assez bien conservé ses couleurs pour que nous puissions les indiquer.

L'ARIUS BRODÉ

(*Arius phrygiatus*, nob.)

est une jolie espèce envoyée de Cayenne au Musée des Pays-Bas, et qui a les petits yeux de l'*Ar. rugispinis* et une adipeuse encore plus grande, mais dont la partie granulée du casque est beaucoup moindre.

Sa tête jusqu'au bout de l'opercule a le cinquième de la longueur; elle est déprimée de l'avant. La mâchoire supérieure avance un peu; les lèvres sont épaisses; le diamètre de l'œil est neuf fois dans la longueur de la tête, et cinq fois entre les deux yeux. La production interpariétale est du tiers de la longueur du reste de la tête; sa base est d'un tiers moindre que sa longueur; ses bords sont un peu concaves; son sommet est échancré par une avance ronde du croissant interépineux; il n'y a de granulé que ce croissant. Cette production est un petit espace au-devant d'elle. Le grenetis est très-fin; la solution de continuité est large, et son sommet, qui est arrondi, arrive presque jusques entre les ouïes. Tout le reste de la face supérieure de la tête, l'opercule et une grande partie de la région voisine de l'épaule, sont parcourus par des veines cutanées, serrées, diversement dirigées, et qui y forment une sorte de broderie agréable à l'œil.

Le barbillon maxillaire n'atteint qu'au milieu de l'opercule; les sous-mandibulaires ont un tiers de moins. Les dents sont en velours ras; celles du palais occupent deux espaces ovales médiocres, bien séparés. Les épines sont assez fortes, finement dentelées aux deux bords, légèrement striées à leur surface. L'adipeuse est aussi grande que l'anale; les lobes de la caudale sont assez pointus et du cinquième à peu près de la longueur.

B. 6; D. 1/7; A. 19; C. 15; P. 1/11; V. 6.

Il paraît, dans la liqueur, argenté, plus ou moins brun vers la tête et l'épaule; il y a du noirâtre au bord de l'anale et de la caudale.

La longueur de l'individu est de six pouces et demi.

Nous croyons pouvoir placer ici une espèce de l'Amérique, qui a aussi quelque chose de singulier dans l'armure de sa nuque,

L'Arius blanc

(*Arius albicans*, nob.; Atl. ichth. de d'Orbig., Voy. dans l'Amér. mérid., pl. 5, fig. 2.),

et qui est vulgairement nommée *bagre blanc* par les Espagnols de Buénos-Ayres. Elle se

distingue des précédentes par sa tête longue,
étroite en avant, par sa grande plaque interépineuse, et surtout par ses dents du vomer,
dont elle n'a que deux très-petits paquets en
avant du palais.

Sa tête, mesurée comme à l'ordinaire du museau
à l'ouïe, est quatre fois et deux tiers dans la longueur totale; du museau au bout de la production
interpariétale, elle n'y est que quatre fois. L'œil est
au milieu de la première longueur; son diamètre
est du neuvième de cette longueur, et il y a trois
diamètres et demi d'un œil à l'autre. Mesuré derrière l'œil, la largeur du casque est trois fois et demie
dans la distance du bout du museau au sommet de la
production interpariétale, laquelle a sa longueur aussi
trois fois et demie dans celle-là, et est d'un quart
plus longue que large. La plaque interépineuse, de
moitié moins longue que cette production, est figurée
en demi-ellipse, d'un quart plus longue que large,
obtuse en avant, coupée en arrière en demi-cercle,
et augmentée à chaque angle d'un petit lobe appartenant au troisième interpariétal.

Sa surface a des granulations serrées; le crâne est
granulé de même jusqu'à moitié distance de l'œil
au bout du museau, sauf une échancrure médiane,
qui s'élève jusques entre les bords postérieurs des
yeux. Le surscapulaire a aussi sa surface granulée;
et est séparé extérieurement du mastoïdien par un
petit intervalle de peau lisse. La pointe de l'huméral
est plus longue que large, aiguë et granulée comme

15. 6

le crâne; l'opercule a des stries très-nombreuses et très-serrées. Derrière l'œil est encore un petit sous-orbitaire granulé; le museau est comme tronqué, chaque mâchoire a une large bande de dents en velours, et les deux petits groupes dont j'ai parlé, se voient derrière la supérieure.

Le barbillon maxillaire dépasse les ventrales; le sous-mandibulaire externe atteint presque à la pointe des pectorales. Les épines pectorales et ventrales ont les côtés lisses, et un rang de granelures au bord antérieur. La dorsale égale la hauteur du corps, et n'a presque pas de dents sensibles au bord postérieur; mais celles de la dorsale sont assez fortes et très-nombreuses (près de cinquante); les ventrales sont plus courtes que les pectorales. L'adipeuse prend plus du sixième de la longueur totale; l'anale est plus de deux fois plus courte, mais deux fois plus haute. Le lobe supérieur de la caudale dépasse l'autre.

B. 9; D. 1/6; A. 10 ou 11; C. 17; P. 1/8? V. 6.

A l'état sec ce poisson paraît fauve ou jaunâtre, et a le dessus teint de violâtre.

L'individu est long de vingt et un pouces.

Selon M. d'Orbigny, à qui nous le devons, l'espèce atteint ou dépasse deux pieds. Elle se rencontre en abondance dans le Parana depuis le 26.ᵉ degré de latitude, et dans la rivière de la Plata, toujours dans les endroits sablonneux, et principalement sur les bancs de sable. Elle voyage vers le nord, depuis le mois d'Août au mois de Janvier; et vers le sud, depuis le mois de Janvier à celui d'Avril. Elle se tient en troupes au fond des eaux, et n'approche des bords que pendant la nuit. Lorsqu'on les tire de l'eau, ces poissons font entendre un son sourd et cadencé. On en prend surtout beaucoup à l'approche des orages avec un hameçon amorcé de viande. Les pêcheurs ont soin, en les prenant, de leur casser les épines, qui sont des armes dangereuses. Leur chair est fort bonne.

C'est le *mondii-moroti* des Guaranis. Les Créoles, comme nous l'avons dit, le nomment *bagre blanco*.

L'Arius noiratre.

(*Arius nigricans*, nob.; Atl. ichth. de d'Orb., Voy. dans l'Amér. mérid., pl. 3, fig. 3.)

Nous avons aussi fait figurer dans le même ouvrage un autre arius assez voisin du précédent et rapporté des mêmes lieux par le même voyageur.

Il a les ciselures du casque plus fines. La plaque interpariétale est moins échancrée sur les côtés. Les barbillons maxillaires, plus courts, ne dépassent pas l'épaule. Les quatre mandibulaires n'atteignent pas au-delà de la base de la pectorale, ils sont donc aussi plus courts.

Les nombres ne sont pas différens, mais l'adipeuse est courte et plus haute.

D. 16; A. 20, etc.

Le dos est noirâtre; le ventre est argenté; les nageoires ont du jaunâtre.

Ce poisson n'a que huit à neuf pouces de long.

L'Arius de Dussumier.

(*Arius Dussumieri*, nob.)

Nous plaçons encore à la suite des arius un poisson que M. Dussumier a rapporté récemment de la côte de Malabar, et qui est très-facile à caractériser par la forme de ses dents palatines.

En effet, elles sont coniques, droites, distantes l'une de l'autre, et chaque plaque est divisée en deux groupes; un antérieur, petit, sur l'angle latéral du chevron du vomer, l'autre en ovale alongé sur tout le palatin. Les deux plaques palatines forment une forte herse sur le palais de cette espèce; les dents maxillaires et mandibulaires sont en forte carde.

Cet arius a d'ailleurs six barbillons; les maxillaires atteignent au bord de l'interopercule.

La longueur de la tête est comprise quatre fois dans la longueur totale, les fourches de la caudale cependant non comprises. L'œil est vers le milieu de la longueur de la tête, sur le bas de la joue; l'espace entre les deux yeux est convexe; le devant de la tête est élargi par l'épaisseur des sous-orbitaires antérieurs.

Le crâne a une longue gouttière frontale lisse; des ciselures en rayons sur les frontaux et sur les mastoïdiens; les arêtes en sont grenues. Vers l'arrière du crâne existent aussi quelques stries grenues. La plaque interpariétale est alongée, pliée en ogive, striée et granuleuse sur toute sa surface. Les chevrons des premier et second interépineux sont grenus. L'os de l'épaule n'a que deux ou trois cannelures à sa base; le reste est lisse et recouvert par une peau épaisse.

L'épine pectorale est épaisse, large, dentelée des deux côtés, lisse en dessus et en dessous. L'épine dorsale est haute, pointue et très-forte; lisse sur les côtés, elle est rugueuse en avant. La nageoire adipeuse est haute, mais étroite et très-courte; la caudale est fourchue; l'anale est basse.

D. 8; C. 11 — 19 — 12; A. 13; P. 10; V. 9.

Ce poisson est plombé noirâtre.

L'individu est long de vingt-deux pouces; M. Dussumier n'a rien appris de particulier sur cette singulière espèce.

————

L'espèce suivante, qui est de la côte d'Afrique, diffère de toutes celles de ce groupe, parce qu'elle a huit barbillons: nous l'appelons

L'Arius a dorsale pointue

(Arius acutivelis, nob.),

à cause de sa dorsale haute et pointue. Elle se fait remarquer en outre par son museau rétréci et ses grands yeux. Nous soupçonnons que Seba l'a représentée, mais d'après un échantillon à dorsale mutilée (t. III, pl. XXIX, fig. 1). Ce qui est plus certain, c'est que M. de Lacépède l'a désignée sous le nom de *pimélode doigt de nègre* (t. V, p. 95 et 108), mais aussi d'après un individu altéré dans ses formes et dans ses couleurs. La teinte noire de ses nageoires était entre autres un effet de ces altérations, et c'est pourquoi nous n'avons pu conserver son nom spécifique.

Un individu mieux conservé nous a été procuré par M. Rang, et nous a fourni les moyens d'en présenter une description plus exacte.

Sa tête est cinq fois dans sa longueur totale; sa largeur entre les ouïes est des trois cinquièmes de sa longueur, et sa production interpariétale y ajoute encore un de ces cinquièmes, en sorte que cette production forme un sixième de la distance de son sommet au museau.

Le profil descend par une ligne convexe; la tête se rétrécit pour le former, et il se termine en courbe parabolique. La bouche est assez étroite, et n'entame que d'un sixième la longueur de la tête; la mâchoire supérieure dépasse l'autre; les lèvres sont assez épaisses; les bandes de dents en velours des mâchoires sont assez larges, mais ne prennent pas transversalement toute la largeur de la bouche; au palais il y en

a deux groupes étroits et presque longitudinaux.
L'orifice supérieur de la narine, à égale distance de
l'œil et du bout du museau, a un petit barbillon
court et grêle que M. de Lacépède n'a pas aperçu.
Le barbillon maxillaire, grêle aussi, atteint la base
de la pectorale ou le bout de l'opercule. Les mandibulaires sont l'un d'un tiers, l'autre de moitié plus
courts. L'œil est ovale et a plus du quart de la longueur de la tête en diamètre longitudinal; sa distance
de l'autre n'égale pas tout-à-fait ce diamètre. Le crâne
est rugueux jusques entre le milieu des yeux; la solution de continuité remonte jusques entre leurs
bords postérieurs. La production interpariétale est
granulée; sa base égale moitié de sa longueur; son
sommet obtus joint la pointe aiguë du bouclier,
formée par le premier interépineux. Le bouclier lui-
même est un petit triangle équilatéral, mais échancré
en croissant en arrière. L'opercule est faiblement
strié en rayons; la pointe humérale, aussi haute que
longue et assez pointue, est rugueuse comme le crâne.
La dorsale est pointue, près de deux fois aussi haute
que le corps; son épine, d'un tiers moins longue, est
forte et finement dentelée en arrière. Les épines pectorales, non moins fortes, comprimées, ont au bord
postérieur des dents très-prononcées. Les ventrales
sont pointues, aussi longues que les pectorales; l'a-
nale fait aussi la pointe en avant. L'adipeuse est petite; la caudale est profondément divisée en deux
lobes presque terminés en filets, et qui font près du
tiers de la longueur totale.

B. 8; D. 1/6; A. 13, les antérieurs cachés; C. 17 et plusieurs petits; P. 1/9; V. 6.

Tout le corps est argenté, teint de gris ou plombé en dessus; ses nageoires sont grises.

L'individu de M. de Lacépède est teint de bronzé et a toutes les nageoires noirâtres; mais c'est, comme nous l'avons dit, le résultat d'un long séjour dans un liquide altéré.

Il est long de huit pouces; celui de Gorée en a dix, et tout récemment nous venons d'en recevoir du haut Sénégal un autre long de quinze pouces, envoyé par M. Heudelot.

DES ARIUS A DENTS EN PAVÉ.

Les arius suivans se distinguent des précédens, parce que leurs dents palatines sont grenues, et souvent tellement serrées que le palais en est comme pavé. Ce caractère est surtout très-sensible dans les premières espèces de cette subdivision.

L'Arius rita.

(*Arius rita*, nob.; *Pimelodus rita*, Hamilt. Buchan., p. 165, pl. XXIV, fig. 53.)

Cette espèce n'est pas moins remarquable par l'énormité de ses épines et la singulière

⟩ configuration de son casque et de ses épau-
[lettes, que par les dents en pavé dont son
[palais est armé.

Il faut remarquer aussi la différence notable que
présente la disposition générale des barbillons; car,
bien que ces espèces en aient six, ils sont autrement
placés que dans les précédens, et rappellent ce que
les bagres à huit barbillons nous ont offert. Sa grosseur et sa hauteur au-devant de la dorsale ont plus
du cinquième de sa longueur. Sa tête, du museau
au bout de l'opercule, a quelque chose de plus,
et elle est presque aussi large entre les opercules;
mais elle se rétrécit en avant, où un profil légèrement convexe descend à un museau coupé horizontalement en demi-parallèle. La mâchoire supérieure dépasse l'autre. La bouche ne prend guère
plus d'un cinquième sur la longueur de la tête. Les
dents intermaxillaires et celles du devant de la mâchoire inférieure sont en soies courtes et roides;
mais sur le bord postérieur, et surtout près de
l'angle de la mâchoire inférieure, il y a des dents
arrondies hémisphériques et serrées comme des pavés, et d'autant plus grosses qu'elles sont enfoncées
dans la bouche. Des dents semblables forment un
large disque ovale sur le palais; ces deux disques
sont confondus sur le devant.

Les orifices de la narine sont médiocres, l'un près
du bord de la mâchoire, l'autre un peu plus haut.
Le barbillon du bord de l'orifice supérieur est si
petit qu'il faut de l'attention pour l'apercevoir. Le
barbillon maxillaire lui-même est grêle, et aurait

peine à atteindre le milieu de l'opercule. Il n'y en a que deux inférieurs attachés sous la gorge, et à peu près aussi longs que le maxillaire, en sorte que c'est un siluroïde à six barbillons, mais disposés autrement que dans les nombreuses espèces où ce nombre est formé de deux maxillaires et de quatre sous-mandibulaires.

L'œil est petit, à peine du dixième de la longueur de la tête, placé au tiers de cette longueur un peu en arrière et plus haut que la commissure des mâchoires. Il y a sept diamètres au moins d'un œil à l'autre. L'opercule est petit, légèrement et irrégulièrement strié en rayons; il y a huit rayons de chaque côté dans la membrane branchiale. La prolongation interpariétale est du quart de la longueur de la tête, et d'un cinquième moins large que longue; elle a les bords latéraux parallèles, et est fortement échancrée au sommet pour recevoir la pointe du bouclier. Elle est finement, mais fortement granulée, et le crâne en avant n'est pas plus large, et n'est granulé que jusque vis-à-vis le tiers supérieur de la joue; le reste jusqu'au museau est lisse. Les mastoïdiens et les surscapulaires, aussi granulés, forment de chaque côté comme une branche de croix, un peu oblique et pointue, et divisée dans le milieu, la granelure du surscapulaire n'étant point continue avec celle du mastoïdien; mais ce qui est le plus remarquable, c'est l'énorme grandeur de l'épaulette ou production humérale, qui se porte en arrière jusque sous l'aplomb de l'épine dorsale, et s'y termine en s'arrondissant. Elle est fort large, et est granulée sur toute

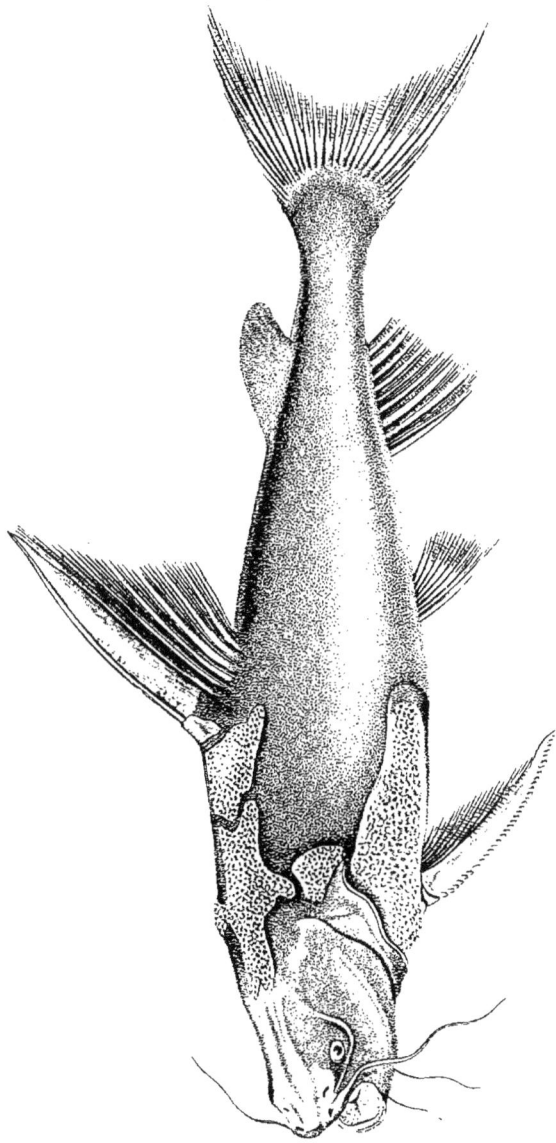

ARIUS Rita.

Acore-Baron del.

Imprimé de Langlois

ARIUS Rita, nob

Bourgeois sculp.

sa surface. Le bouclier, ou plaque interépineuse, appartient à trois os, et est aussi long, aussi large et aussi granulé que la proéminence du casque; en avant il s'aiguise en une courte pointe qui entre dans l'échancrure de cette proéminence; en arrière il s'élargit pour embrasser les deux premiers rayons. Le premier est, comme à l'ordinaire, un petit grain ovale. L'épine a presque le double de la hauteur du corps et est très-grosse; ce doit être une arme défensive terrible. Sa surface est striée plutôt que granulée, et à son bord postérieur elle a de petites dents fines. L'épine pectorale ne lui cède point en force, mais est plus courte de deux cinquièmes, finement striée, et garnie à ses deux bords de fines dents en scie, les antérieures dirigées vers sa pointe, les autres vers sa base; son extrémité a un filet mou, mince, et de peu de longueur. Il y a, chose notable, huit rayons aux ventrales. L'adipeuse est petite, l'anale est courte, mais haute de l'avant. La caudale est divisée en deux lobes assez pointus et presque égaux.

B. 8; D. 1/6; A. 12; C. 17; P. 1/10; V. 8.

La ligne latérale, à peu près droite, n'a que de légères élevures minces. Il y a comme une sorte de villosité à chaque flanc à l'aplomb de la dorsale. Le reste de la peau est lisse.

Cette description est faite d'après deux individus secs, rapportés du Bengale par M. Lamarre Picquot, et de près de dix-huit pouces de longueur.

Cette espèce remarquable a été décrite pour

la première fois, ainsi que beaucoup d'autres, par M. Hamilton Buchanan, qui en a donné en même temps deux excellentes figures.

C'est un poisson d'un aspect triste, dont beaucoup d'Indiens ne veulent pas manger, et qui atteint fréquemment dans les bouches du Gange une longueur de trois à quatre pieds.

A l'état frais il est en dessus d'un brun verdâtre, et blanchâtre en dessous, avec des reflets dorés et pourpres, mais peu brillans. Ses nageoires sont tachetées de rouge, ses yeux sont jaunes.

L'Arius ritoïde.

(*Arius ritoides*, nob.)

M. Duvaucel nous a envoyé du Bengale, en 1826, un arius extrêmement semblable à cet *Ar. rita*, et qui en a les mêmes nombres et toutes les singularités, même la villosité des flancs;

mais dont l'épaule se termine en pointe et non en rond, dont l'épine pectorale a les dents beaucoup plus fortes, et dont le bouclier est en triangle rectiligne et équilatéral. Son casque est fort peu granulé, et il y a moins de dents en pavé dans sa bouche; mais ce peuvent n'être là que des traits provenant du jeune âge.

L'individu n'est long que de cinq pouces. Il paraît (dans la liqueur) d'un gris roussâtre.

L'ARIUS DE MANILLE.

(*Arius Manillensis*, nob.)

Une espèce voisine de celui-ci vient d'être rapportée de Manille par MM. Eydoux et Souleyet.

Jusqu'à l'angle de l'opercule la tête est comprise quatre fois et demie dans la longueur totale; et jusqu'au sommet de la plaque interpariétale, trois fois et demie seulement.

Le dessus du crâne est fortement ciselé et grenu. Le casque forme un carré long, et la proéminence interpariétale est ovalaire au-devant du chevron de la dorsale.

Les mastoïdiens et l'épaule sont lisses. L'œil est petit, assez recouvert par la plaque du frontal antérieur.

Le barbillon maxillaire atteint à l'angle de l'opercule; les deux inférieurs, plus courts, sont dans les proportions ordinaires.

Les dents maxillaires sont sur une large bande en corde, et celles des palatins forment deux larges plaques ovales-arrondies en arrière comme en avant.

La dorsale est peu pointue, son épine est dentelée en avant.

D. 1/7—0; A. 17; C. 10—15—11; P. 1/9; V. 6.

La ligne latérale est tracée par une série de points relevés. La couleur est noirâtre en dessus et blanc argenté en dessous.

L'intestin est très-long et très-replié sur lui-même. L'estomac ne se montre que par une dilatation, mais point par un cul-de-sac. Le foie est petit et ses lobes très-alongés.

La vessie aérienne est très-grosse, arrondie en arrière. La partie antérieure est dilatée : elle tient fortement à la grande vertèbre, qui est élargie en arrière et suivie de treize vertèbres abdominales.

L'individu est long de près de quatorze pouces.

L'ARIUS PAVÉ.

(*Arius pavimentatus*, nob.)

Victor Jacquemont avait aussi trouvé plusieurs espèces d'arius. Une d'elles, très-voisine de l'*A. rita*, et que nous avons fait graver dans l'atlas de la Relation du voyage de notre célèbre voyageur (pl. XVII, fig. 2), sous le nom que nous lui imposons ici,

a le corps plus trapu, les épines pectorales et dorsale moins fortes que celle du rita, et les pièces du casque et des épaules plus petites et de forme différente. Sa hauteur surpasse un peu son épaisseur, et est contenue quatre fois et un tiers dans la longueur totale. Sa tête, du bout du museau à l'angle de l'opercule, a quelque chose de plus ; mais elle est aussi large entre les opercules que le corps est haut. Près du pied de la dorsale elle se rétrécit un peu en avant ; le bord du museau est coupé en arc de cercle. La bouche prend un peu plus du cinquième de la largeur de la tête. Les dents des intermaxillaires et celles du devant de la mâchoire inférieure sont en velours rude ou en carde fine, et les dents arrondies de la mâchoire inférieure sont en plus petit nombre et forment une bande moins large, mais elles sont plus larges.

Celles du palais ne forment qu'une large plaque quadrilatère. Le barbillon nasal et les quatre autres sont comme dans l'*Arius rita.*

L'œil est ovale et plus grand que celui de l'*Ar. rita;* son diamètre longitudinal surpasse de plus d'un quart le vertical, et n'est contenu que sept fois dans la longueur de la tête. Il est plus au milieu de la joue, et presque à la moitié de la distance du bout du museau à l'angle de l'opercule.

Cet os est beaucoup plus petit et moins strié que celui de l'*A. rita.* Il y a également huit rayons à la membrane branchiostège. Les muscles qui remplissent les fosses mastoïdiennes sont épais, renflés, et recouvrent avec la peau épaisse du dessus de la tête toute la surface externe du crâne, dont on ne sent les os que par une forte pression sur la peau. Il n'y a donc pas de casque proprement dit dans cette espèce. La prolongation interpariétale est en rectangle étroit, dont le bord postérieur est légèrement coupé en arc rentrant pour recevoir la partie antérieure du bouclier. Cette pièce est deux fois et demie aussi longue que large; elle est couverte par la peau.

Les mastoïdiens sont couverts par la peau; les scapulaires sont rugueux ou ciselés, mais point granuleux. L'huméral est encore ici très-grand, mais beaucoup moins que celui de l'*Ar. rita.* Il est anguleux sous le surscapulaire et à la pointe postérieure. Sa surface est ciselée, mais n'a pas de granulations.

La production des premiers interépineux a la surface semblable à celle de la plaque interpariétale. Il est en chevron, la partie antérieure étant mousse et arrondie. L'épine dorsale, quoique forte, n'a rien de la grosseur de celle de l'*Arius rita.*

Elle est plus courte que le corps n'est haut, car elle n'a guère que les trois quarts de la hauteur du tronc.

L'adipeuse est au contraire un peu plus longue.

La caudale est peu fourchue, ses lobes étant courts.

L'anale est plus étroite, plus pointue. L'épine pectorale est moins finement striée; elle dépasse la pointe de la production humérale.

B. 8; D. 1/6; A. 12; C. 17; P. 1/10; V. 8.

La ligne latérale est droite; il y a, comme dans le précédent, une sorte de villosité sur les flancs sous l'épaule, et elle paraît s'étendre jusqu'à l'anale. Le reste de la peau est lisse.

L'individu, décoloré, a quelques restes de teintes verdâtres.

Le foie est mince et divisé en grands lobes aplatis. L'estomac est épais, terminé en cul-de-sac, et donne sur le côté gauche, après une ouverture pylorique très-étroite, un très-large duodénum, qui remonte au-dessus de l'estomac et se continue en conservant un grand diamètre, et un intestin replié sur lui-même nombre de fois et comme fraisé.

Les ovaires sont très-gros, et les œufs sont bien développés. On voit que l'ouverture extérieure des ovaires est bien distincte de celle du rectum.

Les reins sont gros, distincts, et situés de chaque côté de la pointe de la vessie natatoire. Celle-ci a ses parois épaisses; elle est pointue en arrière; ses muscles sont forts : sa couleur est argentée.

J'ai trouvé dans son estomac des petites valves entières d'unio.

Cette description est faite d'après le seul exemplaire que nous ayons trouvé dans la collection de feu Jacquemont. Il est long de près d'un pied.

ARIUS A PIQUE.

(*Arius hastatus,* nob.; Atl. du voy. de Jacq., pl. XVIII, fig. 2.)

Les collections de ce même voyageur avaient aussi une autre espèce très-voisine de celle-ci par plusieurs de ses caractères, et qui y était représentée par un seul individu, long de quatre pouces seulement.

Elle a, comme la précédente, six barbillons insérés de la même manière, deux maxillaires, deux sous-mandibulaires et deux nasaux; ceux-ci sont à peine visibles, tant ils sont courts. Les dents des mâchoires sont très-petites; je ne puis en voir de grenues à la mâchoire inférieure; celles du palais sont sur deux plaques bien mieux divisées que celles des précédens. Cette sorte de dentition les rattache aux arius; on ne pourrait en faire une coupe sous-générique que sur la considération des barbillons. Le corps est plus haut de l'arrière, et plus trapu que le précédent, et

15.

7

cependant la hauteur du tronc sous les pectorales n'est que du cinquième de la longueur totale.

La tête y est comprise quatre fois. Le museau est plus avancé et plus arrondi; les yeux, un peu moins ovales, sont beaucoup plus grands, car leur diamètre dépasse le quart de la longueur de la tête. La production interpariétale et le chevron des premiers interépineux ressemblent pour la coupe à celle de l'*Ar. rita;* mais leur surface est lisse. Les mastoïdiens sont peu visibles; les surscapulaires forment une grande plaque osseuse triangulaire. L'huméral est pointu en arrière, et finement grenu; l'épine dorsale, d'un quart plus haute que le tronc mesuré sous elle, est plus longue que celle du précédent, mais moins que celle de l'*Ar. rita.* L'adipeuse est plus longue, la caudale plus fourchue, l'épine pectorale peu forte. Les nombres sont les mêmes.

B. 8; D. 1/6; A. 12, etc.

Cette espèce a aussi quelques traces de villosités sur les flancs près de la région pectorale. Le corps a été vert, et les nageoires paraissent avoir été jaunâtres.

Je ne connais rien de particulier sur cette espèce, que j'ai fait représenter dans l'atlas du Voyage de M. Jacquemont (pl. XVIII, fig. 2), pour faire partie des documens ichthyologiques, laissés par cet infortuné savant. J'ai tout lieu de croire que le petit arius figuré pl. XVIII, fig. 1, du même ouvrage, et que je considérais alors comme une espèce distincte, n'est qu'un jeune individu de cette espèce. Les voyageurs qui verront ces poissons vivans décideront cette question.

Mais les Indes possèdent d'autres de ces siluroïdes à dents en pavés, à six barbillons, disposés comme à l'ordinaire, c'est-à-dire, deux maxillaires et quatre sous-mandibulaires.

Leur casque rentre dans les formes les plus communes. L'orifice supérieur de leur narine n'a qu'une valvule, et leurs rayons branchiaux sont au nombre de cinq.

L'ARIUS GAGORA.

(*Arius gagora*, nob.; *Pimelodus gagora*, Hamilt. Buchan., pl. X, fig. 54.)

Il en est un dans lequel nous croyons absolument reconnaître le *pimelodus gagora* de M. Buchanan, bien qu'il nous semble y avoir dans son texte une interversion de rédaction (il place les dents rondes aux mâchoires et les pointues au palais). *In each jaw are many granular teeth. On the palate are two bones covered with sharp crowded teeth.* Ham. Buch. *Ganget. fishes,* p. 168. Du reste, sa figure et sa description correspondent bien aux individus que nous avons reçus du Bengale par M. Duvaucel en 1825.

La tête, jusqu'au bout de l'opercule, prend le quart de la longueur totale : elle est d'un tiers moins large. La ligne du profil descend par une courbe légèrement bombée. Le bout du museau est comme tronqué par un arc peu convexe. La mâchoire supérieure dépasse l'autre, mais de très-peu. La bouche, fendue en travers, n'entame presque point la longueur de la face. L'œil est aux deux cinquièmes de la longueur de la tête, à moitié de sa hauteur. Son diamètre longitudinal est du septième de cette longueur, et il y a entre les deux yeux quatre de ces diamètres. Les dents des mâchoires, sur des bandes assez larges, sont en velours, mais assez fortes et pointues. Celles du palais, en pavés arrondis, couvrent deux disques ovales longitudinaux, un de chaque côté. Le casque est fendu en avant par une large solution de continuité jusques entre les préopercules, où cette solution se termine en pointe aiguë. Ses deux branches sont striées jusques entre les yeux, où elles se bifurquent. En arrière les surscapulaires s'élargissent de chaque côté en pointe aiguë. La proéminence interpariétale est du cinquième de la longueur du reste du crâne, et presque aussi large à sa base que longue; elle est légèrement carénée et granulée, ainsi que la partie voisine du casque. Le sommet en est tronqué, et même un peu échancré pour le petit croissant granulé que forme le bouclier ou la plaque du deuxième interépineux. L'épaulette ou pointe humérale est un peu plus longue que haute, médiocrement aiguë et légèrement granulée. L'opercule et l'interopercule sont très-finement striés. Les barbillons maxillaires dépassent à peine l'opercule; les sous-mandibulaires sont d'un tiers plus courts. L'épine dorsale, légèrement granulée à son bord antérieur, assez fortement dentée au postérieur, est striée sur les côtés, assez forte et aussi haute que le corps. La pectorale est plus forte, et ses crénelures et ses dentelures sont plus marquées. L'anale est courte; l'adipeuse médiocre et coupée obliquement; la caudale divisée en deux lobes médiocrement pointus.

B. 5; D. 1/6; A. 18 ou 19; C. 17; P. 1/10; V. 6.

Nos individus, longs de huit et de dix pouces, sont trop altérés pour en reconnaître les couleurs : on voit seulement quelques taches noirâtres sur l'adipeuse.

Selon M. Buchanan, p. 167, le gagora[1] atteint une taille de trois pieds. Il est commun dans les bouches du Gange, et les indigènes le regardent comme un bon manger.

Son dos est d'un pourpre obscur, et son ventre blanc; ses flancs sont glacés d'argent; il y a des points noirs sur les dorsales : ceux de l'adipeuse forment une large tache noirâtre; les ventrales, l'anale et la caudale sont blanches et tachetées de rouge.

B. 4; D. 2/9; A. 18; C. 18; P. 1/12; V. 6.

---

1. *Pimelodus gagora : pinna caudæ bifida cirrhis* 6; *capite brevioribus; radiis dorsalibus* 9, *ani* 18; *aculeo dorsi curto utrinque serrato; lateribus opacis, emaculatis.*

La tête osseuse du gagora a de grands rapports avec celle des premiers bagres, par les grandes échancrures antérieures de ses frontaux principaux et par la manière dont elle se lie à la gande vertèbre au moyen de lames fournies par les occipitaux externes. Cette vertèbre se soude même complètement avec le basilaire, et le canal entier qui règne sous sa longueur, traverse aussi une partie appartenant à cet os. La suture qui l'unit à la grande vertèbre s'efface entièrement et de bonne heure, et il y a à cet endroit une forte apophyse saillante vers le bas. Ce sont les palatins devenus de larges lames, de petits cylindres qu'ils étaient dans la plupart des autres silures.

Outre la grande vertèbre il y en a quinze libres, abdominales, et vingt-neuf caudales, sans compter l'éventail. Ces vertèbres, leurs apophyses, leurs côtes, sont à peu près comme dans le bagre commun : les quatre premières ont leurs apophyses supérieures doubles et écartées en fourches.

L'ARIUS ARI.

(*Arius arius*, nob.; *Pimelodus arius*, Buchan. pag. 170 et 376.)

Nous croyons aussi retrouver le *pimelodus arius* de M. Buchanan, ou *l'ari gagora* des Bengalis, dans un poisson qui nous a été envoyé de Pondichéry par M. Leschenault.

Sa ressemblance avec le gagora est très-grande pour le casque, le bouclier, la bouche, les dents, etc.; mais ses barbillons sont un peu plus longs, les yeux beaucoup plus grands (leur diamètre est du quart de

la longueur de la tête); son épine dorsale a un prolongement mou, terminé en filet aussi long qu'elle.

B. 5; D. 1/7; A. 18; P. 1/10; V. 6.

Sa ligne latérale a de côté et d'autre des traits fins et
assez serrés.

Tout le dessus de ce poisson est d'un bleu d'acier
bruni; les flancs et le dessous, d'un argenté assez vif.
Ses nageoires sont jaunâtres avec un pointillé noirâtre très-fin; l'adipeuse, qui est petite, a une tache
noirâtre vers sa base et un bord de même couleur,
qui y forment une sorte d'ocelle.

Notre individu n'est long que de cinq
pouces.

Selon M. Buchanan, l'*ari gagora* ne passe
guère deux pieds; il ressemble, d'ailleurs, infiniment au gagora proprement dit; mais la
tache de son adipeuse est plus distincte. Il n'y
a point de rouge à ses nageoires : son palais
a deux plaques de dents mousses.[1]

B. 5; D. 2/6; A. 22; C. 15; P. 1/10; V. 6.

Quoique le nombre des rayons de l'anale
du poisson de M. Leschenault, conservé dans
le cabinet, ne soit pas tout-à-fait conforme à
ceux désignés par M. Buchanan (nous n'en trouvons que dix-huit, et M. Buchanan en compte

---

1. *Pimelodus arius : prima caudali bifida; cirrhis 6, capite non
longioribus; radiis dorsi 8, ani 22, aculeo dorsi longius ultra pinnæ
membranam producto, utrinque serrato; palato dentato, lateribus
emaculatis opacis.*

vingt-deux), il est bien évident que cet arius en est au moins une espèce très-voisine, si on ne la regarde pas comme semblable.

L'ARIUS OCELLÉ.

(*Arius ocellatus*, nob.; *Silurus ocellatus*, Bl. Schn.; *Silurus maculatus*, Thunberg, *Act. Stockh.*, 1792, pl. 1, fig. 1 et 2.)

C'est ici que vient se placer le *silurus maculatus*, observé au Japon par Thunberg, et qui ne me paraît même différer du *P. arius*, tel que le décrit Buchanan, que parce qu'on ne lui voit point de prolongement mou à l'épine dorsale, ce qui pourrait n'être qu'accidentel.

D. 1/6; A. 22; P. 1/10; V. 6.

La figure ne marque pas de grenetis au casque.[1]

L'ARIUS AUX FLANCS ARGENTÉS.

(*Arius argyropleuron*, K. et V. H.)

MM. Kuhl et Van Hasselt ont envoyé de Java au Musée royal de Leyde un poisson de ce groupe, et assez semblable au *Pim. gagora* ou au *Pim. arius*.

---

1. *Silurus ocellatus*: *Ocello pinnæ adiposæ; cirrhis capite brevioribus, 2 labii superioris, 4 inferioris, oculis magnis, remotis, orbitæ angulo acuto elevato; maxilla superiore longiore; dentibus minutissimis maxillarum, majoribus obtusis palati; spina valida pone opercula; pinna caudali furcata.* Bl. Schn., p. 379.

mais à profil plus rectiligne et dont le casque a un angle saillant de chaque côté entre la proéminence interpariétale et la pointe formée par le surscapulaire, ce qui fait que son bord postérieur a cinq pointes. Le grenetis ne va pas plus avant que les préopercules ; on ne voit qu'un sillon longitudinal au milieu du front ; le bouclier est en croissant, petit et presque lisse ; son œil est du cinquième de la longueur de la tête ; ses épines sont granulées ; celle de la dorsale ne se prolonge point.

D. 1/6 ; A. 16 ; C. 17 ; P. 1/10 ; V. 6.

Le dos est couleur de plomb ; les flancs et le ventre sont argentés ; la dorsale et l'adipeuse sont noirâtres ; la caudale grise ; les autres nageoires blanchâtres ; les barbillons bruns.

L'individu est long de six pouces.

L'Amérique possède plusieurs espèces de ce groupe, dont quelques-unes ressemblent, presque à s'y méprendre, à celles des Indes que nous venons de décrire.

Leur bouclier est petit, en croissant ; la production postérieure de leur interpariétal est carénée et s'élargit à sa base, de manière que l'ensemble du casque forme un rhombe granulé, dont l'angle postérieur est au sommet de cette proéminence, dont les latéraux appartiennent au surscapulaire, et dont l'antérieur est élargi et plus ou moins profondément échancré ou fourchu; leurs yeux sont petits; leurs tentacules peu alongés, et leurs épines, de forme moyenne, granulées en avant, assez fortement dentelées en arrière; leur adipeuse est petite. On peut les distinguer par les proportions du casque et ses rapports avec la longueur totale.

L'Arius sablé

(*Arius arenatus*, nob.)

a sa hauteur cinq fois, et la distance du front du bout du museau au sommet du casque trois fois et un tiers dans la longueur totale. Les angles latéraux du casque sont aigus. Sa partie chagrinée, du double plus longue que la partie antérieure, où la peau est lisse, est échancrée en avant par un angle de quarante-cinq degrés qui pénètre au tiers de sa longueur. Son œil prend le sixième de la longueur du museau au bout de l'opercule. Ses dents, rondes, occupent deux grands espaces ovales qui se touchent en avant. Son tentacule maxillaire atteint le milieu de la pectorale.

B. 6; D. 1/6; A. 20; C. 17; P. 1/9; V. 6.

Il est argenté, teint de violâtre vers le dos, et a les nageoires d'un gris jaunâtre comme saupoudrées de la plus fine poussière noirâtre.

L'individu, long de sept pouces, a été envoyé de Cayenne au Musée royal de Leyde.

*L'*Arius a casque fendu

(*Arius fissus,* nob.)

a la tête, mesurée comme dans le précédent, trois
fois dans sa longueur totale. Le casque, plus finement
granulé, a la même proportion avec le museau; mais
ses angles latéraux sont obtus. Son échancrure antérieure est pareille, mais se prolonge par une fissure
jusqu'au milieu de sa longueur. Ses dents, rondes, plus
petites, occupent deux espaces ovales moins étendus
et séparés en avant par un intervalle; du reste il
ressemble au précédent en toutes choses, même pour
les couleurs.

L'individu, long de six pouces, est aussi
de Cayenne, et appartient également au
Musée de Leyde.

*L'*Arius grêlé

(*Arius variolosus,* nob.)

a la distance du museau au sommet du casque un
peu moins de trois fois dans sa longueur; sa partie
chagrinée n'est que d'un cinquième plus longue que
la partie antérieure, où il n'y a que la peau; l'échancrure de cette partie chagrinée se fait par un angle de
trente degrés, pénètre jusqu'à moitié de sa longueur,
mais ne se prolonge point en fissure. Toute la partie
non chagrinée du front, du museau et de la joue a
beaucoup de petites fossettes semblables à des marques
de petite vérole. Sa tête est plus déprimée, et ses bar-

billons un peu plus longs qu'aux deux précédens. Son anale a jusqu'à vingt-deux ou vingt-trois rayons. Ses groupes de dents rondes sont aussi séparés par un intervalle.

L'individu, long de six pouces, a été apporté de Cayenne au Cabinet du Roi par M. Poiteau.

L'ARIUS A TÈTE MOLLE

(*Arius molliceps*, nob.)

est dans les proportions de l'*Ar. fissus*, et a la même échancrure et la même fissure à son casque; mais ce casque est plus finement granulé et plus petit. Il a aussi sur toutes les parties lisses du front et du museau de petits points un peu enfoncés; et il y en a tout du long de sa ligne latérale plus que dans les précédens. Ses proportions sont aussi plus épaisses et plus courtes. Sa hauteur n'est que quatre fois et deux tiers dans sa longueur, quoique la longueur du museau au sommet de la proéminence interpariétale soit aussi du tiers du total. Sa couleur est un argenté obscur.

L'individu n'a que cinq pouces et demi, et vient de l'ancien Cabinet: on en ignore l'origine.

L'ARIUS POINTILLÉ

(*Arius puncticulatus*, nob.)

est plus grêle que les précédens;

Sa hauteur est près de six fois dans sa longueur ; la partie chagrinée de son casque n'est que d'un quart plus longue que la partie antérieure et lisse de la tête ; les angles latéraux en sont obtus ; l'échancrure, d'abord obtuse, se prolonge en une fissure plus large que dans l'*A. fissus*, et qui penche aussi loin. Son œil, plus grand, est du cinquième de la longueur de la tête. Ses dents, rondes, sont fortes, et leurs groupes se touchent en avant ; ses barbillons maxillaires vont presque jusqu'au bout des pectorales. Il paraît noirâtre en dessus, et argenté en dessous ; mais l'argenté est semé comme d'une fine poussière brune. Il y a vingt rayons à l'anale.

L'individu est long de six pouces, et a été envoyé de Buénos-Ayres par M. d'Orbigny.

D'autres de ces arius à dents en pavés au palais et à six barbillons, appartenant également aux rivières de l'Amérique, sont remarquables par le grand développement que prend leur bouclier.

L'Arius a bouclier en demi-lune
(*Arius luniscutis*, nob.)

a la proéminence interpariétale demi-circulaire, prenant plus du tiers de son bord postérieur et suivie d'un bouclier ou plaque interépineuse encore plus large, en forme de demi-cercle très-légèrement échancré en avant, plus fortement en arrière pour les épines dorsales. Sa longueur est du sixième de

celle de la tête, prise du bout du museau au sommet
du casque, et sa largeur surpasse sa longueur d'un
tiers. La partie granulée du casque ne va que jusqu'à
l'arrière des yeux, et laisse en avant une partie lisse
d'égale longueur. Une échancrure étroite pénètre
jusqu'au tiers de sa longueur. La tête est déprimée,
légèrement convexe. Le museau est coupé horizontalement en demi-cercle; la mâchoire supérieure un
peu plus longue; les dents des mâchoires en velours
assez rude. Les petits pavés du palais occupent deux
espaces ovales, un de chaque côté, réunis en avant
par un groupe transversal. Le barbillon maxillaire
n'atteint pas tout-à-fait jusqu'au bout de l'opercule.
L'œil occupe le troisième sixième de la longueur.
L'opercule est lisse. L'épaulette est aussi haute que
longue et pointue, grossièrement granulée, comme
le casque et le bouclier. Les épines dorsales et pectorales sont assez fortes, striées, granulées au bord
antérieur, assez fortement dentelées au postérieur,
surtout les pectorales. L'adipeuse est d'un tiers moins
longue que l'anale, mais plus basse.

B. 6; D. 1/7; A. 19; C. 17; P. 1/11; V. 6.

Toute la partie supérieure de ce poisson paraît
d'un brun noirâtre, et la partie inférieure, blanchâtre,
toute parsemée comme d'une fine poussière brune.
Les nageoires sont aussi noirâtres et pointillées.

Nos individus ont neuf et dix pouces de
longueur : ils ont été apportés du Brésil par
feu Delalande.

Dans le squelette de la tête on voit un vide médiocre entre chaque frontal et le frontal antérieur correspondant. La solution de continuité entre les deux frontaux principaux prend toute leur longueur, et ils ne s'unissent que par une petite traverse à leur tiers supérieur. Vers l'arrière l'occipital latéral prend part à la surface granulée du crâne; en arrière du pariétal aux deux côtés de la production interpariétale il s'unit par une large lame à la grande vertèbre. Les deux grandes plaques, garnies de dents en pavés, sont les palatines, et la traverse qui les joint en avant et porte aussi de ces dents, appartient au vomer. La grande vertèbre se soude au basilaire, et de leur union descend une forte apophyse conique très-saillante vers le bas. Dix-sept vertèbres, après la grande, peuvent être regardées comme abdominales, et trente et une comme caudales, sans compter l'éventail. Les apophyses épineuses supérieures des quatrième, cinquième et sixième vertèbres sont fourchues. Les interépineux de l'anale s'étendent de la cinquième à la seizième des vertèbres caudales.

L'Arius a bouclier carré

(*Arius quadriscutis*, nob.)

э est l'espèce dont la nuque est le mieux ga-
ч rantie.

Sa proéminence interpariétale, en triangle très-obtus et légèrement festonné, a en largeur moitié du bord postérieur du casque, et moitié moins en longueur. La partie granulée du casque avance jusques entre les yeux, et ne laisse qu'environ un tiers de la longueur de la tête couvert d'une peau lisse. Une large fissure y remonte jusques entre les préopercules. Le bouclier est en trapèze, échancré en avant et en arrière. La longueur de chacun de ces lobes est de moitié de celle de la partie granulée du casque, ou du tiers de celle de la tête; mais d'une échancrure à l'autre il y a quelque chose de moins. Sa largeur en arrière, où elle est la plus grande, surpasse d'un tiers sa plus grande longueur. La partie lisse du museau, la joue, l'opercule, également lisses, ont de légères veinules. L'œil a à peine le septième de la longueur de la tête jusqu'au bout de l'opercule. Le barbillon maxillaire n'atteint que le milieu de l'opercule; les autres sont de moitié plus courts. La mâchoire supérieure dépasse sensiblement l'autre. Les dents des mâchoires sont en velours un peu gros, mais très-ras; celles du palais, en forme de pavés, occupent deux grands espaces ovales, qui se touchent sur toute leur longueur par leur bord interne. La membrane des ouïes n'est point échancrée. L'épaulette, aussi haute que large et médiocrement pointue, est grossièrement granulée comme le crâne. Les épines dorsale et pectorale sont striées, granulées à leur bord antérieur: la première est droite, faiblement dentée en arrière; la seconde, un peu arquée et à dents fortes. L'adipeuse est presque aussi longue que l'anale, et un peu moins haute.

B. 6; D. 1/7; A. 19; C. 17; P. 1/11; V. 6.

Nos échantillons paraissent d'un gris roussâtre en dessus, argentés aux flancs et en dessous. Nous en avons d'un pied et de dix-huit

q pouces, venus tous de Cayenne ou de la Mana,
q par M. Poiteau ou MM. Leschenault et Dou-
⅂merc, ou M. Frère.

C'est aussi de Cayenne que l'espèce a été
ⴀ envoyée au Musée royal de Leyde.

Nos Français de cette colonie la connaissent
ⴀ sous le nom de *bresson*.

Il paraît qu'elle offre quelque variété. Le
Ⅎ bouclier, dans un grand individu, est non pas
ⴀ échancré, mais coupé en avant en grand arc
ⴀ rentrant, et la proéminence interpariétale est
ⴀ un peu semi-circulaire. Mais nous ne pensons
ⴀ pas qu'il y ait lieu d'établir une espèce sur un
ⴀ caractère si léger, surtout la grandeur propor-
ⴀ tionnelle du bouclier demeurant la même.

Le squelette de l'*Ar. quadriscutis* a les mêmes dispositions que celui de l'*Ar. luniscutis* pour l'arrière
de la tête; on y voit de même les occipitaux externes
à la surface granulée. L'énorme bouclier cache presque les lames que les occipitaux envoient à la grande
vertèbre. En avant l'échancrure des frontaux principaux est en grande partie remplie par une prolongation épaissie de ces mêmes os, qui rappelle celle du
bagre commun, sans être poreuse comme elle; ici
elle est au contraire très-solide. La première des vertèbres qui suivent la grande s'y réunit, et est encore
un peu dilatée et percée de la continuation du canal
qui vient depuis le basilaire. Il y a dix-huit vertèbres
abdominales, trente et une caudales et l'éventail.

Le plus curieux de ces siluroïdes à dents palatines en pavés, est une espèce des Indes, qui n'a que deux barbillons osseux dans leur totalité.

L'Arius a deux traits.

(*Arius militaris*, nob.; *Silurus militaris*, Linn.?)

Cette espèce remarquable, dont on n'a point encore publié de figure, est cependant répandue dans toutes les parties des Indes orientales.

M. Dussumier nous l'a rapportée de Bombay et de Mahé, sur la côte de Malabar; de Pondichéry et du Bengale, où M. Belanger l'a aussi recueillie. L'Irawouaddi en a procuré à M. Reynaud auprès de Rangoon; enfin, nous en trouvons une bonne figure dans les dessins exécutés à Malacca pour M. Farquhar.

Il nous est venu l'idée que ce pourrait bien être le vrai *silurus militaris* de Linné, espèce asiatique, à deux barbillons roides, et dont tout le reste d'une description à la vérité assez courte convient parfaitement au poisson que nous avons sous les yeux. Bloch a confondu ensuite ce *silurus militaris* avec une espèce américaine toute différente, dont nous parlerons ailleurs. Malgré cette sorte de confusion, résultant du travail erronné de Bloch, nous

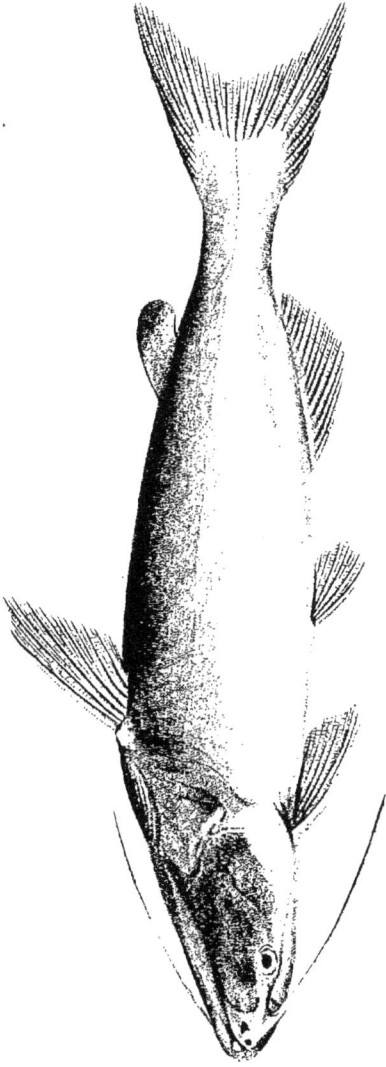

ARIUS à deux traits.

ARIUS militaris, nob.

Louis-Baron del.

Impr.ie de Langlois

Pierre sculp.t

croyons devoir conserver le nom spécifique
de Linné.

Sa tête est déprimée; son museau terminé en coin,
et son corps comprimé de l'arrière; son œil très-bas.

Sa hauteur, à la naissance de la dorsale, est un peu
plus de cinq fois dans sa longueur, et son épaisseur,
au même endroit, a quelque chose de moins.

Sa tête (du museau à l'ouïe) est quatre fois et
demie dans cette même longueur; elle a un tiers de
moins en largeur; sa hauteur à la nuque est de moitié
de sa longueur, et de là le profil descend en ligne
droite au museau, où il se rencontre en angle aigu
avec la ligne horizontale de la gorge. La circonscription horizontale du museau est demi-circulaire; la
mâchoire supérieure avance un peu plus que l'inférieure; la fente de la bouche entame d'environ un
cinquième la longueur de la tête. L'œil est à la
hauteur de la commissure, plus en arrière, et de
façon que son bord postérieur est au milieu entre le
bout du museau et celui de l'opercule. Son diamètre
longitudinal est d'un peu plus d'un sixième de la longueur de la tête. Il y a cinq de ces diamètres d'un œil à
l'autre. Les orifices inférieurs des narines sont ronds,
près du bord de la mâchoire, et n'ont qu'un diamètre
d'œil entre eux. Les supérieurs sont un peu au-dessus, plus grands, triangulaires; une petite membrane
de leur bord antérieur ne pourrait les fermer qu'au
tiers ou à moitié. L'os maxillaire (car c'est à peine si
l'on peut l'appeler barbillon) adhère à la mâchoire,
un peu en dehors des orifices, et se prolonge en un
stylet grêle, mais toujours osseux, déprimé, élastique,

flexible, mais non charnu et mou, qui atteint au premier tiers de la pectorale. Le frontal antérieur avance
un peu, et protège ainsi la naissance de cet os; il n'y
a point d'autre barbillon. Les dents des mâchoires
sont en fin velours sur des bandes assez larges. Celles
du palais, en petits pavés, occupent deux grands
espaces, un de chaque côté, ovales, pointus en avant
et en arrière, séparés l'un de l'autre par un large intervalle. La plus grande partie du dessus de la tête est
couverte d'une peau lisse et veinée; on ne voit quelques grenetis que sur le crâne entre les opercules. La
production interpariétale occupe une longueur égale
au tiers de celle du reste de la tête. Sa forme est une
ellipse alongée, qui n'a guère, en largeur, que le tiers
de sa longueur ; elle est carénée, et a sa surface
striée longitudinalement et un peu granulée. Les deux
branches antérieures internes des frontaux interceptent une longue solution de continuité qui se montre
au travers de la peau et remonte presque jusqu'au
pied de la production interpariétale. La plaque interépineuse est un petit arc à peine visible, légèrement
granulé. L'opercule est lisse, comme la pointe humérale, qui est acérée, mais plus courte que haute. La
membrane des ouïes n'est échancrée qu'en angle très-
obtus; elle n'a de chaque côté que cinq rayons assez
forts. L'épine dorsale et celles des pectorales sont
grêles, finement crénelées à leurs bords. La dorsale
est à peu près de la hauteur du corps; la pectorale
est un peu moindre; les ventrales sont encore plus
courtes. La longueur de l'anale est du septième de
celle du corps. L'adipeuse répond à son tiers pos-

térieur. Les lobes de la caudale, à peu près égaux et médiocrement pointus, n'ont guère que le sixième de la longueur totale.

B. 5; D. 1/6; A. 19; C. 17; P. 1/10; V. 6.

La ligne latérale est droite et formée par une série continue de très-petites élevures.

Dans la liqueur et bien conservé, ce poisson a tout le dessus d'un plombé violâtre, ou d'un bleu d'acier bruni; les côtés et le dessous, d'un bel argenté; ses nageoires paraissent orangées; la dorsale et l'adipeuse ont du noirâtre vers leurs bords.

D'après la figure de M. Farquhar, le dos est verdâtre, les maxillaires sont rougeâtres; il y a du bleuâtre aux pectorales, la caudale est rougeâtre et a du verdâtre à son bord.

Ces teintes s'accordent avec la description que M. Dussumier a faite sur le frais à Bombay; mais dans celle qu'il a faite au Bengale, il donne au dos une teinte bleu d'ardoise.

Je n'ai pu examiner les viscères de ce poisson; et voici les observations faites sur son squelette :

La tête osseuse de l'*Ar. militaris* a les mêmes dispositions que celle de l'*Ar. gagora* pour sa partie postérieure et pour ses palatins. En avant, les vides entre les frontaux principaux et les frontaux antérieurs sont très-grands; mais ces derniers ont sur la base de l'apophyse externe par laquelle ils se joignent à l'apophyse externe des principaux, une dilatation dont la face supérieure est creusée de petites cellules hexangulaires, tout-à-fait semblables en petit à des rayons d'abeilles.

Le premier os maxillaire est très-grand à proportion, et le second, ou le tentacule qui l'articule avec le premier par gynglyme, conserve sur toute sa longueur sa consistance osseuse.

Seize vertèbres, après la grande, peuvent être dites abdominales, et sont suivies de vingt-neuf caudales et de l'éventail terminal. Leurs dispositions sont comme dans les bagres.

Nos individus ont depuis cinq et six pouces jusqu'à près d'un pied.

M. Dussumier nous apprend que l'espèce devient plus grande; qu'à Bombay le peuple la mange; mais que les pêcheurs redoutent les piqûres de ses épines.

L'ARIUS A PAPILLES.

(*Arius papillosus*, nob.)

L'Amérique du sud nourrit aussi un arius à deux barbillons seulement, et dont je ne m'étonnerais pas que quelque ichthyologiste crût devoir faire un genre distinct.

La tête n'a point de casque; la peau molle et flasque du corps en recouvre tous les os; il n'y a pas de proéminence interpariétale, ni même de chevron nu au-devant de la base du premier rayon de la dor-

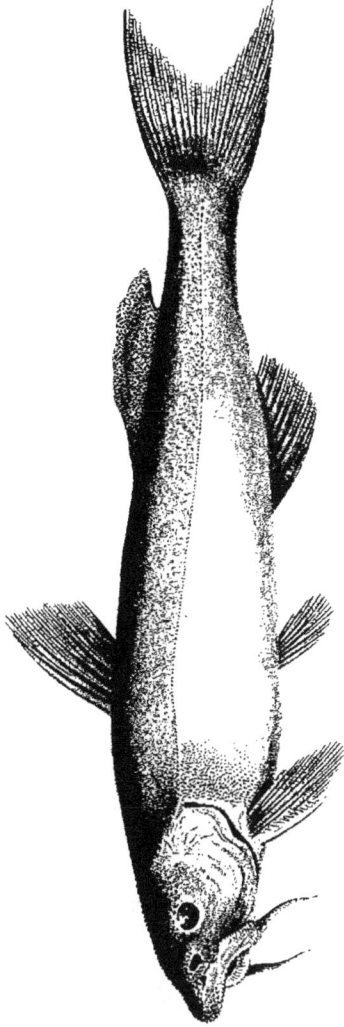

ARIUS à papilles.

Acaire-Baron del.t

Impr.r de Langlois.

ARIUS papillosus, nob.

Pierre sculp.t

sale. Le museau est saillant et arrondi, et il est un peu élargi sur les côtés par la lèvre épaisse qui cache le maxillaire. Le barbillon qui le prolonge est épais et charnu; il n'atteint pas au-delà de la base de la pectorale; toute la surface de cette partie, le dessous de la mâchoire inférieure, l'isthme et une partie de la membrane branchiale, sont garnis de petites papilles qui rendent la peau comme saigneuse. La longueur de la tête est contenue quatre fois et demie dans celle du corps, dont la hauteur n'y est guère comprise que sept fois. L'œil est petit, rond, sur le haut de la joue, mais presque au milieu de la longueur de la tête.

Les deux ouvertures de la narine sont rapprochées, fort grandes, et séparées seulement l'une de l'autre par une lamelle charnue, relevée et comme pliée en cornet.

La bouche est tout-à-fait inférieure; le devant des mâchoires est garni de dents serrées, pointues, assez fortes, et sur le palais il y a de chaque côté du vomer deux petites plaques ovales et obliques de dents mousses et comme un peu grenues.

La langue est épaisse, arrondie et n'a point de liberté. Les ouïes sont assez largement fendues. Je compte huit rayons à la membrane branchiostège; le bord membraneux est assez large, et vient battre sur une ceinture humérale presque cachée sous la peau. On reconnaît cependant vers le haut le coracoïdien, et vers le bas l'angle de l'huméral encore assez prolongé en arrière. Il reçoit le premier rayon de la pectorale, qui est lisse sur le bord antérieur, assez profondément dentelé et en sens inverse sur le bord postérieur, et qui est terminé par un petit prolongement charnu ne dépassant pas les rayons, mais montrant bien nettement les articulations dont il est formé. La pectorale est d'ailleurs arrondie ou ovalaire, et seulement du septième de la longueur totale. La ventrale est ronde et d'un tiers plus courte que l'autre nageoire. La dorsale est peu haute, à peu près autant que la pectorale est longue; l'anale est plus basse, mais elle est plus longue. La caudale est un peu fourchue.

B. 8; D. 1/7; A. 12; C. 8-20-10; P. 1/9; V. 6.

La couleur est grisâtre, un peu verdâtre sur le dos. La ligne latérale est droite.

L'examen anatomique de cette espèce montre plusieurs particularités remarquables, surtout en ce qui touche le squelette; car sous le rapport de la splanchnologie nous n'observons rien qui ne rentre dans la composition ordinaire des autres siluroïdes.

En effet, le foie est de volume médiocre, presque entièrement formé d'un seul lobe, alongé, trièdre, élargi en avant, un peu moins en arrière que dans le milieu. Ce lobe, terminé par un angle très-obtus, atteint presque aussi loin que le fond de l'estomac. Il donne au-devant de l'estomac un très-petit lobule droit, auquel est suspendue une très-petite vésicule du fiel. L'estomac forme un sac élargi et arrondi vers le fond, et assez alongé pour être près des deux tiers de la cavité abdominale. La branche montante naît vers le haut et à gauche, et donne naissance à un duodénum sinueux plutôt que replié sur lui-même, et qui fait ensuite deux plis assez longs avant de constituer le rectum, lequel est court et droit. La rate est assez forte, située à gauche et près de la terminaison de l'estomac. Les reins sont, dès l'origine, réunis en un seul lobe, formant ainsi une sorte d'Y, embrassant dans ses branches la vessie natatoire. Le rein donne dans une vessie urinaire distincte, arrondie et de moitié moins longue que le rectum. La vessie aérienne est ovoïde, de médiocre grandeur, et n'atteint pas à la fin de la première moitié de la cavité abdominale. Elle adhère faiblement à la grande vertèbre.

J'ai trouvé des débris de crustacés dans l'estomac; dans un autre, un petit scyllare presque entier.

Quant au squelette, je trouve plusieurs particularités qui ne peuvent se voir au travers de la peau qui recouvre le crâne, parce qu'il n'y a pas de casque.

L'ethmoïde fait une forte saillie sur le devant du crâne; il est haut et très-étroit au milieu; il donne à son extrémité antérieure deux apophyses qui se dirigent en divergeant sur les côtés de la tête au-dessus des intermaxillaires. Ceux-ci n'ont pas de branches montantes; car on ne peut donner ce nom aux deux tubérosités qui existent à l'angle moyen de ces deux os. Les frontaux antérieurs élargissent un peu au-devant de l'orbite le devant du crâne, et

font sur le corps de l'ethmoïde un arc à courbure
très-creuse, dans lequel sont situés la narine et le
très-petit nasal qui longe le corps de l'ethmoïde. Les
frontaux sont tellement étroits, qu'entre les orbites
la largeur du crâne n'est guère que du septième de
la longueur de la tête. Les frontaux sont étroits;
l'interpariétal est très-peu large et donne en arrière
une crête impaire triangulaire, tranchante, non élargie, et ne touchant pas aux interépineux des vertèbres suivantes, ni au chevron qu'ils supportent. Aussi
n'y a-t-il pas de casque dans ce silure. Les mastoïdiens sont petits et étroits. La grande vertèbre est
composée de la réunion de deux, soudées par leur
corps, et dont les apophyses, élargies en une voûte
assez large qui recouvre la vessie natatoire, ne sont
pas entièrement confondues. Les apophyses épineuses
ne sont pas soudées en un seul os, elles montrent
bien la densité de cette pièce. Il n'y a d'intérépineux
qu'à partir de la troisième apophyse épineuse, celui
de cette vertèbre et le suivant, appartenant à la quatrième, sont dilatés et forment le très-petit chevron
sur lequel se fixe l'épine de la dorsale. Les branches
de cette pièce sont petites et dirigées horizontalement. Je compte treize vertèbres abdominales et vingt-
cinq caudales.

Ce poisson nous est venu des rivières de
Valparaiso et de San-Jago du Chili : nous le
devons à M. Gay. Il ne paraît pas dépasser
huit pouces.

CHAPITRE VII.

Des Pimélodes (*Pimelodus,* Lac.)

Nous conservons la dénomination de pimélode, que Lacépède avait adoptée pour un grand nombre de siluroïdes, aux seules espèces dont le palais est lisse et sans dents. Il en résulte que nous avons retiré du genre, tel que le continuateur de Buffon l'entendait, les bagres avec leurs bandes uniques et transversales de dents palatines; les arius avec leurs deux groupes séparés sur le palais de dents, soit en velours, soit en pavés : par conséquent le groupe générique que nous reproduisons sous le nom de pimélode, n'a de commun avec le genre de Lacépède que la dénomination seule.

M. Cuvier, qui avait commencé ce travail, n'allait pas aussi loin que nous dans la seconde édition du Règne animal; car on voit qu'il n'établit ses subdivisions dans les bagres que sur la considération du nombre des filets maxillaires.

Les pimélodes varient un peu moins qu'eux sous ce rapport; nous n'en connaissons qu'à huit et à six barbillons.

Il y a aussi des espèces qui manquent de

casque, d'autres le montrent, tantôt continu
avec le bouclier du premier rayon osseux de
la dorsale, tantôt distinct et non continu.

Je n'ai pas cru cependant devoir faire autant
de distinctions entre les pimélodes qu'entre
les bagres, parce que le nombre des espèces
est plus restreint, et que le groupe entier des
pimélodes est plus nettement circonscrit que
celui des bagres de Cuvier. Il y a un avantage
à cette méthode, c'est de ne pas multiplier
inutilement les noms nouveaux, et de ne pas
ainsi charger la nomenclature.

Nous allons commencer par traiter des pimélodes à huit barbillons et sans casque continu avec le bouclier.

Le PIMÉLODE CHAT

(*Pimelodus catus*, nob.; *Silurus catus*, Linn.)

est le plus connu de ces pimélodes sans casque.

C'est un poisson assez semblable pour la tête à
notre silure d'Europe, mais beaucoup plus court et
plus trapu.

Sa grosseur à l'aplomb de la dorsale fait plus du
cinquième de la longueur; sa tête, du museau à l'ouïe,
en fait le quart; elle est moins large que longue de
près d'un quart; sa hauteur à la nuque est des deux
tiers de sa longueur; sa surface est assez plane; la
circonscription horizontale de son museau est entre

PIMELODE chat.

Acaria-Baron del.{sup}   *Impr.{sup} de Langlois*   PIMELODUS *catus, nob.*   *Pierre sculp.{sup}*

BIBLIOTHÈQUE NATIONALE

le demi-cercle et une parabole ; la fente de la bouche
prend près d'un tiers de la longueur ; les mâchoires
sont à très-peu près égales ; l'œil, un peu plus en arrière
de la commissure, un peu en avant du milieu de la
longueur, un peu au-dessus du milieu de la hauteur
de la tête, a le diamètre compris huit fois entre le
bout du museau et le bord de l'ouïe, et il y a d'un
œil à l'autre quatre diamètres et demi. L'orifice supérieur de la narine est à peu près au milieu entre
le bout du museau et l'œil, un peu plus en dedans,
petit, ovale, garni au bord antérieur d'un barbillon
grêle de près du tiers de la longueur de la tête ; l'orifice antérieur est un petit trou entre le précédent et
la lèvre ; le barbillon maxillaire, un peu large et plat
à sa naissance, atteint le milieu de la pectorale ; le
sous-mandibulaire externe n'a que moitié de la longueur de celui-ci, et l'interne est encore un peu
moindre. Chaque mâchoire a une bande de dents
en fort velours ou en cardes ; il n'y en a aucune au
palais. La tête, entièrement recouverte d'une peau
molle, finement pointillée, ne laisse point apercevoir
son squelette ; le doigt seulement fait connaître qu'il
y a sous la peau une petite proéminence interpariétale qui ne joint pas le croissant du deuxième interépineux, et ce dernier ne se laisse aussi distinguer
que par le tact au travers de la peau. L'opercule est
obtus. La membrane des ouïes embrasse l'isthme et
est épaisse, échancrée dans son milieu, mais peu
profondément ; chacun de ses côtés renferme huit
rayons bien osseux, que l'on a peine à compter sans
la disséquer. La proéminence humérale, recouverte

aussi d'une peau molle, et moins haute que longue, se termine en pointe obtuse. La pectorale est petite, du neuvième de la longueur totale. Son épine, d'un tiers plus courte, est forte, comprimée, mais à peine sensiblement dentelée au bord postérieur. L'épine dorsale est à peu près de même longueur que la pectorale, mais sans dentelures sensibles. La nageoire est deux fois aussi haute que son épine, et trois fois moins longue que haute. Les ventrales égalent à peu près les pectorales. L'anale occupe en longueur près du sixième de celle du poisson, et moitié moins en hauteur. La caudale, coupée carrément, a moins du septième de la longueur totale. L'adipeuse répond à la fin de l'anale, et est petite, posée obliquement et coupée carrément.

B. 8; D. 1/6; A. 22 ou 23; C. 17; P. 1/9; V. 8.

Tout le dessus de ce poisson et les côtés sont d'un brun cendré ou bleuâtre; tout le dessous, blanchâtre. L'union des deux teintes se fait d'une manière nuageuse. Toutes les nageoires sont brunes.

Le foie de ce pimélode est très-épais, mais ses lobes sont courts et du cinquième de la longueur de la cavité abdominale. Leur épaisseur dépend de ce qu'ils sont renflés en dessus pour remplir les deux fosses humérales creusées sous le casque de chaque côté de la vessie aérienne. La vésicule du fiel est ovoïde, cachée sous le foie. Son canal cholédoque est gros, peu long, et pourvu de nombreux vaisseaux hépato-cystiques. L'estomac est court et gros; le pylore est vers le haut et à la gauche; la rate est aussi à la gauche de l'estomac, elle est très-grosse. Les reins sont également d'un volume remarquable, et ils versent dans une grande vessie urinaire. La vessie natatoire, ovale et argentée, ressemble à celle des autres siluroïdes. Les muscles propres sont ici très-faibles.

Ces pimélodes sans casque apparent ressemblent beaucoup au silure d'Europe pour le squelette de la tête, à quelques légères différences près dans les proportions. Ils ont de même le devant du crâne plein, la jonction du frontal et du frontal antérieur n'ayant pas de vide comme dans les bagres; leur nasal est plus petit; leur palatin est carré et plat, et non en forme de petit cylindre; leur pointe interpariétale se porte davantage en arrière, et n'est soutenue que vers le bas par la crête de la grande vertèbre. L'occipital externe manque, comme dans le silure d'Europe, de cette lame qui, dans beaucoup de bagres, l'unit à cette vertèbre; mais la jonction inférieure des deux épaules est très-longue, et emploie dans sa suture autant du cubital que de l'huméral.

La grande vertèbre n'a en dessous qu'un canal ouvert, et ne se soude pas au basilaire. L'appareil pour les épines de la dorsale est à peu près comme dans les bayads (*Bagrus bayad*).

Il n'y a dans cette espèce que onze vertèbres abdominales, dont les deux dernières seules ont leurs apophyses transverses réunies par une traverse.

Les caudales sont au nombre de vingt-six, sans l'éventail qui les termine et qui est profondément divisé en deux.

Nous avons reçu des individus de cette espèce de New-York par M. Milbert, de Charlestown par M. Ravenel, et du lac Ontario par Lesueur.

Il paraît que c'est le silure le plus commun aux États-Unis; aussi ne doutons-nous que ce ne soit le *silurus catus* de Linné, malgré la grossière imperfection de la figure de Catesby (t. II, pl. 23) qu'il cite comme synonyme, et malgré les différences dans les nombres des rayons, qu'il marque

B. 5; D. 1/5; A. 20; C. 17; P. 1/10; V. 8.

L'épaisseur des membranes a pu l'empêcher de bien compter ceux des ouïes et lui faire méconnaître les deux ou trois premiers de l'anale. On voit même, par ce qu'il ajoute, que dans des individus d'Asie il n'y avait que six rayons aux ventrales, qu'il avait confondu une autre espèce avec celle-ci.

M. Mitchill, p. 433, donne à son *silurus catus*

B. 7; D. 1/6; A. 20; C. 21; P. 1/7; V. 8,

ce qui se rapproche un peu plus de nos observations, et s'explique comme le dénombrement de Linné. Les deux ou trois premiers rayons de l'anale sont réellement cachés dans le bord de la nageoire au point d'avoir besoin de dissection pour être vus.

Catesby dit que le *Catfish* atteint quelquefois une longueur de deux pieds. Il avait regardé son poisson comme voisin du deuxième bagre de Margrave, p. 173 (*secundæ speciei Margravii affinis*).

Les auteurs postérieurs ont été plus positifs: tous, à l'exemple de Linné, l'ont donné comme bidentique; c'est une erreur. Ce deuxième bagre de Margrave est un Doras.

Le PIMÉLODE SALI.

(*Pimelodus cœnosus*, Rich., *Faun. Bor. Am.*, v. III, p. 132.)

M. Richardson, l'un des compagnons du capitaine Franklin dans le terrible voyage qu'il a exécuté par terre à la mer Glaciale, nous a bien voulu communiquer un pimélode pris dans le lac Huron, et qui a de grands rapports avec le *Pim. catus*.

Il nous a semblé néanmoins que ses barbillons maxillaires étaient plus courts (ils n'atteignent qu'à peine aux ouïes), son anale plus haute, son épine dorsale plus longue. Voici les nombres d'après M. Richardson.

B. 9; D. 1/7; A. 24; C. 9-17-12; P. 1/8; A. 8.

A l'état sec il nous a paru verdâtre en dessus, marbré de verdâtre plus foncé, plus pâle en dessous, avec un peu de noir sur les nageoires verticales, et les nageoires paires noirâtres.

M. Richardson ne nous apprend rien sur les couleurs du poisson à l'état frais.

15.

9

L'individu qu'il a décrit et que nous avons examiné nous-mêmes, était long de dix pouces et avait été pris à Penetanguishem. Les individus de cette espèce atteignent à plusieurs livres de poids, et sont un très-bon manger.

Le Pimélode boréal.

(*Pimelodus borealis*, Rich., *Faun. Bor. Am.*, t. III, p. 35.)

A la suite de cette espèce, M. Richardson a décrit une autre

dont le dos est d'un brun verdâtre assez foncé, et le ventre blanchâtre. Elle a la tête aussi large que longue, huit barbillons, la dorsale à peu près rectangulaire; l'adipeuse, longue, répond au premier tiers de l'anale.

L'individu qu'il a publié était long de trente pouces, et avait été pris à Pine-Island par une latitude de 54° N. Quoique l'aspect de ce poisson soit repoussant, il est d'un excellent goût. Sa laideur l'a fait nommer par les Crees *Mathemey*, ce qui veut dire *poisson laid*. Les Canadiens le nomment *catfish* ou *lond cot*.

M. Richardson, dans l'appendix du Voyage, p. 19, avait déjà décrit ce pimélode qui est très-voisin du précédent; car sa description s'accorde avec ce que nous avons observé, si ce n'est pour de légères différences dans les nombres:

D. 1/6; A. 25; C. 17; P. 7; A. 9;

tet parce qu'elle refuse des dentelures à l'épine
pectorale.

Il avait alors eu l'idée que ce pouvait être
ole *silurus felis;* mais il ne cite plus ce syno-
myme dans le *Fauna borealis americana.* Il
faut remarquer que la fig. 1, pl. XXIX, t. III,
He Seba, que M. Richardson lui compare, ne
peut s'y rapporter, puisque la caudale y est
représentée divisée en deux lobes pointus.

Le Pimélode blanchatre.

(*Pimelodus albidus,* Lesueur.)

Des différens pimélodes de l'Amérique septentrionale que M. Lesueur a décrits dans les
Mémoires du Muséum d'histoire naturelle de
Paris (vol. V, pag. 148), celui dont les caractères paraissent le mieux convenir au *Pim. ca-*
sus est son *pimelodus albidus.*

Il lui donne une teinte cendrée blanchâtre, et des
nageoires rouges, hors l'adipeuse, qui est brune;
couleurs qui répondraient assez à l'enluminure de
Catesby : comme nombre il marque

B. 10; D. 1/6; A. 22; C. 10; P. 1/10; V. 8;

mais je ne puis croire à celui de la caudale, et il serait
possible qu'il y eût aussi quelque erreur dans celui
des ouïes.

La longueur à laquelle ce poisson parvient

est de quinze pouces : sa chair est blanche et de bon goût. M. Lesueur l'avait eu dans la Delaware.

Le Pimélode nébuleux.

(*Pimelodus nebulosus*, Lesueur.)

M. Lesueur parle au même endroit (Mém. du Mus., vol. V, pag. 149) d'un pimélode qui ressemble au blanchâtre, à cela près,

qu'il demeure toujours plus petit; qu'il est moins épais, et que sa mâchoire supérieure est plus longue. Sa couleur est d'un jaune cuivré, avec des nuages bruns sur le dos et les côtés; son abdomen est blanchâtre.

B. 8; D. 1/5; A. 21; C. 18; P. 1/7; V. 8.

L'auteur ne nous donne pas la proportion des barbillons; mais en les examinant sur un individu que M. de Larue de Villeret, consul de France à Savannah, a envoyé au Cabinet du Roi, nous croyons

que le maxillaire atteint à l'extrémité de l'os de l'épaule, que le nasal est de moitié plus court; le sous-mandibulaire externe touche l'insertion de la pectorale; l'interne est d'un quart plus court; la caudale est fourchue, l'anale moins arrondie.

C'est, suivant M. Lesueur, un poisson très-abondant à Philadelphie dans la Delaware, depuis le mois de Mai jusqu'aux premiers froids de l'hiver. Il a la vie très-dure : sa chair est blanche et très-estimée.

L'individu décrit par M. Lesueur était long de neuf pouces.

Le PIMÉLODE NOIRATRE.

(*Pimelodus nigricans*, Lesueur.)

M. Lesueur décrit dans ce même volume des Mémoires du Muséum d'histoire naturelle (t. V, p. 153), et y représente (pl. XVI, fig. 3), un pimélode qu'il nomme *noirâtre*, et qui doit être encore extrêmement voisin du *Pim. chat*,

mais cette espèce a le corps plus alongé; la caudale coupée en arc plus rentrant, et constamment vingt-cinq rayons à l'anale.

B. 8; D. 1/7; A. 25; C. 16; P. 1/9; V. 8.

Il nous a envoyé un squelette long de vingt-deux pouces, et la tête osseuse d'un individu de vingt-cinq ou vingt-six. Son ostéologie ressemble beaucoup à celle du *P. catus*; mais son crâne est un peu plus étroit et manque d'une sorte d'apophyse postorbitaire, qui est encore dans le *P. catus* comme dans le silure d'Europe. La dernière des vertèbres qui composent la grande, montre encore très-bien sa séparation en dessous, mais non au corps. Il y en a

en outre quinze abdominales, dont les deux
dernières ont une traverse en dessous, vingt-
huit caudales et l'éventail.

Ce poisson, dit M. Lesueur, habite le lac
Érié, l'Ontario et les rivières qui s'y jettent.
Il vit sur les fonds vaseux. Son immobilité le
rend facile à pêcher avec la fouane, même
de jour; la nuit on le prend aux flambeaux
comme les autres poissons de ces lacs. Il parvient à une grande dimension et est très-bon
à manger. M. Richardson cite ce poisson parmi
ceux de son *Fauna borealis Americana;* mais
il l'a tiré de M. Lesueur, et il ne paraît pas
qu'il l'ait observé par lui-même. Il en change
sans doute par une simple inadvertance, le
nom en celui de *P. nigrescens.*

Le PIMÉLODE PIQUETÉ.

(*Pimélodus punctulatus,* nob.)

M. Lesueur nous a envoyé en l'année 1831
de·Newharmony, ville fondée depuis peu d'a-
près les principes de M. Owen, un pimélode
à tête large et lisse et à huit barbillons, comme
les précédens, mais qui a douze rayons aux
ouïes. On le nomme dans ce canton *black-*
catfish (silure noir), ou *mud-catfish* (silure
de vase).

Ses formes sont à peu près celles du catus; mais son anale est beaucoup plus courte; sa mâchoire inférieure dépasse l'autre. Sa tête est fort déprimée, du quart de la longueur totale, d'un cinquième plus longue que large. Son barbillon maxillaire, élargi à sa base, n'atteint pas au-delà du milieu de l'opercule. L'opercule a quelques stries relevées en rayons, qui même ne se voient pas dans le frais. L'épine dorsale est faible et sans dents. L'épine pectorale est plus forte. Sa partie ossifiée, de moitié plus courte que la nageoire, a ses deux bords dentelés en sens contraire: elle se prolonge en une pointe molle et articulée. L'adipeuse est petite; la caudale est coupée carrément.

B. 12; D. 1/6; A. 16; C. 17; P. 1/10 ou 11; V. 8.

Tout le dessus est brun, semé de très-petites marbrures et de piquetures irrégulières noires; le dessous est blanchâtre. Les nageoires sont de la couleur du dos. Dans le frais le fond est d'un gris argenté.

L'individu est long de deux pieds neuf pouces.

C'est le plus grand que M. Lesueur ait vu.

Dès 1829 il nous en avait envoyé de la Nouvelle-Orléans un de vingt pouces dans la liqueur, mais décoloré.

Le Pimélode cuivré.

(*Pimelodus æneus*, Lesueur.)

Nous avions soupçonné, que ce poisson de la Nouvelle-Orléans pourrait être le même

que celui de l'Ohio, décrit par M. Lesueur
dans les Mémoires du Muséum (t. V, p. 150)
sous le nom de *pimelodus æneus,*

et qui a la mâchoire inférieure plus longue, le corps
cuivré, marbré de noirâtre, la caudale tronquée,
l'épine dorsale sans dents, l'épine pectorale dentelée
aux deux bords, huit barbillons, et deux ou trois
pieds de longueur; tous caractères qui se retrouvent
dans le nôtre; mais ses nombres sont marqués

B.... D. 1/6; A. 11; C. 25 (en comptant les petits); P. 1/8;
V. 9.

Et indépendamment de ces différences, qui
pourraient s'expliquer par la difficulté qu'op-
posent des membranes épaisses à un dénombrement exact, il est dit, que ce *pimélode cuivré*
a le corps très-long, ce qui ne peut convenir
à notre *piqueté,* dont la tête n'est que quatre
fois dans sa longueur.

Le Pim. cuivré a la dorsale arrondie, les pectorales
pointues, un peu en faux, l'adipeuse assez grande,
les yeux petits, l'iris blanc jaunâtre. M. Lesueur ne
donne pas les proportions de ses barbillons.

Le PIMÉLODE FOURCHU.

(*Pimelodus furcatus,* Lesueur.)

M. Lesueur nous a encore envoyé de la
Nouvelle-Orléans un pimélode à queue fourchue, qui a, comme le *Pim. catus,* huit barbillons et huit rayons aux ouïes.

Ses formes sont plus alongées; sa hauteur est près de six fois dans sa longueur; il a aussi toute la partie du corps qui vient après la dorsale plus comprimée, et l'anale plus longue. Sa tête et sa caudale prennent chacune le cinquième de sa longueur totale. La tête est d'un quart moins large que longue; le profil descend en ligne droite; le bout du museau est coupé en arc de cercle peu convexe; la mâchoire supérieure dépasse l'autre; la commissure ne prend pas le quart de la longueur de la tête; l'œil est aussi bas que l'angle de la bouche, et son diamètre n'est que le septième de la fente de la bouche. Il y a d'un œil à l'autre cinq de ces diamètres. En avant de l'œil est une saillie osseuse très-marquée qui appartient au frontal antérieur. On voit au travers de la peau une partie saillante étroite du crâne, fendue longitudinalement et divisée en quatre en avant; sa prolongation interpariétale paraît aussi sous la peau, et va toucher de son angle la pointe du premier interépineux, lequel forme une pièce étroite entre l'interpariétal et le crâne du deuxième interépineux. Le barbillon maxillaire dépasse à peine le préopercule. Les sous-mandibulaires en ont à peine moitié, et le nasal moins du quart. La production humérale est du double plus longue que haute, pointue, fortement ridée en longueur; sa base l'est transversalement. L'épine pectorale est forte, comprimée, striée, tranchante au bord antérieur, dentelée au postérieur, du huitième environ de la longueur totale; les premiers rayons mous la dépassent un peu. L'épine dorsale est aussi longue, aussi forte, moins comprimée, striée, dentelée seulement au bord postérieur. L'adipeuse est petite et étroite. L'anale occupe un espace de plus du quart de la longueur du poisson.

B. 8; D. 1/7; A. 32, 33 ou 34; C. 15; P. 1/10.

Nos individus, conservés dans la liqueur, sont longs de quinze et de dix-huit pouces : ils paraissent d'une couleur argentée, plus obscure vers le dos.

M. Lesueur nous paraît avoir décrit cette espèce en 1829 sous le nom de *Pim. cauda-furcatus* (Mém. du Mus., t. V, p. 152), bien qu'il ne lui donne que vingt-huit rayons à l'anale, mécompte très-naturel à cause de l'épaisseur des membranes.

Il dit que dans l'Ohio cette espèce parvient à une longueur de deux pieds; mais depuis lors il en a envoyé des individus de quatre et de cinq pieds, pris les uns dans le Wabash, les autres dans le Mississipi, et nommés les premiers, *pimélodes bleus,* et les autres, *pimélodes blancs,* mais absolument semblables entre eux et aux petits que nous venons de décrire. C'est donc une espèce qui devient très-grande.

M. Lesueur a trouvé des coléoptères et d'autres insectes dans son estomac.

Le PIMÉLODE PORTE-FOURCHE.

(*Pimelodus furcifer*, nob.)

Feu M. Levaillant nous a donné un pimélode de Surinam très-semblable au précédent
(*P. furcatus*).

Il a les mêmes conformations de tête et de nageoires; mais le museau est un peu plus rétréci en
avant, et l'œil plus élevé. Ses barbillons sont aussi
un peu plus longs (le maxillaire arrive au tiers de
l'épine pectorale), les lobes de sa caudale plus pointus, et les rayons de son anale moins nombreux
(nous ne lui en comptons que vingt-six ou vingt-
sept). Sa pointe humérale est finement granulée, et
non pas ridée.

B. 8; D. 1/6; A. 26 ou 27; C. 17; P. 1/10; V. 8.

Ce pimélode a le foie petit, la vésicule du fiel à
la droite de l'estomac, qui est cylindrique. Le pylore,
au haut et à gauche de l'estomac, fait de nombreux
replis. Les laitances ne formaient que deux rubans
étroits, situés en arrière de l'estomac. La vessie aérienne
a sa face dorsale creusée en gouttière pour s'appliquer
davantage sur la colonne vertébrale; et toute cette
partie a des parois fibreuses et épaisses. Elle est bilobée et arrondie en avant; en arrière elle ne se divise
pas; sa tunique fibreuse est plus étendue sur la face
inférieure. Les reins sont très-gros, et reçoivent entre
eux la terminaison de la vessie natatoire : le péritoine
est très-mince.

Le squelette ressemble beaucoup à celui du noirâtre. Il y a treize vertèbres abdominales, vingt-huit caudales et l'éventail.

Ce poisson se nourrit d'insectes. L'estomac était plein de débris de fourmis, et toutes mâles. Il est probable qu'un essaim de ces insectes se sera perdu sur les eaux douces après la poursuite qu'ils font des femelles, et que le poisson les aura saisis à cet instant. Ceci montre que ces fourmis de Surinam ont une habitude semblable à celle de nos espèces européennes.

Nos individus ne passent pas un pied; mais nous ignorons à quelle taille l'espèce peut parvenir.

Le PIMÉLODE DU COÏC.

(*Pimelodus Cous*; *Silurus Cous*, Linn.)

À ces pimélodes non casqués et à huit barbillons doit très-probablement appartenir le poisson représenté par Russel (dans son Histoire naturelle d'Alep, pl. XIII, fig. 2), et donné de nouveau par Gronovius d'après un individu dont Russel lui avait fait présent (*Zoophyl.*, pl. VIII *a*, fig. 7, et p. 126, n.° 387), poisson dont Linné a fait son *silurus cous*, parce qu'on le prend dans le *Couaic*, rivière qui passe à Alep et se perd ensuite dans des marécages.

Gronovius dit positivement qu'il n'y a qu'une bande de dents à chaque mâchoire, et que le palais n'en a point.

Sa tête est large et déprimée; son corps, très-comprimé de l'arrière. Ses yeux sont petits, sur le dessus du crâne. Sa mâchoire supérieure dépasse l'autre. Ses barbillons maxillaires sont élargis à leur base et atteignent à peine à l'ouïe. Les sous-mandibulaires externes sont d'un quart plus courts; les internes et les naseaux de moitié. L'épine de la pectorale est très-grosse, et fortement dentelée au bord postérieur; mais celle de la dorsale se distingue à peine des rayons mous. L'adipeuse est aussi longue que l'anale, qui est médiocre. La caudale est fortement échancrée en croissant.

D. 1/4; A. 8; P. 1/8; V. 6.

La couleur du poisson est argentée, marbrée de gris. Les barbillons sous-mandibulaires sont blancs. Il paraît, d'après les figures de Russel, que l'on aperçoit au travers de la peau le croissant interpariétal, et qu'il y a des bandes obscures sur la caudale, les ventrales et l'anale.

La figure de Russel est longue de quatre pouces et demi; celle de Gronovius de près de sept. Il est singulier que Russel, dans son texte, p. 76, note, ne lui en donne que trois.

Le PIMÉLODE DE CANTON.

(Pimelodus Cantonensis, nob.)

La difficulté, ou, pour mieux dire, l'impossibilité de se procurer les poissons d'eau douce de l'intérieur de la Chine et du Japon, nous engage à profiter, comme M. de Lacépéde, des secours que nous fournissent les peintures exécutées dans ces pays-là, en nous souvenant toutefois que, fidèles en général pour l'ensemble et pour les couleurs, les peintres chinois et japonais sont peu exacts pour les détails des dentelures et autres caractères minutieux, et pour les nombres des rayons. Ainsi, c'est sur l'autorité d'une figure faite à Canton pour M. Dussumier que nous introduisons ici cette espèce.

C'est un pimélode à tête ronde, à huit barbillons, sans casque, à longue anale et à longue adipeuse.

Sa tête est du cinquième de la longueur totale. Sa mâchoire inférieure avance plus que l'autre. Son œil est presque au quart antérieur. Le barbillon maxillaire atteint l'ouïe ; le sous - mandibulaire externe est d'un tiers plus court, le nasal de deux tiers. On ne voit pas dans la figure le sous-mandibulaire interne. La pointe pectorale est longue et aiguë. L'épine pectorale est forte et dentelée ; celle de la dorsale, aussi grosse, ne montre point de dents. L'anale a en longueur le quart de celle du poisson, et le peintre y a tracé au moins dix-huit rayons. L'adipeuse est d'un tiers plus courte. La caudale est échancrée en croissant; tout le dessus est olivâtre, ainsi que les dorsales; le dessous; blanc jaunâtre. Le bord postérieur de la caudale est transparent. Les nageoires paires et l'anale sont blanchâtres, teintées de rose.

Cette figure est longue de dix pouces.

Le PIMÉLODE MOUCHETÉ.

(*Pimelodus guttatus*, Lacép.)

On peut soupçonner que c'est également ici que doit se placer le pimélode moucheté que M. de Lacépède (t. V, p. 96 et 113, et pl. V, fig. 1) a donné d'après une peinture chinoise de la bibliothèque du Muséum.

On ne voit aucune armure à sa tête; son épine dorsale ne paraît pas dentelée, mais celle de la pectorale l'est sensiblement au bord postérieur; sa mâchoire supérieure dépasse l'autre. Ses barbillons maxillaires sont un peu plus alongés que les pectorales; les autres n'ont que le tiers de cette longueur. L'adipeuse est très-longue, deux fois plus que l'anale, qui est peu longue. La caudale est médiocre et divisée en deux lobes. Le corps est d'un gris argenté, un peu verdâtre sur le dos, irrégulièrement semé sur cette région et sur les nageoires de petites taches obscures : ses barbillons sont blancs.

La peinture originale le représente long de onze pouces.

Le Pimélode livrée.

(*Pimelodus lemniscatus*, Lesueur.)

Une espèce à huit barbillons, bien détermi-née et sur laquelle nous n'avons pas d'hésita-tion, attendu que nous l'avons reçue, avec un dessin, de M. Lesueur lui-même, est celle que ce naturaliste a indiquée (Mém. du Mus. d'hist. natur. de Paris, t. V, p. 155) sous le nom de *Pimélode livrée*. Elle pourrait former à elle seule un groupe particulier.

Semblable aux autres par la tête ronde et lisse, les huit barbillons, et les huit rayons branchiaux, elle s'en écarte beaucoup par les nombreux petits rayons qui étendent sa caudale en dessus et en dessous, de manière à lui faire envelopper ainsi le dernier tiers de la queue et à l'unir en dessus à une adipeuse longue et basse ; en dessous elle n'est séparée de l'anale que par un petit intervalle : son extrémité est presque arrondie.

La tête de ce petit poisson est cinq fois dans sa longueur ; elle est presque aussi large que longue et arrondie en avant, où sa mâchoire supérieure dépasse l'autre. Ses yeux, un peu avant le milieu, mais à la face supérieure, n'ont pas le sixième de sa longueur en diamètre : il y a quatre diamètres d'un œil à l'autre. Le barbillon maxillaire n'atteint pas tout-à-fait l'ouïe ; le nasal et les sous-mandibulaires n'ont qu'un tiers de moins. Les épines de la dorsale et de la pectorale, assez fortes et pointues, sont de moitié plus courtes que les nageoires, et n'ont qu'une ou deux dents récurrentes. Les ventrales n'égalent pas les pectorales; l'adipeuse est si basse qu'elle n'a l'air que d'un léger repli de la peau.

B. 8; D. 1/7; A. 21; C. 19, et plus de 60 en comptant les petits du dessus et du dessous; **P. 1/10; V. 9.**

Sa couleur est un brun clair, excepté à la gorge et au ventre, qui sont blanchâtres. Un fin liséré noirâtre borde les nageoires verticales.

Le foie est médiocre, l'estomac est ovoïde, l'intestin grêle et onduleux. La vessie aérienne est arrondie, assez grande; les reins l'entourent et sont fort gros; ils se réunissent en un lobe impair, qui a la longueur du tiers postérieur de la cavité abdominale.

L'espèce est probablement vivipare, car les ovules sont très-gros, et montrent un vitellus très-développé. Il y en avait plusieurs dans l'ovaire, dont le diamètre dépassait deux lignes, et cependant ils sont tirés d'un petit animal; car notre individu est long de trois pouces.

———

Les espèces de pimélodes qui sont réunies dans ce paragraphe se distinguent des précédentes par une particularité anatomique très-notable; c'est l'absence de la vessie aérienne, organe si grand et si compliqué dans les autres Iluroïdes. Je l'ai du moins vérifié dans les

15.　　　　　　　　　　10

deux espèces du *P. bagarius* et du *P. platy-*
pogon. Je me serais même décidé à les distinguer génériquement, si les différences de
nombre dans les rayons branchiostèges m'eussent offert un caractère constant. Mais l'une
des espèces en a douze, l'autre en a neuf. Ne
trouvant pas de caractères extérieurs conve-
nables, j'ai cru mieux faire en les laissant
comme une subdivision des pimélodes. Ils
ont un casque, mais il n'est pas continu avec
le bouclier.

Le Pimélode Vaghari.

(*Pimelodus bagarius,* Buchan.)

La grande tête déprimée, large et parabolique de ce poisson, la dilatation de ses barbillons maxillaires, le prolongement de sa dorsale,
de ses pectorales et de sa caudale, et la distribution singulière de ses couleurs, le distinguent
éminemment parmi tous les siluroïdes.

Sa tête, mesurée jusqu'au bout de l'opercule, ce
qui est de très-peu moindre que jusqu'au bout de la
proéminence interpariétale, est quatre fois et demie
dans sa longueur totale, y compris la caudale et ses
longs filets, dont le lobe supérieur fait à lui seul les
tiers de cette même longueur totale. La largeur de la
tête, en arrière, est d'un quart moindre que sa longueur, et sa hauteur de moitié; en avant elle s'amincit

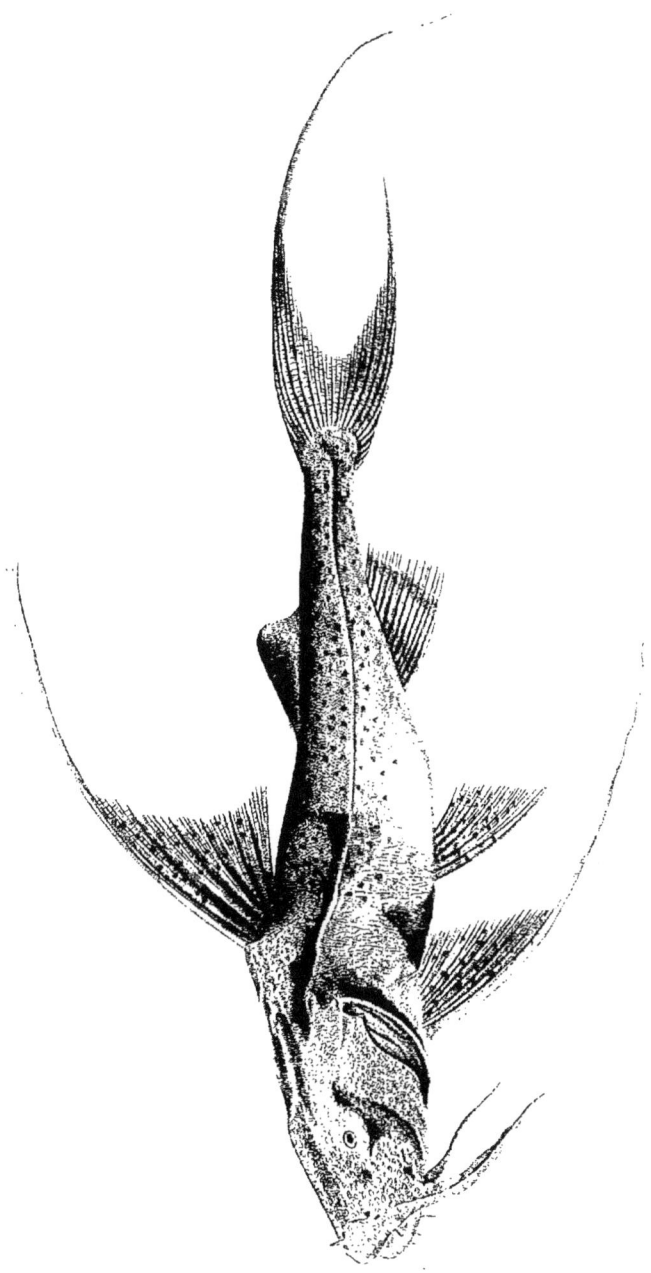

PIMELODE vagabri.

Acerre-Baron del[t]

PIMELODUS *lagaurus, nob*

Impr[e] de langlois.

Perre sculp[t]

par degrés. La circonscription horizontale de son museau est parabolique. La mâchoire supérieure dépasse l'autre du neuvième de la longueur de la tête : la fente de la bouche entame cette longueur d'un tiers; les lèvres sont assez charnues. Les dents sont fortes, inégales, pointues, sur une seule bande à chaque mâchoire; quelques-unes s'alongent en crochets, comme dans plusieurs percoïdes, tels que le sandre. Le barbillon maxillaire atteint au bout de l'opercule; il est dilaté par une membrane qui, à sa base, a en largeur près du quart de sa longueur et qui se rétrécit par degrés, de sorte qu'il finit en fil grêle. Sa tige osseuse prend plus du tiers de sa longueur. Un peu en dedans de sa base sont les deux orifices de la narine, grands, ronds, séparés seulement par une membrane étroite, sur laquelle s'élève un petit barbillon sept ou huit fois plus court que le maxillaire, et qui a aussi sa base élargie. Les barbillons sous-mandibulaires sont également comprimés ou élargis en membranes, mais sur une moindre largeur. L'externe a deux cinquièmes de la longueur du maxillaire, l'interne un tiers ou à peu près. L'œil est au milieu de la longueur de la tête, se dirige un peu obliquement vers le haut, et n'a pas le douzième de cette longueur en diamètre. Il y en a cinq d'un œil à l'autre; leur intervalle est légèrement concave. Tout le casque est grenu, à granelures oblongues ou alongées, peu saillantes, formant comme des lignes longitudinales; en arrière il se partage en trois pointes, dont la mitoyenne, qui est la production interpariétale, a un peu plus du

cinquième de la longueur de la tête (elle comprise),
et est trois fois moins large. Les deux pointes latérales du crâne formées par les surscapulaires, sont
profondément fourchues. L'opercule osseux donne
de sa partie supérieure une pointe obtuse; la peau
qui le recouvre est grenue : il y a douze rayons dans
la membrane des ouïes. L'huméral n'a qu'un léger
angle saillant dans le milieu, à peine sensible sous la
peau, et non cette production pointue si remarquable dans beaucoup de poissons de cette famille.
Le bouclier forme un triangle, en partie grenu
comme le crâne dont la pointe antérieure ne joint
pas tout-à-fait la production interpariétale. L'épine
de la dorsale a sa partie ossifiée aussi haute que
le corps, forte, comprimée, non dentelée; elle
se continue en un filet mou articulé, aussi long
qu'elle, finissant en pointe grêle. Le premier rayon
mou dépasse de peu l'épine osseuse; les autres diminuent un peu. L'épine pectorale, aussi longue que
la dorsale, aussi grosse, comprimée, assez fortement
dentelée au bord postérieur, se prolonge en un filet
une fois et demie aussi long qu'elle-même. Le premier
rayon mou dépasse l'épine osseuse de près de moitié,
les autres diminuent. Les ventrales sont d'un tiers
moins longues que ce premier rayon mou des pectorales. L'anale occupe près d'un neuvième de la longueur totale, et est en avant un peu plus haute que
longue : sa distance de la caudale est égale à sa longueur. L'adipeuse, qui lui est opposée, est presque
aussi longue, mais près de trois fois moins haute et
coupée en triangle. La caudale est profondément

fourchue; le filet qui termine son lobe supérieur est cinq fois plus long que les rayons du milieu; l'inférieur a un quart de moins.

B. 12; **D.** 1/6; **A.** 15, y compris les 3 premiers qui sont cachés dans son bord inférieur; **C.** 17, y compris les deux grands et 6 ou 7 de plus en plus petits à chaque bord; **P.** 1/12; **V.** 6.

Dans la liqueur ce poisson paraît brun foncé sur le dos, plus pâle sous le ventre, avec de grandes parties irrégulières noires sur la joue, sur le corps et sur la caudale, et des mouchetures noires sur la dorsale, qui a aussi deux bandes longitudinales noirâtres.

A l'ouverture de l'abdomen, on est frappé de l'épaisseur du péritoine gris blanchâtre, qui enveloppe, comme dans une gaîne, chaque viscère, et se contourne autour de l'intestin pour former le double repli du mésentère. Le foie est composé de deux lobes trièdres assez épais vers le haut, pointus en arrière. Sous le lobe est une vésicule du fiel oblongue, qui dépasse peu le lobe droit hépatique; elle donne un canal cholédoque court, gros et flexueux, qui entre dans le duodénum en faisant un petit bulbe produit d'un renflement marqué. L'estomac est grand, oblong, aplati, plissé beaucoup en dedans. Le pylore est vers le haut, et le duodénum fait des replis tortueux, puis donne deux anses droites et parallèles qui descendent jusque près du fond de la cavité abdominale, et remontent sous le foie; la dernière fait quelques sinuosités avant la valvule de Bauhin; le gros intestin est court et droit.

Les organes de la génération étaient dans un état tout-à-fait rudimentaire.

Il n'y a pas de vessie natatoire. Les reins forment deux rubans grêles, qui donnent dans une longue vessie urinaire, dont le diamètre est presque aussi grand que celui de l'intestin.

L'individu qui a servi de sujet pour cette description, est long de vingt pouces. Il a été envoyé du Bengale avec les collections de feu M. Duvaucel en 1826. Plus récemment M. Delamarre Picot en a rapporté un sec, de près de deux pieds.

La figure du *pimelodus bagarius* dans Hamilton Buchanan, pl. VII, fig. 62, le représente fort exactement. Elle montre sur l'anale et sur la pectorale deux bandes noirâtres, comme sur la dorsale, et nulle part des mouchetures.

D'après la description de cet auteur, la teinte de fond dans le frais est un cendré verdâtre.

Cette espèce, nommée *vaghari* au Bengale, arrive quelquefois à une longueur de six pieds. C'est un animal désagréable à voir; mais sur les habitudes et les propriétés duquel M. Buchanan ne s'étend pas davantage.

Ces formes se reproduisent en petit dans quelques autres espèces des Indes, dont les dents cependant ne sont qu'en fin velours ras.

) C'est ce qui doit se dire nommément de deux

ɔ espèces de M. Buchanan dont M. Gray nous

ʁa confié des figures.

Le PIMÉLODE CONTA.

(*Pimelodus conta*, Buchan., p. 191.)

Très-petit poisson, qui a les mêmes pointes

ɔ au crâne, les mêmes membranes aux barbil-

llons, et où

le lobe supérieur de la caudale est en arc prolongé
en filet, mais non les autres nageoires. L'épine de
la dorsale et celle des pectorales sont fortement
dentelées à leurs deux bords. L'adipeuse est triangulaire et fort petite.

D. 1/6[1]; A. 10; C. 17[2]; P. 1/7; A. 10; V. 6.

Sa couleur est brune avec des reflets cuivrés. Les
nageoires ont des points noirs et des parties transparentes. Il y a des anneaux noirs sur les quatre
plus grands barbillons.

Sa taille va de trois à cinq pouces. On le
trouve dans la rivière de Mahananda, où les
pêcheurs le nomment *conta*. Il n'est d'aucune
valeur.

---

1. Buchanan dit D. 1/4; mais cela est fort douteux. La figure
en marque davantage.

2. Buchanan dit 16.

Le Pimélode hara.

(*Pimelodus hara*, Buchan., p. 190.)

Autre petite espèce, dont

le lobe supérieur de la caudale dépasse à peine l'inférieur, et qui n'a de filet à aucune nageoire; dont les
épines pectorales et dorsale sont médiocres, et celles
des pectorales ont seules des dentelures à leur bord
postérieur. L'adipeuse est aussi longue que l'anale,
mais moins haute et coupée en trapèze.

B. 2; D. 1/6; A. 10; C. 17; P. 1/7; V. 6.

Le corps est brun, à reflets cuivreux, et varié de
nuages noirs. Les nageoires, brunes aussi, ont des
taches transparentes; il y a de nombreux anneaux
noirs sur les quatre barbillons supérieurs.

M. Buchanan a trouvé cette espèce dans la
rivière de *Cosi*, qui vient du Népaul et est un
des grands affluens du Gange. Elle passe rarement trois pouces.

Le Pimélode a barbillons plats.

(*Pimelodus platypogon*, K. et V. H.)

Nous y joindrons une petite espèce, envoyée de Java au Musée de Leyde par
MM. Kuhl et Van Hasselt.

Sa caudale est à demi divisée, mais ses lobes ne se
prolongent point en filets; elle fait, ainsi que la tête,

mesurée jusqu'au bout de l'opercule, un peu moins du cinquième de la longueur totale. La production interpariétale ajoute un quart à la longueur de la tête. Les surscapulaires forment deux pointes semblables non fourchues, et les huméraux en donnent encore deux à peu près aussi longues. La face supérieure de la tête, très-légèrement convexe dans le sens longitudinal et un peu plus dans le sens transversal, est entièrement lisse. La circonscription du museau est presque demi-circulaire. Les yeux sont encore plus petits à proportion qu'à la grande espèce. Les barbillons sont en même nombre, à peu près dans les mêmes proportions. Aucune des nageoires n'a de prolongement; l'épine pectorale est fortement dentelée à son bord postérieur.

B. 9; D. 1/6; A. 12 (y compris les petits antérieurs); C. 17; P. 1/8; V. 6.

Le corps entier paraît d'un brun violet foncé, excepté les lèvres, les barbillons, la gorge et le ventre, qui sont blanchâtres. Les nageoires verticales ont toutes la base brune et le bord blanchâtre ou jaunâtre; il en est de même des pectorales en dessus, mais en dessous elles n'ont point de brun; les ventrales n'en ont qu'un peu vers leur racine. D'après le dessin fait à Java, le corps, dans le frais, est olive marbré de noir, et les parties pâles des nageoires sont d'un jaune orangé.

Nos individus n'ont pas plus de trois pouces.

Nous observons dans cette espèce, comme dans le *P. bagarius*, l'absence de la vessie aérienne.

L'estomac est assez gros et ovoïde; le foie est volumineux et très-profondément divisé; la vésicule du fiel est très-petite. L'intestin fait très-peu de replis; les œufs sont plus petits que de la graine de pavot.

Nous avons à parler maintenant de pimélodes à tête ronde et lisse, comme les précédens, mais qui n'ont point de barbillons aux narines, et n'en comptent par conséquent que six.

Le Pimélode crapaudin

(*Pimelodus Bufonius,* nob.),

envoyé de Cayenne au Musée de Leyde, est de ce nombre. Il ressemble singulièrement par les formes et les couleurs au *P. punctulatus,* et cependant il en diffère par des caractères essentiels.

Il est court et trapu; sa hauteur aux pectorales est à la vérité un peu plus de six fois dans sa longueur, mais sa largeur au même endroit n'y est que quatre fois et demie; en arrière cependant il est comprimé. La longueur de sa tête est du quart de la longueur totale, et elle est presque aussi large, mais moitié moins haute, arrondie en avant, à profil presque horizontal, à mâchoire inférieure dépassant un peu l'autre. Sa large gueule entame d'un tiers la longueur de la tête. Ses dents, en velours très-fin et très-ras, sont sur de fort larges bandes, surtout à la mâchoire supérieure. Le barbillon maxillaire n'atteint pas tout-à-fait le bout de l'opercule; le sous-mandibulaire externe est moitié moindre, l'interne encore de moitié plus court. Les orifices de la narine sont tous les deux petits et légèrement tubuleux. Le très-petit œil, à peine du douzième de la longueur de la tête, est à la face supérieure et à six ou sept diamètres de l'autre. La membrane des ouïes est échancrée au milieu, et a de chaque côté neuf rayons. Les épines de la dorsale et des pectorales sont assez fortes, très-finement dentelées au bord postérieur, et ont toute leur moitié supérieure molle et articulée. L'adipeuse est un peu plus longue que l'anale, qui elle-même est un peu plus haute que longue. La caudale est échancrée en croissant; son lobe supérieur est plus étroit et plus court.

B. 9; D. 1/6; A. 10, dont 2 cachés dans le bord antérieur; C. 17 et quelques petits; P. 1/7; V. 6.

Tout ce poisson est brun foncé, un peu plus clair sous le ventre, marbré, tacheté et pointillé de noirâtre. Les nageoires sont de même, mais leur bord est plus pâle, et a en dedans une bande plus noirâtre que le reste.

Au total, sa large tête et ses couleurs lui donnent une apparence de crapaud brun.

La longueur de notre individu est de sept pouces.

Le Pimélode manguru.

(*Pimelodus mangurus*, nob.; d'Orb., Voy. dans l'Amér. mérid., Poissons, pl. I, fig. 2.)

Nous ne savons pas à quelle grandeur l'espèce précédente aurait pu parvenir; mais nous avons un poisson empaillé qui lui ressemble beaucoup par les formes et les nombres, et qui a les mêmes bandes très-larges de dents en velours, mais dont la tête est moindre à proportion, que nous nommons, par contraction de son nom guarani, *manguruyu-carape* où *manguruyu court :* il habite les eaux douces du Brésil et du Paraguay.

M. d'Orbigny nous en a envoyé un grand individu sec accompagné d'une figure, et le Cabinet du Roi en avait reçu auparavant de Lisbonne un individu moindre.

C'est sur ces documens que nous en avons fait la description et publié une figure dans la Relation du voyage de M. d'Orbigny (Atl. ichthiol., pl. I, fig. 2).

Sa tête est près de cinq fois dans sa longueur, et est plus large que longue, mais d'un tiers seulement moins haute. Son museau est arrondi en avant en une large demi-circonférence; sa mâchoire inférieure est un peu plus avancée que l'autre; ses yeux sont d'une petitesse extrême; ses barbillons maxillaires atteignent à peine le préopercule; ses dents, ses

épines, ses nageoires sont comme dans le Pim. crapaudin; l'anale est encore plus étroite.

B. 9; D. 1/7; A. 9? C. 17; P. 1/7 ou 1/8; V. 6.

Tout le dessus est d'un brun clair jaspé, le dessous jaunâtre; les dorsales et la caudale sont brunes;
les nageoires paires et l'anale tirent au couleur de
chair, mais dans le sec tout paraît fauve.

L'individu que le Cabinet du Roi doit à
M. d'Orbigny est long de deux pieds dix
pouces; mais il y en a de bien plus grands.
On a assuré à ce zélé voyageur qu'on en
pêche à *Corrientes* de plus de six pieds.

L'espèce se rencontre depuis les Missions
jusqu'au-dessus du confluent du Parana et de
la Plata, dans les endroits les plus profonds
et les plus vaseux. Il est très-rare, et l'on est
souvent plusieurs années sans le voir. Ce n'est
que lorsque les eaux sont très-basses que l'on
en prend, et à la ligne de fond seulement.
Les habitans en ont une sorte d'horreur à
cause de sa laideur.

Le Pimélode ranin

(*Pimelodus raninus*, nob.)

vient aussi des eaux douces de l'Amérique
méridionale. Il a été envoyé de la Mana au
Cabinet du Roi par MM. Leschenault et Dou-

merc en 1824, et nous voyons par un dessin
de M. Ménestrier, qu'il se porte au sud au
moins jusqu'à Rio-Janéiro.

Sa tête est encore plus large et plus plate qu'au
Pimélode crapaudin; sa largeur égale sa longueur, et
n'est que trois fois et deux tiers dans la longueur
totale. A peine a-t-elle en hauteur en arrière plus
du tiers de sa longueur. Ses barbillons maxillaires
dépassent un peu le bout de l'opercule, et il y a dix
rayons de chaque côté à ses ouïes. Ses mâchoires
sont à peu près égales; ses dents en velours ras sur
des bandes peu larges; son épine pectorale est large
et assez fortement dentelée aux deux bords. Sa caudale est arrondie, légèrement échancrée au milieu,
et c'est sa partie supérieure qui dépasse un peu l'autre.
Du reste ses formes sont à très-peu près celles du
précédent.

B. 10; D. 1/7; A. 11; C. 13, et ensuite les autres diminuent
pour s'arrondir; en comptant tout, elle en aurait 25 ou
26; P. 1/7; V. 6.

Le fond de sa couleur est en dessus d'un brun
noirâtre, en dessous d'un brun clair marbré de brun
foncé. Une large bande fauve va d'un opercule à
l'autre en travers de la nuque. Il y a une tache fauve
de chaque côté du dos, entre la dorsale et l'adipeuse.
La dorsale, l'anale et les pectorales sont noirs, chacune avec deux larges bandes fauves, une au milieu,
l'autre au bord. L'adipeuse est fauve et a une bande
noire; les ventrales sont noirâtres; la caudale est
fauve, piquetée de brun, et a sur sa moitié postérieure
une large bande noire, suivie d'un bord blanc. Les

PIMELODE ranin.

Acarie-Baron del.

Imp.r.ie de Langlois.

PIMELODUS *raninus*, nob.

Pierre sculp.t

barbillons maxillaires sont fauves, annelés de brun.

Son anatomie nous montre un petit foie, formé de deux lobes grêles, trièdres et prolongés; une très-petite vésicule du fiel; un estomac oblong, arrondi en arrière, gros, à parois épaisses. L'intestin est replié et sinueux; il est grêle. Les laitances forment de nombreuses houppes distinctes.

Sa vessie aérienne est grande, beaucoup plus large que longue, argentée, sans muscles notables.

Les reins sont fort petits; la vessie urinaire est cependant assez longue.

Nos individus n'ont que trois et quatre pouces.

M. Leschenault nous apprend que cette espèce se tient enfoncée dans la vase. Elle se nourrit des graines légumineuses qui vivent sur le bord des eaux douces; parmi celles que j'ai soumises à l'examen de M. Adrien de Jussieu, il y a observé de grosses graines de l'*Arouma guyannensis* d'Aublet.

Le PIMÉLODE CHARU.

(*Pimelodus charus*, nob.)

Nous ne parlons de cette espèce que d'après un dessin fait au Brésil par M. Ménestrier.

Elle doit singulièrement ressembler au Pimélode ranin.

Cependant sa tête est près de cinq fois dans sa

longueur, et sa caudale est coupée en croissant et à lobes pointus.

Quatre larges bandes irrégulières noirâtres traversent verticalement un fond d'un brun plus clair. La dorsale a deux bandes brunes sur un fond de ce même brun; il y en a une sur l'adipeuse, et la caudale en a une parallèle à son bord concave.

Les nageoires paires et l'anale paraissent rosées, et cette dernière offre, ainsi que les pectorales, quelques traces de bandes.

D. 1/6; P. 1/7; V. 6, etc.

La figure est longue de six pouces. Elle porte que les Portugais du Brésil nomment ce poisson *charu,* et qu'il a été pris dans le *Rio Sabara.*

Le PIMÉLODE ZUNGARO

(*Pimelodus Zungaro,* Humboldt),

que nous ne connaissons que par la figure et la description que M. de Humboldt en a données dans le Mémoire que j'ai eu le bonheur de publier avec lui en 1817 sur les poissons fluviatiles de l'Amérique méridionale, et qui est inséré dans ses Observations zoologiques (t. II, p. 170), me paraît appartenir aussi au groupe actuel.

Les formes rappellent celles du P. crapaudin, à l'épine de la dorsale près, qui, du moins dans cette figure, ne se montre pas forte ni dentelée; le corps est olivâtre, tout semé de petits ocelles noirs. M. de Humboldt lui donne pour nombres :

B. 4; D. 7; A. 10; C. 22; P. 13; V. 10, et dit toutes les nageoires sans piquans ;

mais il n'a probablement pas disséqué les membranes épaisses qui (ajoute-t-il) recouvrent ces parties au point que l'on a peine à en sentir les os.

Cette espèce habite le haut Maragnon, dans la province de Jaën de Bracamoros, contrée où les eaux qui descendent des Cordillères entretiennent dans ce fleuve une température assez froide.

L'individu décrit par M. de Humboldt était long de trois pieds quatre pouces; mais il y en a, au dire des indigènes, de plus de six pieds. Les créoles nomment ce poisson *tiburon* (requin), à cause de sa taille. Ils le mangent, quoique sa chair soit dure et huileuse.

Nous n'avons reçu de la mer des Indes qu'une seule espèce de ce groupe : c'est

Le Pimélode de Péron

(*Pimelodus Peronii*, nob.),

ainsi nommé du naturaliste à qui nous le devons.

Sa tête, arrondie en avant, bombée en dessus, aussi large que longue, mesurée du museau à l'ouïe,

15.   11

a un peu plus du cinquième de la longueur totale.
L'œil est au tiers antérieur, et a le cinquième de la
longueur de la tête en diamètre. Il y a trois diamètres
d'un œil à l'autre. L'orifice inférieur de la narine est
large, ovale; le supérieur en est peu éloigné, et se
ferme par une valvule. Le barbillon maxillaire dépasse
à peine l'opercule; le sous-mandibulaire externe a un
tiers, l'interne moitié de moins. Les épines de la dorsale et des pectorales sont fortes, comprimées, striées
obliquement; à chaque bord s'aperçoit un léger vestige de dentelure; elles se terminent en pointe molle
et articulée. L'anale et l'adipeuse, qui lui est opposée,
occupent un septième environ de la longueur totale.
La caudale, un peu plus longue, est bilobée, à lobes
obtus.

B. 6; D. 1/7; A. 16; C. 15 et quelques petits; P. 1/11; V. 6.

Dans son état actuel ce poisson, conservé dans
la liqueur, paraît argenté, glacé de brun roussâtre;
ses nageoires sont un peu plus brunes.

Il est long de cinq pouces. Nous ignorons
dans quelles eaux Péron se l'est procuré.

Le Pimélode nella.

(*Pimelodus? nella*, nob.)

Le *nalla-jellah* de Russel, n.° CLXX, nous
paraît appartenir à ce groupe; mais ne l'ayant
pas vu, et les détails de sa tête et de ses dents
n'étant pas indiqués, ce n'est que par conjecture que nous le plaçons ainsi.

Sa tête, vue de profil, comme elle est dans la figure, semblerait conique, mais la description la dit large et déprimée; elle ajoute que la bouche est petite et les mâchoires égales. Les barbillons maxillaires atteignent la base de la pectorale; les sous-mandibulaires ont le tiers de cette longueur. Les épines dorsale et pectorale sont fortes et dentelées; l'adipeuse est petite: la caudale échancrée en croissant.

B. 4? D. 1/7; A. 15, le texte dit: A. 29, mais là figure n'en marque que 15, et ce nombre est plus d'accord avec sa longueur proportionnelle; C. 19; P. 1/9; V. 6.

La tête et le dos sont d'un plombé bleuâtre; le ventre, la gorge et le bout de la queue, d'un blanc mat. Tout le tronc, excepté une bande le long du flanc, est semé de petites taches obscures. La dorsale, l'anale et les ventrales ont le bord noirâtre. Les pectorales et la caudale sont glacées de jaune pâle.

Il est long de neuf pouces.

Le Pimélode tachisure.

(*Pimelodus tachisurus*, nob.; *Tachisurus chinensis*, Lacép.)

Une autre conjecture nous porte à rapprocher de ce *nalla-jellah* un poisson représenté dans des peintures chinoises, et dont M. de Lacépède (t. V, p. 151, et pl. V, fig. 2), qui ne le connaissait que par ces peintures, a fait son genre *Tachisure*.

Ce n'est évidemment qu'un pimélode non casqué à six barbillons; ses barbillons maxillaires atteignent l'ouïe; les sous-mandibulaires sont de moitié plus courts; l'épine dorsale et la pectorale sont fortes et striées dans la copie, mais le peintre chinois n'y a pas marqué de dentelures. L'adipeuse est à peu près de la longueur de l'anale, qui elle-même est assez petite. La caudale est médiocre, bilobée. Le dessus est verdâtre; sur le dos sont répandues des taches d'un vert un peu plus foncé, rondes et inégales; le dessous est jaunâtre un peu argenté. Il y a des teintes rougeâtres sur les nageoires, excepté la dorsale, qui est du verdâtre du dos.

La figure est longue de neuf pouces et demi.

M. de Lacépède a cru devoir faire un genre à part de ce poisson, à cause de quelques traits que l'on voit sur l'adipeuse, et qu'il a regardés, dit-il, comme des rayons : il le nomme *tachisure,* à cause de l'agilité de sa queue, longue et déliée, et comme on peut en juger par la copie, assez mauvaise d'ailleurs, qu'il donne de sa figure chinoise, les proportions de cette partie ne diffèrent pas beaucoup de ce qu'elle est dans les espèces du groupe actuel.

Il nous paraît donc que le genre *Tachisure* ne peut être conservé.

Le Pimélode lote

(*Pimelodus mustelinus,* nob.; d'Orb., Voyage dans
l'Amér. mérid.; Poissons, pl. II, fig. 1.)

rentre aussi dans ce groupe, mais il diffère assez
des autres espèces.

Sa forme très-alongée, sa petite tête déprimée, non casquée, sa longue adipeuse qui va
s'unir à la caudale, le distinguent même éminemment de tous les siluroïdes.

Déprimé jusque près du tiers antérieur, où est la
dorsale, à peu près rond à cet endroit, puis se com-
primant de plus en plus jusqu'à la caudale, le corps
a sa hauteur au milieu à peu près quatorze fois dans
sa longueur totale; la tête y est sept fois. Elle est de
plus d'un quart moins large que longue, et trois
fois moins haute que large. Son contour horizontal
est à peu près parabolique. Une peau molle comme
celle du corps la couvre en entier, et il n'y a nulle
apparence de casque. La bouche n'entame sa longueur que d'un cinquième; les mâchoires n'avancent
pas plus l'une que l'autre. Chacune a une large bande
de dents en fin velours; il n'y en a point au palais.
Le barbillon maxillaire n'atteint qu'à l'ouïe; le sous-
mandibulaire est d'un tiers moins long. Les orifices des narines sont quatre petits trous formant un
carré, les deux antérieurs près de la lèvre, les deux
postérieurs à moitié de distance de la lèvre à l'œil.
Tous les quatre ont un petit lambeau cutané faisant
valvule. Les yeux sont fort petits, à la face supé-

rieure, un peu avant le milieu de la longueur de la
tête, à une distance du tiers de cette longueur, presque cachés sous la peau. La membrane des ouïes est
échancrée dans son milieu, et a de chaque côté neuf
rayons, les deux supérieurs larges et plats. Il n'y
a aucune armure à l'épaule. La pectorale s'attache
au bord de la face inférieure, n'a pas le douzième
de la longueur totale, est arrondie au bout, et a huit
rayons, dont le premier, quoique simple, est aussi
flexible que les autres. La dorsale, sur le tiers antérieur, par conséquent éloignée de la tête, est coupée
carrément, à peu près de la hauteur du corps, et a
sept rayons, dont le premier est de moitié plus court,
sans branches, et durci seulement à sa base. Les ventrales s'attachent sous la dorsale, sont de la longueur
des pectorales et arrondies comme elles. On y compte
six rayons, dont le premier est court, sans branches,
et un peu dur. L'anus est entre les ventrales. L'anale
commence beaucoup plus en arrière et un peu après
le milieu; sa longueur est du sixième de celle du
poisson; sa hauteur est quatre fois moindre. Il reste
entre elle et la caudale un espace égal à sa longueur;
ses rayons sont au nombre de dix-huit. L'adipeuse
commence un peu plus en avant, et, demeurant très-
basse, se continue jusque sur le bout de la queue,
où elle s'unit à la caudale, qui entoure le bout de
la queue au moyen de ses petits rayons, et est arrondie, mais obliquement, de sorte que ses plus
longs rayons sont à sa partie supérieure; la longueur
de ceux-là est neuf fois dans celle du corps. Les inférieurs se raccourcissent par degrés, en sorte qu'il

n'y a pas, comme pour les supérieurs, de limite entre les grands et les petits. Au total il y en a environ trente-cinq, dont quinze peuvent être regardés comme analogues à ceux que nous comptons ordinairement.

B. 9 ; D. 7 ; A. 18 ; C. 15 et 20 petits ; P. 8 ; V. 6.

La ligne latérale est presque imperceptible.

Dans la liqueur ce poisson paraît d'un plombé noirâtre ; mais d'après la figure faite sur le frais par M. d'Orbigny, il est d'un fauve un peu rosé, avec des nuages grisâtres en travers du dos. Ses nageoires paires et l'anale sont rosées ; les autres tirent au grisâtre. Cet habile observateur ajoute que les teintes varient beaucoup entre le brunâtre, le jaune et le rosé.

Il est fâcheux que nous n'ayons pu rien voir de ses viscères.

Son crâne est très-plat, fort étroit entre les joues, quoiqu'il n'y ait point d'épine dorsale à porter. Sa grande vertèbre est fort dilatée, mais son épaule est étroite en dessous. Il y a treize vertèbres abdominales, partout des côtes grêles, quarante et une caudales et l'éventail.

Notre plus grand individu n'a que huit pouces.

L'espèce n'en passe pas neuf, selon M. d'Orbigny, qui l'a trouvée le long des bords du Rio de la Plata sous les pierres qui demeurent isolées lors des marées très-basses. Elle s'y tient par familles, et l'on peut souvent lever deux cents pierres sans en rencontrer une, tandis que plus de vingt, de même taille, se rencontreront sous une seule pierre. A terre elle saute continuellement, et dans l'eau elle nage avec une rapidité étonnante, et même alors elle cherche encore à se porter sous les pierres.

Elle se nourrit de petits vers, fort communs dans ces eaux.

C'est, dit M. d'Orbigny, un excellent manger, et néanmoins il n'en a jamais vu au marché de Buénos-Ayres, peut-être à cause de sa petite taille.

Il y en a bien plus au nord. M. Diepering en a envoyé un individu de Surinam au Musée royal des Pays-Bas.

Des pimélodes qui ont, comme les précédens, les barbillons seulement au nombre de six, ont un casque plus prononcé, quoique non continu au bouclier, parce que sa production interpariétale est trop courte pour atteindre sa deuxième plaque interépineuse, et pour couvrir ou enchâsser la première.

Ceux dont nous allons parler ont l'adipeuse très-longue. Leurs rapports apparens avec les *bagrus cavasius, erythropterus*, etc., sont assez grands; mais ils s'en distinguent, parce qu'ils n'ont que six barbillons, que leurs dents ne sont que sur une seule rangée à la mâchoire supérieure, et que leur palais est lisse.

Le PIMÉLODE DE SEBA.

(*Pimelodus Sebæ,* nob. [1])

Un naturaliste qui s'est occupé avec quelque soin de la distribution géographique des poissons, est toujours étonné lorsqu'il voit affirmer par des hommes tels que Linné, et répéter sans examen par une infinité d'autres, que la même espèce peut se trouver dans les rivières de l'Amérique et dans le Nil; mais, pour peu qu'il recherche sur quelles autorités reposent de pareilles assertions, il s'aperçoit bientôt qu'elles ne résultent que de la négligence avec laquelle on a accumulé des synonymes incompatibles. Ainsi, lorsqu'on remonte aux élémens dont se compose dans Linné l'espèce du *silurus clarias,* on trouve qu'il a réuni sous ce nom au moins deux ou trois poissons très-différens.

1.º Le *scheilan* du Nil, décrit par Hasselquist, p. 369, d'une manière très-reconnaissable, et qui est l'espèce de *schal* encore nom-

---

1. Linné et ses successeurs le confondent avec le *clarias.*

mée ainsi en Égypte, le *pimélode scheilan*
de M. Geoffroy[1]. C'est aussi cette espèce que
Linné même paraît avoir décrite dans la II.[e]
partie du Musée d'Adolphe Fréderic, p. 98;
mais ce synonyme est précisément celui qu'il
ne rappelle pas. Il a appliqué à ce poisson le
nom de *clarias* (corrompu de *callarias*), parce
que Belon l'avait déjà employé pour un poisson du Nil, mais d'une autre espèce, et, autant
que l'on peut en juger par sa description,
pour le Harmouth.

2.° Un poisson de Gronovius, Mus. I, 83[2],
lequel, par sa description et par le renvoi qu'il
fait à une phrase d'Artedi[3] appartenant au
3.e volume de Seba alors encore manuscrit,
se trouve être une espèce de Surinam à adipeuse basse et longue, représentée dans Seba,
III, pl. XXIX, fig. 5, et aussi différente qu'il
soit possible de celle du Nil.

C'est probablement celle-là que Linné décrit dans son Voyage en Scanie[4], puisqu'il
lui attribue des barbillons de la longueur du

---

1. Grand ouvrage sur l'Égypte, *Zoologie, Poissons*, pl. XIII,
fig. 3 et 4.

2. *Mystus cirrhis 6 longissimis, pinna dorsi 2, longissima, a
priori ad caudam extensa*, etc.

3. *Mystus cirrhis 6 longissimis, appendice dorsi a pinna ad caudam extensa.*

4. *Aspredo cirrhis longitudine corporis, pinnis dorsalibus 2.*

ɔ corps et une adipeusé longue (*secunda longior*).

3.° Quant à celle qu'il décrit dans la Ire partie du Musée d'Adolphe Fréderic, p. 73, c'est à peine si l'on peut croire qu'elle soit même semblable aux autres, puisqu'il lui compte seize rayons à l'anale, tandis que celui du Voyage de Scanie, celui de Gronovius et celui d'Hasselquist n'en ont respectivement que onze ou douze.

4.° A ces espèces, confondues par Linné, Bloch, tout en copiant aveuglément les citations contradictoires du naturaliste suédois, en ajoute une quatrième, aussi d'Amérique. Son *silurus clarias,* pl. XXXV, fig. 1, qui a l'adipeuse courte et triangulaire, n'est pas, comme il le croit, le n.° 83 de Gronovius cité par Linné sous *clarias;* il serait bien plus voisin du n.° 84 du même auteur, lequel, d'après la phrase correspondante d'Artedi[1] est l'espèce représentée dans Seba (tom. III, pl. XXIX, fig. 4). Mais ce n.° 84 de Gronovius où se trouve citée cette figure de Seba, diffère encore du *clarias* de Bloch, parce qu'il n'a pas les barbillons si longs; il forme donc une cinquième espèce.

---

1. *Mystus cirrhis* 6 *longissimis, appendice triangulari in extremo dorso.*

Ni Shaw ni Lacépède n'ont fait toutes ces distinctions; ils se sont bornés à copier Bloch. Mais comme nous avons aujourd'hui à la fois au moins quatre de ces poissons sous les yeux, nous pouvons en indiquer avec détail les caractères, en réservant l'épithète de *clarias* à celle d'Hasselquist, à la seule qui soit du Nil, au *scheilan*, enfin; nous en donnerons d'autres à celles de l'Amérique, qui en diffèrent, comme on voit, même par le genre.

Ici nous entendons décrire l'espèce comprise sous le n.° 83 de Gronovius, et représentée dans Seba, pl. XXIX, fig, 5; et nous lui donnons le nom de ce célèbre collecteur. Elle nous paraît répondre mieux qu'aucune autre au *rhamdia* ou *bagre de Rio* de Margrave, p. 149.

C'est un poisson répandu dans toutes les parties de l'Amérique méridionale.

Nous l'avons de Surinam par M. Levaillant, et de Cayenne par M. Poiteau et par M. Frère. Le Musée royal de Leyde l'a aussi reçu de Cayenne. Son nom français, dans cette colonie, est *Barbe la roche*.

M. Ménestrier nous l'a envoyé de Rio-Janéiro, où il l'a entendu appeler *Luvier*.

M. d'Orbigny nous l'a envoyé de Buénos-Ayres sous le nom espagnol de *bagre negro,* qui lui est commun avec d'autres espèces, et sous celui de *mandii hu,* qui en est la traduction en guarani; et nous ne voyons aucun moyen de le distinguer du *pimélode Quélen,* pris à Monté-Vidéo par MM. Quoy et Gaimard, et qu'ils ont décrit et représenté dans le Voyage de M. Freycinet (Zool., p. 228 et pl. XLIX, fig. 3 et 4). Enfin, nous ne pouvons douter que ce ne soit le même poisson qui est représenté dans l'ouvrage de Spix, pl. XI, sous le nom de *heterobranchus sextentaculatus.* Les traits dont le dessinateur avait couvert l'adipeuse auront fait illusion et passé pour des rayons : aussi le texte, p. 28, rédigé seulement sur un individu sec, mal conservé, n'a-t-il pu donner le nombre de ces prétendus rayons.

Nous voyons aussi par les individus rapportés de Guyaquil par MM. Eydoux et Souleyet, que cette espèce se trouve même répandue dans les eaux douces qui descendent du versant occidental de l'Amérique du sud.

Sa tête, mesurée jusqu'à l'ouïe, est cinq fois ou un peu plus dans sa longueur totale; elle a de moins en largeur toute la longueur de l'opercule ou le tiers de sa longueur. Sa production interpariétale y ajoute un quart en sus. Cette production est deux fois et demie aussi longue que large, et sa moitié antérieure seulement est ridée et se montre au travers de la peau. Elle ne se joint pas au bouclier, qui est fort petit, triangulaire, pointu en avant, et à peu près entièrement caché sous la peau. Le casque a en largeur quatre septièmes de sa longueur; il est ridé plutôt que grenu. La solution de continuité va jusques entre les bords postérieurs des yeux, qui sont au milieu de la longueur de la tête, dirigés obliquement en dehors, du sixième de sa longueur en diamètre, et à deux diamètres et demi l'un de l'autre. Les narines sont deux très-petits trous : l'un, près de la lèvre, un peu en dedans du barbillon maxillaire, a un petit lambeau à peine visible; l'autre, au-dessus, à un tiers de la distance du premier à l'œil, n'a qu'un léger rebord. La bouche occupe le travers du devant du museau, et n'entame pas la longueur de la tête de plus d'un sixième. Les mâchoires sont à très-peu près égales, ou si l'une dépasse l'autre, c'est la supérieure. Les dents sont en fin velours sur des bandes assez étroites. Le barbillon maxillaire atteint au bout de l'anale ou au deuxième tiers de l'adipeuse, et même quelquefois au-delà; le sous-mandibulaire externe, au bout de la pectorale, et l'interne, à sa base. L'opercule est ridé en rayons; il y a huit rayons aux ouïes.

La pointe humérale est aiguë, plus longue que large, fortement striée; l'os a au-dessus une échancrure marquée. L'épine pectorale est assez forte, striée, à dents serrées au bord interne, et du dixième de la longueur totale. Le premier rayon dorsal est grêle et sans dentelures; sa pointe est molle. Cette nageoire est coupée carrément, et des deux tiers ou des trois quarts de la hauteur du corps. Sa longueur a plus d'un quart en sus, et est du septième de la longueur totale. L'adipeuse, qui commence presque immédiatement après, est trois fois aussi longue et trois fois plus basse. L'anale commence sous le milieu de l'adipeuse, et a à peine le neuvième de la longueur totale en longueur et en hauteur. La caudale est à peu près du cinquième; elle est fourchue jusqu'à moitié; son lobe inférieur est un peu plus long et plus large.

B. 8; D. 1/6; A. 12; C. 17 et quelques petits; P. 1/7; V. 6.

Le dessus de ce poisson est d'un brun plus ou moins noirâtre, varié de petits nuages plus foncés. Le dessous est blanchâtre; la dorsale a sur sa base une bande noirâtre, et ses deux tiers supérieurs ont les intervalles des rayons plus ou moins remplis par des taches noirâtres, qui sont quelquefois continus, et ne laissent alors qu'une bande blanche entre les deux parties foncées. Les autres nageoires sont brunes ou noirâtres, plus pâles vers leurs bases.

L'examen de ses viscères nous a montré

un foie assez épais, divisé en deux lobes plurilobés; une petite vésicule du fiel, un estomac arrondi et grand, un intestin sinueux et d'un diamètre assez grand. Les laitances sont composées de houppes; la vessie aérienne est grande et ovale, et arrondie en arrière; les reins médiocres.

Nous en avons des individus depuis six jusqu'à quinze pouces. C'est à peu près, selon

M. d'Orbigny, le terme de l'accroissement de l'espèce. Sa couleur est d'autant plus foncée qu'elle vit davantage dans des eaux stagnantes ou bourbeuses. Les rides ou granelures de son casque et de son épaule sont d'autant plus fortes qu'elle est plus âgée. On la rencontre en abondance dans la rivière de la Plata et dans ses affluens, dans les eaux courantes aussi bien que dans les lacs et les marais, surtout dans les endroits couverts d'herbes aquatiques. Les individus vivent isolés et paisibles au fond des eaux, se nourrissant de petits vers, et ne venant jamais d'eux-mêmes à la surface. Ils ne se prennent que la nuit à la ligne, et rendent, lorsqu'on les tire de l'eau, les mêmes sons que les autres espèces du genre. Les Indiens de l'intérieur sont presque les seuls qui en mangent.

Le Pimélode pati

(*Pimelodus pati,* nob.)

est une grande espèce de ce groupe, facile à reconnaître aux taches rondes qui couvrent ordinairement ses flancs, et à plusieurs caractères de forme.

M. d'Orbigny nous en a envoyé un bel individu, long de trente pouces; mais il y en avait déjà au Cabinet du Roi un plus petit, donné par

9.e Cabinet de Lisbonne, et nous en avions vu
une figure dans les manuscrits du père Feuillée,
conservés dans la bibliothèque de M. Huzard.
Elle est intitulée : *Curui* et *barbatus fluviatilis.*

Sa tête et en général son habitus rappelle un
peu les platystomes ou bagres à museau de brochet.
Son casque, mesuré derrière l'œil, n'a guère en largeur plus du tiers de sa longueur; sa surface a des
stries légères, à peu près toutes longitudinales, et
non des rides partant de plusieurs centres. Sa production interpariétale, du quart de la longueur du
reste, est cinq ou six fois moins large que longue.
Une large solution de continuité remonte jusqu'à la
naissance même de cette production, qui laisse plus
que sa longueur entre elle et un très-petit bouclier
presque caché sous la peau.

L'œil, un peu en arrière du milieu de la longueur
de la tête, n'a que le douzième de cette longueur en
diamètre. Il y a quatre diamètres d'un œil à l'autre;
le devant du museau est en arc moindre qu'un demi-
cercle; la bouche entame latéralement d'un cinquième
la longueur de la tête; il y a à chaque mâchoire une
large bande de dents en fort velours. Le barbillon
maxillaire, quand il est entier, atteint jusqu'à l'anale;
le sous-mandibulaire externe, jusqu'à la pointe de la
caudale; l'interne, jusqu'à l'ouïe. L'opercule a beaucoup de stries disposées en rayons; il y a neuf rayons
à la membrane, dont le premier est large et strié
longitudinalement. L'huméral n'a qu'une pointe très-
courte près de sa rencontre avec le surscapulaire;
l'épine dorsale est grêle, non dentelée, à peu près

de la hauteur du corps; celle de la pectorale, à peu près aussi longue, est un peu plus forte et très-finement dentelée au bord interne. Les ventrales sont un peu plus courtes que les pectorales. La longueur de l'adipeuse est de plus du quart de celle du poisson, mais elle est fort basse. L'anale n'a pas le tiers de sa longueur, mais elle est plus haute que longue; les lobes assez pointus de la caudale ont le cinquième de la longueur totale.

B. 9; D. 1/6; A. 12; C. 17 et plusieurs petits; P. 1/12; V. 6.

Tout le corps, à l'état sec, paraît en dessus d'un gris roussâtre semé de taches rondes et noirâtres sans ordre, et plus ou moins serrées et nombreuses, selon les individus. Je n'en vois point sur la tête; le dessus est jaunâtre pâle; les nageoires paraissent fauves.

D'après les figures de Feuillée le fond serait d'un jaunâtre très-pâle, les taches noirâtres, les nageoires grises.

M. d'Orbigny nous dit que les taches varient à l'infini, et disparaissent quelquefois entièrement.

Il a rencontré cette espèce dans le Parana, depuis le 26.e degré de latitude sud, et plus bas dans la rivière de la Plata. A Corrientes et au-dessus elle est sédentaire; mais à Buénos-Ayres elle n'arrive que dans le mois de Septembre, et en repart au mois de Mars. Elle est commune partout, et vit en troupes. Elle se nourrit de petits vers aquatiques. On la pêche à la ligne, la nuit seulement. Sa chair est très-bonne et fort estimée à Buénos-Ayres. *Pati* est son nom guarani, que les Espagnols ont adopté.

C'est un poisson de fond, qui aime surtout les bancs de sable dans les lieux où il y a peu de courant.

Le Pimélode sapo

(*Pimelodus sapo*, nob.; d'Orb., Voyage dans l'Amér. mérid., atlas ichthyol., pl. II, fig. 3),

venu de Buénos-Ayres, et envoyé par M. d'Orbigny en même temps que le précédent (*Pim. Sebæ*), et à très-peu près des mêmes formes et des mêmes couleurs, s'en distingue

parce que sa mâchoire inférieure est un peu plus avancée que la supérieure; parce que son crâne est plus plat, moins ridé, et que la solution de continuité y est moins apparente; parce que ses yeux sont plus petits, du huitième seulement de la longueur de la tête, et à trois diamètres et demi l'un de l'autre. Sa dorsale a une épine grêle et sept rayons mous; son épine pectorale est plus ronde, moins fortement dentelée, plus lisse. Les autres nageoires sont semblables, ainsi que les barbillons.

D. 1/7; A. 11, etc.

La dorsale a les mêmes dispositions de couleur;

le dos et les côtés sont d'un gris noirâtre sans taches, le dessous d'un gris blanchâtre, etc.

Notre individu est long de quinze pouces.

M. d'Orbigny nous apprend que c'est un poisson assez rare, qui vit isolé, et que l'on pêche dans la rivière de la Plata sur les fonds de sable, la nuit, au hameçon et au filet. Il arrive à Buénos-Ayres au mois de Septembre, et en repart au mois de Mars. On le dit bon à manger, mais sa chair est molle.

Les Espagnols l'appellent *bagre sapo*, ce qui veut dire *bagre crapaud*.

Le PIMÉLODE DE SAINT-HILAIRE

(*Pimelodus Hilarii*, nob.)

est une espèce à longue adipeuse, à casque non contigu au bouclier, lequel est presque invisible, comme dans les deux précédentes, et qui leur ressemble en beaucoup d'autres points et jusque dans la distribution des couleurs sur sa dorsale ;

mais dont le casque est plus étroit (il n'a en largeur derrière les yeux que juste moitié de sa longueur), à rides moins serrées, à production interpariétale plus courte, non ridée : la dorsale a huit rayons mous, l'épine pectorale est crénelée au bord externe, et presque pas dentée à l'interne.

D. 1/8; A. 12, etc.

Ses barbillons ne devaient pas beaucoup dépasser sa dorsale. C'est sa mâchoire supérieure qui dépasse l'autre, si toutefois il y a une différence.

La taille de nos individus est de neuf ou dix pouces.

Nous les devons à M. Auguste de Saint-Hilaire. Il les a pris dans les rivières qui se jettent dans celle de Saint-François au Brésil, et les a entendu nommer *jandia* par les indigènes. Ce nom rappelle celui de *nhamdia,* donné par Margrave à son *bagre do Rio,* p. 149.

M. d'Orbigny en a aussi envoyé un individu de Monté-Vidéo.

Le PIMÉLODE GRÊLE.

(*Pimelodus gracilis,* nob.; d'Orb., Voyage dans l'Amér. mérid., atlas ichth., pl. II, fig. 2.)

M. d'Orbigny a encore envoyé de Buénos-Ayres une espèce assez voisine des trois précédentes, et qui a la même longue adipeuse,

mais plus grêle, plus petite (elle ne passe pas neuf pouces); qui a la tête plus étroite, l'œil plus grand (il a plus du cinquième de la longueur de la tête), les lobes de la caudale, surtout le supérieur, plus longs et plus pointus (le supérieur n'est que trois fois et demie dans la longueur totale); dont enfin la solution de continuité du crâne remonte jusqu'à la base de la production interpariétale. Ce crâne est ridé irrégulièrement; la mâchoire supérieure est un peu plus longue que l'autre. L'épine dorsale, plus forte à proportion, est finement dentelée; la pectorale est grosse, comprimée, et a des dents nombreuses au bord postérieur.

D. 1/6; A. 12 ou 13; C. 17 et quelques petits; P. 1/8; V. 6.

Tout ce poisson est d'un gris noirâtre, presque noir vers le dos et le long de la ligne latérale. La dorsale a une bande noire sur sa base. Le reste de son étendue est comme. semé d'une fine poussière noire.

Nos individus ont de six à neuf pouces.

M. d'Orbigny les a pris dans la province de Corrientes dans le Parana et les autres rivières au-dessus de 28° de latitude sud, toujours au milieu des courans dans les lieux pierreux. Il est très-commun, mais se prend rarement lorsque les eaux sont hautes. On le trouve en grand nombre dans les mêmes lieux. Il nage très-vite, et fait entendre un son sourd lorsqu'on le sort de l'eau. Les habitans ne le mangent point, à cause de sa petitesse, et les enfans seuls s'amusent le soir à le pêcher à la ligne. Quelques Guaranis de Corrientes le nomment *pati*, quoique ce nom, à Buénos-Ayres, appartienne plus particulièrement à l'espèce suivante.

Le Pimélode de Pentland.

(*Pimelodus Pentlandii*, nob.)

Nous voyons aussi cette forme de siluroïdes s'élever, dans les Cordillères du haut Pérou, jusque dans les affluens du lac de Titicaca, par 14,000 pieds au-dessus du niveau de la mer.

M. Pentland vient de rapporter plusieurs individus d'une espèce, nouvelle jusqu'à présent, et que nous croyons devoir lui dédier, puisque nous avons donné des noms d'auteurs ou de voyageurs aux autres espèces de ce groupe, afin de les distinguer entre elles, et de celles avec qui elles avaient été confondues par Linné, et par ceux de ses élèves qui le suivaient aveuglément, sous le nom de *silurus clarias*.

Dans ce poisson la longueur de la tête mesure le cinquième de celle du corps, qui comprend sept fois la hauteur du tronc, prise sous le premier rayon de la dorsale.

Le casque est lisse et peu profondément échancré en arrière. Le museau est déprimé, les yeux sont plus petits et situés plus en dessus sur le crâne que ceux du *P. Sebæ*. Le barbillon maxillaire atteint à peine au-delà de l'insertion de la ventrale. Des quatre sous-mandibulaires, les deux externes atteignent à la moitié de la pectorale, les internes au bord de la membrane branchiale. Le bord inférieur de l'opercule est sinueux et rentrant vers l'angle, ce qui le rend plus pointu que celui du pimélode de Seba.

La dorsale a le bord arrondi, les rayons assez profondément fendus et à éventail assez large. L'adipeuse est alongée, mais elle naît loin de la dorsale sur la fin du premier tiers du tronçon de la queue. L'anale est arrondie, la caudale est fourchue, ses deux lobes sont ronds.

D. 1/7; A. 13; C. 17; P. 1/6; V. 6.

Ce poisson paraît avoir été noirâtre ou vert très-foncé sur le dos, et argenté sous le ventre.

Cette espèce a le foie très-petit, subdivisé en petits lobes minces, la vésicule du fiel petite; l'estomac en cul-de-sac arrondi, sa branche montante courte. L'intestin, étroit, fait plusieurs replis; les ovaires étaient pleins d'œufs très-petits; ils n'occupent que les deux tiers de la cavité abdominale.

La vessie aérienne a une membrane fibreuse argentée peu résistante, une membrane propre très-mince. Elle était mal conservée, je n'ai pas pu juger de sa forme. Les deux reins, assez gros, de chaque côté de la vessie, se réunissent en un seul lobe impair comme dans les autres siluroïdes.

Les individus ont de neuf à dix pouces. Ils viennent de l'Apurimac. On ne les estime pas comme nourriture.

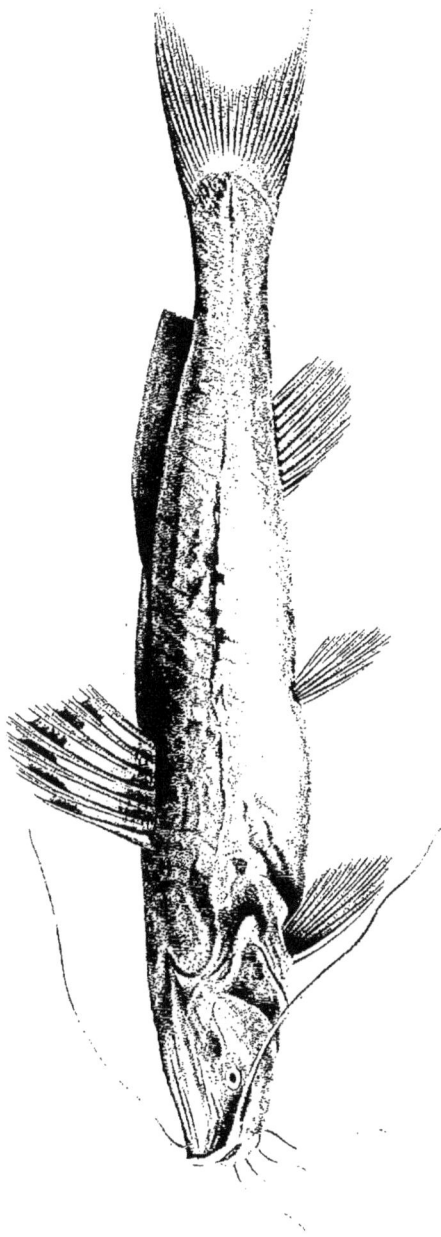

PIMELODE de Pentland.

Jean-Baron del.   Imp.rie de Langlois.   Pierre sculp.

PIMELODUS Pentlandii Nob.

Le PIMÉLODE A QUATRE TACHES.

(*Pimelodus quadrimaculatus,* nob.; *Silurus quadrimaculatus,* Bl.)

Le silure à quatre taches de Bloch (pl. 368,
fig. 2) nous paraît voisin de ces Pimélodes et
en particulier du *Pim. pati;* il venait d'Amérique; il a de même

une longue adipeuse, une courte anale, des barbillons très-longs, l'épine dorsale non dentée, etc.
Cependant, à en juger par la figure, sa tête serait
plus courte et plus large; et dans le texte il est dit
que le palais est rude, ce qui pourrait le faire regarder comme un bagre, mais le sens de cette ex-
pression n'est pas très-précis. Les barbillons maxillaires y sont représentés atteignant le milieu de la
caudale, les sous-mandibulaires externes allant jusqu'au bout des ventrales; on y compte les rayons

B. 5; D. 7; A. 9; C. 19; P. 1/7; V. 6;

mais il est permis de douter de quelques-uns
de ces nombres, surtout si l'échantillon qui
les a donnés était sec.

La figure marque quatre taches rondes noirâtres sur une seule ligne, une à la tempe, une
à l'opercule, deux à l'épaule. Elle est longue
de près de six pouces : nous ne la mention-
nons ici que pour mémoire.

Le Pimélode a dents en peigne

(*Pimelodus ctenodus*, Agass.),

représenté dans l'ouvrage de Spix (pl. VIII, *a*), paraît aussi devoir appartenir à ce groupe.

Sa forme générale diffère peu de celle du *Pim. pati*, et il a de même une adipeuse très-longue et très-basse; de petits yeux, une tête plate; mais cette tête est moins longue, elle est cinq fois et demie dans la longueur totale. La caudale est aussi représentée bien plus courte (du septième de la longueur totale), et coupée seulement un peu en croissant; les barbillons maxillaires dépassent l'anale; les sous-mandibulaires externes, le bout des pectorales; les internes, leur base. Aucunes dentelures ne sont marquées à ses épines. Ce que M. Agassiz donne comme son caractère spécifique principal, c'est qu'en avant de ses dents en velours est une rangée de petites dents obtuses et distinctes; il compte les rayons comme il suit :

D. 1/6; A. 10; C. 16; P. 15; V. 7,

et peint le poisson entier d'un gris bleuâtre.

Nous n'avons pas vu ce poisson, dont il n'y a à Munich qu'un seul échantillon, long de dix-sept pouces; mais nous trouvons dans le recueil du Prince Maurice, I, p. 375, une figure qui lui ressemble beaucoup, si ce n'est que l'adipeuse est moins longue. Elle est enluminée

de bleu clair, la ligne latérale rouge, les barbillons noirs, les nageoires noirâtres. Le nom
y est marqué *Guiri,* ce qui rappelle le *Curui*
de Pison et de Feuillée.

Il est dit que la taille du poisson égale celle
du brochet. L'éditeur de Margrave n'en a point
fait usage, à moins que son *nhamdia* ou *bagre
do Rio,* p. 149, n'en soit une copie très-altérée.

Le Pimélode javanais.

(*Pimelodus javus,* K. et V. H.)

Je trouve parmi les poissons envoyés de Java
par MM. Kuhl et Van Hasselt un pimélode de
cette subdivision, la seule espèce que les Indes,
qui d'ailleurs nourrissent peu de pimélodes,
nous aient envoyée.

Dans celle-ci la dorsale et l'adipeuse se touchent
presque; le barbillon maxillaire est long des trois
cinquièmes du corps. Le premier sous-mandibulaire
atteint l'extrémité de la pectorale, l'interne est moitié
plus court. La caudale, fourchue, a le lobe inférieur
plus long que le supérieur; les pectorales et les ventrales sont petites. Il n'y a pas de rayon osseux; le
casque paraît moins continu; il est plus arrondi,
tout-à-fait lisse.

D. 7; A. 13; C. 17, etc.

Le poisson est tout brun. Il est long de
quatre pouces et demi.

Enfin nous terminons ce genre par les espèces à six barbillons dont le casque est continu avec le bouclier, et rappelle les formes de tête que les bagres, les glanisies et les arius nous ont montrées conjointement avec leurs dents palatines.

Le PIMÉLODE DE BLOCH.

(*Pimelodus Blochii*, n.; *Silurus clarias*, Bl., pl. 35.)

L'espèce que nous allons décrire est celle que Bloch a représentée, pl. XXXV, fig. 1 et 2, sous le nom de *silurus clarias;* mais, comme nous l'avons déjà dit ci-dessus, ce n'est ni le *silurus clarias* de Hasselquist, ou le *schal scheilan,* ni celui de Gronovius, n.° 83, que Linné lui associe, et qui est notre *pimélode de Seba.*

C'est une espèce propre à Bloch, et qui n'a d'analogue que le n.° 84 de Gronovius, représenté dans Seba, III, pl. XXIX, fig. 4.

Ce poisson n'habite pas plus que le pimélode de Seba soit le Nil, soit les autres fleuves d'Afrique : il est de l'Amérique équinoxiale, et particulièrement de la Guiane. Nos échantillons viennent tous ou de Cayenne, ou de Surinam, et nous en avons vu dans les mains de M. le docteur Roulin des figures faites en Colombie.

Sa plus grande hauteur est à la naissance de la dorsale, et est cinq fois et quelque chose dans sa longueur totale. De là son profil descend presque en ligne droite jusqu'au bout du museau, qui se rétrécit et se termine horizontalement par un arc moindre qu'un demi-cercle qui avance un peu au-delà de la mâchoire inférieure. Du bout du museau à celui de l'opercule, la tête est cinq fois et un cinquième dans la longueur totale; mesurée jusqu'au sommet de la production interpariétale, elle n'y est que quatre fois. Cette production est elle-même deux fois et demie dans le reste de la longueur de la tête. Sa base est une fois et demie dans sa longueur; elle est transversalement convexe; son sommet est obtus et un peu échancré; sa surface, ainsi que celle du casque, finement granulée. L'œil, au milieu de la longueur de la tête, en a le cinquième en diamètre, et est à deux diamètres et un tiers de son semblable. La solution de continuité est en avant large et divisée en trois, dont les latérales ne remontent que jusques entre les bords antérieurs des yeux; la mitoyenne remonte jusques entre leurs bords postérieurs, et se termine en s'arrondissant. L'orifice inférieur de la narine, près de la lèvre, n'a qu'un très-petit lobe; le supérieur, au-dessus au tiers de la distance du premier à l'œil, a une valvule cutanée assez marquée. La bouche ne prend qu'un sixième de la longueur de la tête; les dents, en fin velours, sont sur une bande assez large à chaque mâchoire. Le barbillon maxillaire atteint jusqu'au milieu de la caudale, et va même au-delà de ses pointes dans les jeunes individus. Le sous-mandibulaire externe va jusqu'à la base des ventrales; l'interne, jusqu'au quart des pectorales. L'opercule est granulé près de son articulation, strié près de son bord supérieur, et veiné dans sa partie inférieure; le surscapulaire a une surface granulée, séparée du casque par un petit intervalle lisse; la pointe de l'huméral est du double plus longue que haute, assez aiguë et finement granulée. Le bouclier est en triangle un peu obtus, de moitié moins long que la proéminence interpariétale. La première petite épine est granulée, ainsi que le bord antérieur de la grande épine dorsale, qui est forte, aussi haute que le corps, striée sur ses deux faces, et un peu dentelée à son bord postérieur vers le haut. Cette nageoire est triangulaire; l'épine pectorale est un peu moins longue, mais plus large, comprimée, striée, finement granulée à son bord antérieur, mais armée de beaucoup de dents serrées au postérieur. Les ventrales ont quelque chose de moins que les pectorales; l'anale est un peu plus haute en avant qu'elle n'est longue. L'adipeuse est de près d'un tiers plus longue et de moitié moins; elle est à une distance de la première dorsale presque égale à sa propre longueur, et est coupée en trapèze plus haut de l'avant que de l'arrière. La caudale est divisée presque jusqu'à sa base en deux lobes pointus, dont le supérieur a plus du quart de la longueur totale, l'inférieur a un cinquième ou un quart de moins.

B. 8; D. 1/6; A. 13, les 3 premiers cachés dans le bord; C. 17 et plusieurs petits; P. 1/9; V. 6.

Dans la liqueur nos individus paraissent argentés,

teints vers le dos de roussâtre; une large bande pâle
sépare le brun de la base de la dorsale d'avec le nuageux de sa partie supérieure; il y a du noirâtre entre
le bouclier et la petite épine de la base de la dorsale.

Dans cette espèce le foie est d'une grande petitesse
et d'une grande minceur. Sa vésicule du fiel est oblongue et suspendue à un long canal cholédoque.

L'œsophage est long et distinct; il se dilate en
un large et grand estomac, arrondi en arrière, et
d'où sort en avant le duodénum, assez large, mais
l'intestin se rétrécit bientôt et devient grêle.

Les laitances sont remarquables par la longueur
des houppes qui les constituent. La vessie aérienne
est forte et ovale; la vessie urinaire est très-longue.

Nous n'en n'avons pas de plus de onze pouces.

Le mystus n.º 84 de Gronovius, ou la
figure 4, pl. XXIX, tom. III, de Seba, ne me
paraît différer des individus que j'ai sous les
yeux, que parce que ses barbillons ne vont que
jusqu'à la racine de la caudale, ce qui, vu les
variations de la longueur auxquelles ces organes
sont sujets, ne me paraît pas suffisant pour caractériser une espèce. Le *pimelodus rigidus* de
Spix, pl. VII, fig. 2, me paraît dans le même cas.
Il ne diffère du poisson de Seba et du nôtre
que par des barbillons qui ne vont que jusqu'à
l'anale, et parce que les lobes de la caudale
sont représentés égaux; mais cela peut tenir à
l'état de l'échantillon qui a servi de modèle.

Le Pimélode de Manille.

(*Pimelodus Manillensis*, nob.)

MM. Eydoux et Souleyet ont rapporté des eaux de Manille un pimélode voisin de celui de Bloch.

Le casque est plus lissé; la tête mesure à peu près le quart de la longueur du corps. La première dorsale est haute et pointue; l'adipeuse courte et arrondie; le lobe supérieur de la caudale plus long que l'inférieur; l'anale échancrée; les nageoires paires pointues. Le barbillon maxillaire ne dépasse pas l'opercule; les sous-mandibulaires sont plus courts.

D. 1/7; A. 20, etc.

Le dos est plombé, plus noir sur le haut. Cette teinte passe à l'argenté sur le bas des côtes, le dessous est blanc mat. Les nageoires paraissent noirâtres; vues à la loupe, elles doivent cette teinte à un fin sablé noir.

L'individu est long de cinq pouces et demi.

Le Pimélode tacheté

(*Pimelodus maculatus*, Lacép.; d'Orb., Voyage dans l'Amér. mérid., atlas ichth., pl. I, fig. 1.)

décrit par Commerson à Buénos-Ayres en 1767, et d'après lui par Lacépède (t. V, p. 94 et 107), nous a été envoyé du même lieu par M. d'Orbigny; mais nous l'avons aussi reçu de Cayenne par M. Poiteau, et du lac de Maracaïbo par

M. Plée, en sorte qu'il habite presque toute l'étendue de l'Amérique méridionale.

En Colombie sa dénomination espagnole est *bagre pintado* (bagre tacheté); à Buénos-Ayres, *bagre amarillo* (bagre jaune), et les Guaranis disent *mandii saigu,* ce qui signifie la même chose.

Ses formes et tous ses détails sont exactement comme dans l'espèce que nous venons de décrire, si ce n'est tout au plus que le museau se rétrécit un peu davantage, et que ses barbillons, du moins dans nos individus, ne sont pas tout-à-fait aussi prolongés. Ce qui le distingue, c'est d'avoir le dos et les flancs semés de taches noirâtres, tantôt fort nombreuses et dispersées, tantôt sur un ou deux rangs, mais toujours sans régularité. Il y en a même où l'on n'en voit qu'un petit nombre, ou bien où elles sont lavées et peu sensibles.

Le fond de sa couleur paraît varier : selon M. d'Orbigny il tire plus ou moins au jaune; Commerson l'indique comme doré, nuancé de bleuâtre vers le dos, blanchâtre sous le ventre, avec du rougeâtre à la caudale et aux ventrales.

Dans la liqueur la plupart de nos individus ont une teinte bronzée.

Les viscères ressemblent beaucoup, pour leurs relations, leur proportion et leur disposition, à ceux du *pimelodus Sebæ.* Toutefois l'estomac est un peu plus petit; la vessie aérienne est plus pointue en arrière, et ses muscles latéraux sont ici très-forts et très-prononcés.

15.   13

Dans le squelette les frontaux antérieurs se joignent aux frontaux principaux par une suture complète, et de manière à ce que le museau osseux n'ait point de vide sur les côtés; mais il reste la fente mitoyenne, qui prend la moitié inférieure de la suture des frontaux et entame même un peu la base de l'ethmoïde. L'orbite a en dessus une véritable arcade sourcilière demi-circulaire, formée par les trois frontaux; son bord inférieur est, comme à l'ordinaire, formé de filets osseux, en forme de sous-orbitaire, mais ployés sous l'orbite en demi-cercle et complétant son cadre. Le dessous du museau est remarquable par l'élargissement des ailes de l'ethmoïde et du vomer, qui forment le devant du palais, et par la position transverse et reculée des palatins. L'occipital externe n'a point de lame pour s'unir à la grande vertèbre, laquelle ne touche que le milieu du crâne par une production de sa crête, et les surscapulaires par le bord et l'angle antérieur de ses apophyses transverses.

L'union de la proéminence interpariétale se fait avec le deuxième interépineux et cache le premier, qui est presque réduit à rien. L'apophyse épineuse de la grande vertèbre s'unit sur toute sa hauteur en arrière avec le troisième interépineux, qui porte la grande épine dorsale. La cinquième vertèbre, qui porte la première côte, se soude encore à la grande; il y a de plus huit ou neuf vertèbres abdominales, dont les dernières ne se montrent pour telles que par l'échancrure qu'a vers le bas leur apophyse épineuse, et vingt-quatre caudales, y compris l'éventail terminal.

Nous en avons des individus de neuf à dix pouces : c'était aussi la taille de celui qu'a décrit Commerson.

M. d'Orbigny dit que l'espèce ne passe pas quinze pouces : il l'a trouvée dans la Plata, le Parana, l'Uruguay, jusqu'au 26.ᵉ degré de latitude sud. Ce poisson, ajoute-t-il, n'entre jamais dans les lacs, et paraît préférer les grandes rivières. Il est commun à Buénos-Ayres dans toutes les saisons, on en vend beaucoup au marché. Il se rencontre principalement dans les lieux où les eaux courent peu, et où le sol est vaseux ou sablonneux. Il vit en troupes souvent mêlées aux bagres blancs, nage lentement, se tient toujours au fond, et s'y nourrit de vers et de petits insectes. Les habitans le pêchent à la ligne, amorcée avec de la viande. Lorsqu'on le tire de l'eau il fait entendre des sons rauques et cadencés.

Margrave a représenté au bas de la page 174, sous le nom de *bagre alia species,* un bagre auquel il attribue des taches de la grandeur d'une petite monnaie (*nummi misnici magnitudine*). La chair en est, dit-il, très-grasse et très-bonne. Pison, qui reproduit ce poisson, p. 63, et le nomme *curvi,* le regarde comme l'un des meilleurs du genre, et assure qu'il abonde surtout dans la rivière Saint-François, mais ne se laisse jamais emporter jusqu'à la mer.

'Nous avons été quelque temps incertains si nous devions attribuer cette figure à l'espèce actuelle, ou bien au *pimélode pati*, décrit ci-dessus, p. 176, et qui est aussi tacheté; mais la brièveté de l'adipeuse nous fait pencher pour la rapporter plutôt à ce pimélode tacheté, d'autant que nous trouvons aussi dans les manus-crits de Feuillée une figure de ce dernier, intitulée *curui*, comme celle du pati.

Le Pimélode pirinampu.

(*Pimelodus pirinampus*, Agass.)

M. Spix a donné, pl. VIII, sous le nom de *pimelodus pirinampus*, une espèce qu'il est difficile de classer, faute d'une description plus complète.

Son casque semble se joindre, par une proémi-nence interpariétale large, obtusément carénée, à un bouclier en forme de rein, assez grand. Sa tête est large, arrondie en avant, du quart de la longueur totale; son œil nu, à peu près au milieu de la longueur de la tête, du dixième au plus de cette longueur, et à cinq diamètres de son semblable. Son opercule est strié en rayons; ses épines sont un peu grêles, mais aussi longues que la tête; celle de la pectorale pa-raît finement dentelée au bord externe, et fortement striée. L'anale est petite, mais l'adipeuse, qui commence très-près de la dorsale, est plus de trois fois plus longue que l'anale et très-basse. La caudale est divisée en deux lobes du cinquième de la longueur totale.

D. 1/6; A. 12; C. 17; P. 1/15; V. 6.

Les barbillons sont très-longs et élargis par des membranes; les maxillaires atteignent à l'anale, et les sous-mandibulaires les égalent à peu près; mais le dessin est fait de manière à laisser en doute s'il y a quatre de ces derniers ou seulement deux, et le texte n'éclaircit point ce doute.

L'enluminure le représente bleuâtre, tirant au blanchâtre sous le ventre, et avec des nuances roussâtres aux nageoires.

Il y en a au Musée de Munich un individu de dix-huit pouces, du Brésil.

Le PIMÉLODE KARAFCHÉ

(*Pimelodus biscutatus*, Geoffr.)

se rattache à ce groupe, quoiqu'il s'en distingue par un museau pointu résultant d'un ethmoïde beaucoup plus étroit que dans les espèces précédentes, et par l'union plus intime de son surscapulaire au crâne.

C'est un poisson d'Afrique, observé pour la première fois dans le Nil par M. Geoffroy de Saint-Hilaire, et représenté par M. Redouté

dans l'ouvrage sur l'Égypte (Zool. Poissons,
pl. XIV, fig. 1 et 2). M. Isidore Geoffroy en a
donné dans le même ouvrage une description
fort exacte : tout récemment il en a paru une
figure, mais assez imparfaite, dans l'ouvrage
de M. Riffaud, pl. 193, n.° 35; elle y est accompagnée d'un squelette, mais dessiné un peu
trop vaguement. *Schal-karafché* ou *karafchi,*
paraît être son nom dans la basse Égypte. Dans
la haute, selon M. Riffaud, il s'appelle *douc-
majek* ou *zamar;* le dernier de ces noms appartient aussi, comme nous l'avons vu, à un
autre siluroïde, le *pimelodus auratus* de
M. Geoffroy, ou notre *bagre abou-réal.*

Le rétrécissement de son museau, et en général
toutes ses proportions, lui donnent une ressemblance
extérieure avec les schals ; mais il en diffère essentiel-
lement par les dents, et par le peu de liaison de son
casque et de son bouclier. Sa hauteur à l'épine dorsale est quatre fois et demie dans sa longueur totale.
Sa tête, du bout du museau au bout de l'opercule,
y est quatre fois ; jusqu'au sommet de la proéminence
interpariétale, elle n'y est que trois fois; sa largeur,
entre les ouïes, est de deux tiers de cette première
longueur. Sa hauteur, au même endroit, égale sa largeur. Son profil descend avec une légère convexité.
La circonscription horizontale de son museau est
parabolique. Ses lèvres sont épaisses et charnues; la
supérieure dépasse l'autre. La fente de la bouche fait

un demi-cercle sous le museau. Il n'y a que deux très-petits groupes de dents en fin velours ras à la mâchoire supérieure; à l'inférieure elles sont sur une bande qui en occupe la largeur, mais qui est échancrée à trois endroits. Les barbillons maxillaires, fort épais à leur base à cause d'une continuation de la lèvre qui enveloppe l'os, sont grêles et simples sur le reste de leur longueur, qui n'atteint que le milieu de l'opercule. Les sous-mandibulaires externes sont aussi longs, et même un peu plus; les internes sont quatre fois plus courts. L'œil est près du plan du profil, à trois de ses diamètres du bout du museau, un et demi de l'ouïe, et près de trois de celui de l'autre côté. L'orifice supérieur de la narine est en forme de fente longitudinale, formée de deux lèvres membraneuses et placée dans une fossette à une distance de sa semblable égale à leur distance du bout du museau et au diamètre de l'œil. L'orifice inférieur est un petit trou percé si fort au bord de la lèvre qu'il est presque dans la bouche. Il a un petit rebord membraneux. Le casque est fortement granulé jusques entre les narines. Le bouclier, l'opercule, le surscapulaire, la pointe aiguë de l'huméral, et les épines dorsale et pectorales, sont également granulés. Il y a une solution de continuité qui commence à moitié de la distance du bout du museau à l'œil, et remonte jusques entre les bords postérieurs des yeux. La proéminence interpariétale est demi-ovale, du cinquième de la longueur du reste de la tête, et d'un quart plus large que longue; elle ne fait que toucher de son sommet arrondi le bouclier, qui est en forme de rein, et dont la longueur entre son bord antérieur et son échancrure égale celle de la proéminence ; sa largeur en est le double ; des sutures y marquent assez sensiblement les trois plaques interépineuses dont il se compose. Le surscapulaire a dans le haut une large partie rhomboïdale irrégulièrement échancrée. La production humérale est très-pointue, et égale la moitié de l'épine pectorale ; qui elle-même a le sixième de la longueur totale, et est très-forte et garnie à son bord postérieur de très-fortes dents récurrentes. L'épine dorsale est aussi forte, mais n'a point de ces dents. L'adipeuse est très-grande ; sa longueur est de plus du cinquième de celle du poisson, et en arrière elle a moitié de sa longueur en hauteur. L'anale est deux fois moins longue, et d'un tiers plus haute. Les ventrales sont pointues, aussi longues que les pectorales. La caudale, aussi d'un cinquième de la longueur totale, est légèrement bilobée, à lobes arrondis.

B. 9 ; D. 1/7 ; A. 11 ; C. 17, etc. ; P. 1/9 ; V. 1.

M. Redouté enlumine ce poisson, comme les schals, d'un plombé bleuâtre assez uniforme. Dans la figure de M. Riffaud il paraît d'un noir verdâtre avec des teintes rougeâtres au ventre, aux nageoires et aux barbillons. Les nageoires y ont toutes des suites de points noirâtres ; il y a des taches nuageuses de la même couleur sur le dos et les flancs. A notre individu, bien qu'il soit fort altéré par la liqueur, je vois encore des points noirâtres aux pectorales, aux ventrales et à l'anale, et des vestiges de taches le long du bord inférieur de la queue.

Il est long de treize ou quatorze pouces.

La vessie natatoire de ce poisson est très-curieuse: elle est contenue dans une membrane fibreuse, argentée, très-épaisse, qui semble à l'extérieur ne former qu'un viscère simple à une seule cavité, bilobée en avant, et arrondie en arrière. Chaque lobe est tout-à-fait sphérique, et est logé dans une cavité creusée entre la grande vertèbre et la face interne de la ceinture humérale, et sous le bouclier et la partie postérieure du casque. Cette membrane fibreuse se replie sous la colonne vertébrale et forme une cloison intérieure, verticale et longitudinale, qui sépare en deux cavités la portion longitudinale et ovalaire de la vessie de son grand corps, et en même temps cette tunique externe donne un autre repli transversal pour chaque lobe arrondi qui vient séparer la partie supérieure de la cavité du lobe de celle du corps de la vessie, de la même manière que la dure-mère, en se repliant, forme la faux du cerveau et surtout du cervelet. La tunique propre de la vessie est très-mince, et forme, en suivant ces replis, une sorte de vessie à quatre cavités; deux antérieures et arrondies, logées dans chaque lobe, communiquent entre elles et avec les cavités du corps de la vessie : celles-ci sont séparées et enfermées chacune dans leurs membranes fibreuses; elles ne communiquent que par l'intermédiaire des cavités lobulaires. De fortes adhérences attachent cette vessie en avant à la portion annulaire du basilaire, et en arrière à la partie postérieure du corps et aux apophyses de la grande vertèbre. C'est un commencement de la division de la vessie aérienne que la nature nous montrera constamment dans les cyprins.

Quant aux autres viscères digestifs : le foie est mince et comme membraneux sous l'estomac, ses deux lobes sont plus épais, trièdres et pointus ; la vésicule du fiel est peu longue. L'estomac est petit, le duodénum est large, sinueux, sa valvule est garnie de papilles disposées sur des plis longitudinaux ; le reste de l'intestin devient de plus en plus grêle, après avoir fait de nombreuses circonvolutions.

Les œufs paraissent fort petits. Les reins ne m'ont pas paru autant développés ni aussi gros que dans la plupart des autres pimélodes.

L'étude du squelette nous a aussi offert les particularités suivantes.

La tête osseuse du carafché a beaucoup de rapports avec celle des pimélodes précédens. Ses frontaux antérieurs, fort grands, unis aux frontaux par une longue suture, viennent en arrière former le bord antérieur de l'orbite. Le grand rétrécissement du museau en avant résulte de la forme étroite et alongée de l'ethmoïde, des nasaux et des premiers sous-orbitaires, qui sont fort écartés des seconds, placés au bord de l'orbite sous les frontaux antérieurs, et de la position en longueur des palatins, dont le volume est assez considérable. L'interpariétal vient en avant jusqu'à la fente qui est entre les frontaux. Les rapports du crâne avec la grande vertèbre et les premiers interépineux sont les mêmes que dans le pimélode tacheté, si ce n'est que le premier épineux se montre au dehors par une plaque qui entre pour beaucoup dans la composition du bouclier. La dernière des vertèbres qui composent la grande, a ses apophyses transverses distinguées par une échancrure profonde. Il y a de plus douze vertèbres abdominales, dont les deux dernières seulement ont leurs apophyses transverses liées par des traverses ; vingt et une vertèbres caudales et l'éventail terminal.

Le KARAFCHÉ DU SÉNÉGAL

(*Pimelodus occidentalis,* nob.)

est tellement semblable à celui du Nil, par les formes, les nombres et tous les détails, que nous avons d'abord hésité à le regarder comme une espèce à part. Cependant voici les caractères qui nous y ont déterminés :

Sa tête est un peu plus alongée, surtout de la partie du museau ; son profil est presque rectiligne, et l'intervalle de ses yeux est plan ; son barbillon maxillaire est plus court à proportion, et n'atteint pas jusqu'à l'œil : les autres sont à proportion. Les dents de l'épine pectorale sont beaucoup moins fortes ; enfin et surtout, le surscapulaire, au lieu de cette partie rhomboïdale qu'il a dans l'espèce d'Égypte, en a une étroite et pointue vers le haut.

D. 1/7, A. 11, etc.

Ses viscères, et surtout sa vessie aérienne, ressemblent tout-à-fait à celle de l'espèce du Nil.

Notre individu paraît dans la liqueur entièrement noirâtre : il est long de quinze pouces. [Nous l'avons reçu en 1824 de M. le gouverneur Jubelin.

Ces deux espèces nous conduisent à un autre siluroïde américain, qui n'a pas été décrit, et qui semblerait devoir être distingué des pimélodes sans ses affinités extérieures avec le karafché.

Le Pimélode a museau conique.

(*Pimelodus conirostris,* nob.)

Cette espèce du Brésil s'écarte encore beaucoup plus du groupe que les karafchés,

par son museau alongé en cône, et par ses dents réduites presque à rien.

Sa tête est en cône alongé, terminé à la pointe par une petite bouche, presque comme dans les fourmiliers. Du bout du museau à l'ouïe elle prend le quart de la longueur totale. Sa largeur d'un opercule à l'autre et sa hauteur à la nuque font moitié de cette longueur ; mais près de la bouche elle n'en a pas le sixième en diamètre. La production interpariétale y ajoute un tiers en sus, et n'a pas en largeur tout-à-fait moitié de sa longueur ; elle est un peu échancrée au sommet pour la pointe du bouclier, qui est un triangle moitié moins long que la production. Ce bouclier est fort ridé, ainsi que le crâne, jusques entre les bords antérieurs des yeux ; mais toute la partie de la tête en avant de l'œil est parfaitement lisse. L'œil a le sixième de la longueur de la tête en diamètre, et est à trois diamètres et demi du bout du museau, à un diamètre et demi de l'ouïe, et à deux

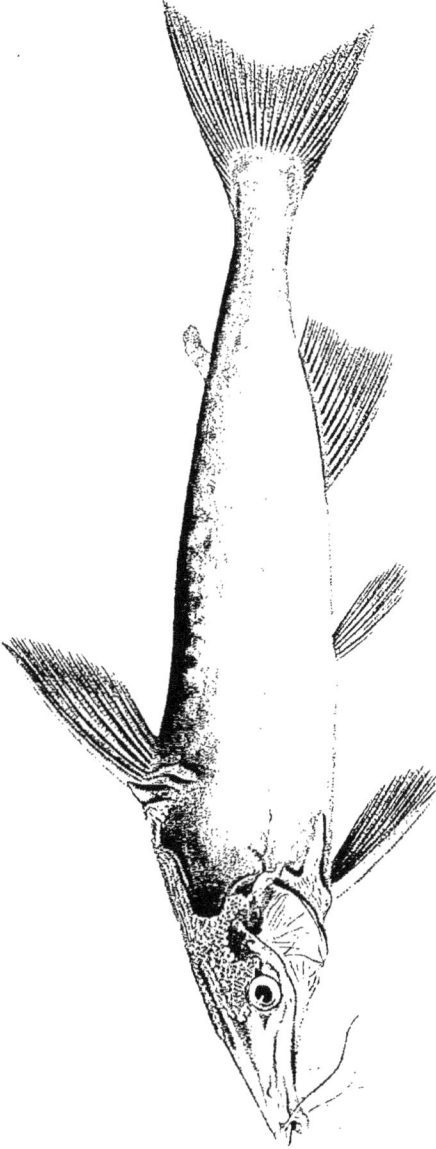

PIMELODE conirostre.

Georges Baron del.

Imp.ᵉ de Langlois

PIMELODUS conirostris, nob.

Pierre sculp.ᵗ

diamètres de celui de l'autre côté. La solution de
continuité est entre les yeux, et s'étend au-dessus et
au-dessous de manière à avoir en longueur le double
de leur diamètre. La très-petite bouche paraît avoir
eu des lèvres épaisses, dont la supérieure dépassait
un peu l'autre. Il semble y avoir quelques petites
dents en haut; mais à la mâchoire inférieure il n'y
en a point du tout. Le barbillon maxillaire n'atteint
qu'au milieu ou aux deux tiers de l'espace en avant
de l'œil; les sous-mandibulaires sont d'un tiers plus
courts. Les orifices de la narine sont deux petites
fentes longitudinales; l'une près du bout du museau,
l'autre un peu au-dessus. L'opercule, l'interopercule
et l'huméral, sont striés un peu en réseau. A la tempe,
entre le frontal postérieur et le mastoïdien, le crâne
est échancré en demi-cercle; le mastoïdien fait une
saillie obtuse; le surscapulaire en est détaché, et est
étroit, pointu supérieurement et strié. L'épine pectorale est forte, comprimée, finement striée, finement
crénelée en avant, à dents en scie en arrière, mais
médiocres : elle a le septième de la longueur totale.
L'épine dorsale est d'un quart plus longue et n'a
point de crénelure au bord antérieur; mais d'ailleurs
elle ressemble à la pectorale. La dorsale est près de
trois fois aussi haute que longue. Les ventrales égalent les pectorales; leur premier rayon est presque
une épine. L'adipeuse est extrêmement petite et répond à l'arrière de l'anale qui a son milieu au quart
postérieur et occupe en longueur un sixième du
total. Sur le devant, sa hauteur égale presque sa longueur; mais elle diminue beaucoup en arrière. La

caudale est un peu taillée en croissant et du septième de la longueur totale.

B. 9? D. 1/7; A. 18; C. 15 et plusieurs petits; P. 1/11; V. 1/5.

Cette description est faite d'après un individu desséché qui paraît argenté, avec une teinte violâtre ou plombée sur le dos. Les nageoires paraissent avoir été grises; la caudale montre encore une teinte bleuâtre, et l'on voit un peu de noirâtre au bord de la dorsale.

Sa longueur est de vingt pouces.

Nous le devons, ainsi que beaucoup d'autres poissons intéressans, à l'attention éclairée avec laquelle M. Auguste de Saint-Hilaire a recueilli les productions du Brésil. Ce savant naturaliste l'a pris dans la rivière de Saint-François.

CHAPITRE VIII.

Des Auchéniptères (*Auchenipterus*, n.).

Le poisson que M. Spix a nommé *hypoph-thalmus nuchalis,* ne peut évidemment de-meurer associé avec les autres hypophthalmes, puisqu'il n'a ni la forme singulière de leur tête, ni la grande ouverture de leurs ouïes, ni leurs quatorze ou quinze rayons branchios-tèges; mais, d'ailleurs, il se distingue bien parmi les siluroïdes à adipeuse, au moyen de sa pe-tite tête, de ses dents presque imperceptibles et de ses cinq rayons aux ouïes. Toutefois il a des affinités assez grandes avec les pimé-lodes, à cause de l'absence de dents palatines, et du nombre et de la forme des barbillons maxillaires. La position très-avancée de sa première dorsale, qui lui avait valu de la part de M. Spix l'épithète de *nuchalis,* nous à sug-géré son nom générique *auchenipterus,* qui exprime le même caractère (d'αὐχην, la nuque).

Nous lui associons les siluroïdes qui ont la même armure, c'est-à-dire, le casque ou le disque du crâne continu et réuni par suture avec les plaques dilatées du premier et du se-cond interépineux, de manière à former avec eux une sorte de toit, qui protège la nuque jusques autour des épines de la dorsale. Une disposition semblable se retrouve dans les doras et dans les schals; mais les premiers diffèrent des auchéniptères par les plaques osseuses qui arment leur ligne latérale, les autres par leurs dents d'une structure toute particulière.

L'Auchéniptère nuchal

(*Auchenipterus nuchalis*, nob.; *Hypophthalmus nuchalis*, Spix.)

vient des eaux douces du Brésil, où il a été observé par M. Spix. Le Cabinet du Roi en possède deux exemplaires, venus du Musée de Lisbonne.

Sa tête est petite, un peu déprimée; son tronc ne commence guère à être fort comprimé qu'à la naissance de l'anale, et il est aussi plus haut dans la partie au-dessus de cette nageoire que dans ce qui est plus en avant.

Sa hauteur, à la naissance de l'anale, est cinq fois et un quart dans sa longueur totale; son épaisseur y est le tiers de cette hauteur. La longueur de la tête est six fois et demie dans celle du tronc; sa hauteur à la nuque est de moitié, et sa largeur des trois quarts de celle du corps; son profil est en ligne droite; son museau mousse, à circonscription transversale en arc moindre qu'un demi-cercle. La mâchoire inférieure dépasse à peine l'autre; la fente de la bouche prend à peine un quart du profil. S'il y a des dents c'est tout au plus à la mâchoire supérieure, où l'on sent à peine cependant une légère âpreté. Les orifices de la narine sont deux très-petits trous, l'un près du bord de la mâchoire, l'autre un peu au-dessus. L'œil, placé derrière la commissure, a en diamètre le quart de la longueur de la tête, et plus de moitié de sa hauteur au milieu. Il est à trois diamètres de celui de l'autre côté ; il n'y a point de barbillon nasal. Le barbillon maxillaire, grêle comme un fil, est cependant ossifié sur tout son premier tiers ; il est près de deux fois aussi long que la tête et atteint le bout de la pectorale ; les sous-mandibulaires attachés en travers sous la symphyse, et tout aussi grêles, n'iraient qu'au milieu de cette nageoire. Quoique les os de la tête soient bien recouverts par la peau, le tact fait apercevoir qu'il y a un casque continu par une production interpariétale, large, avec un bouclier en forme de chevron, et tel qu'on le voit plus sensiblement dans les espèces suivantes. L'opercule est obtus ; l'ouïe est peu ouverte ; sa fente, oblique, s'arrête avant d'être arrivée sous le bord postérieur de l'œil. La membrane branchiostège s'attache aussitôt au côté d'un isthme fort large : elle ne contient que cinq rayons, dont trois ne se découvrent même que par la dissection. La pectorale, attachée au quart inférieur, a le septième de la longueur totale ; son épine est assez forte, comprimée et dentelée. La dorsale répond, vis-à-vis le milieu de la pectorale, presque au cinquième antérieur de la longueur totale ; elle égale la pectorale et a de même une épine plus grêle, mais aussi dentelée en arrière. Les ventrales tiennent un peu avant le tiers antérieur ; la pointe des pectorales n'atteint pas leur base : elles les égalent en longueur; leur premier rayon est sans branches et assez roide. L'anale commence un peu plus en arrière que les pointes des pectorales, et se maintient à peu près au cinquième de la hauteur jusqu'à une distance égale au onzième de la longueur totale. La caudale en a le sixième; l'adipeuse est un peu après le tiers postérieur, vis-à-vis le trente-septième rayon de l'anale.

B. 5; D. 1/5; A. 45; C. 17; P. 1/12; V. 15.

La ligne latérale forme de petits zigzags. Tout le poisson est argenté, sauf le dos, qui est d'un plombé verdâtre. La caudale et les ventrales paraissent plus brunes que les autres nageoires, qui sont d'un gris fauve.

Nos individus sont longs de six et de sept pouces.

L'Auchéniptère denté.

(*Auchenipterus dentatus*, nob.)

Le poisson dont nous parlons ici a été envoyé de Cayenne au Musée de Leyde.

Nous ne savons si c'est ici une espèce ou seulement le jeune âge de la précédente; mais nous ne pouvons les distinguer qu'en deux choses. L'individu qui fait l'objet de cet article, et qui n'est long que de cinq pouces,

a à chaque mâchoire une bande de dents en velours ras très-marquées; et son anale ne compte que quarante-deux rayons. On distingue aussi un peu mieux

son casque au travers de sa peau, mais seulement
peut-être parce qu'il est un peu plus desséché;

du reste il est entièrement semblable aux individus du Brésil.

C'est par la gracieuse complaisance de M.
Temminck que nous avons pu examiner ce
poisson.

L'Auchéniptère a queue fourchue.

(*Auchenipterus furcatus*, nob.)

La Guiane produit une espèce mieux armée et à tête un peu moins petite que la
première, qui s'en distingue encore par une
anale bien plus courte et une caudale réellement fourchue et à lobes pointus; pour le
reste, l'aspect de l'une rappelle celui de l'autre.

La longueur de sa tête est cinq fois et demie dans
la longueur totale; elle est de même large, ronde,
mousse au museau; sa bouche est petite; son œil
grand (du quart de la longueur de la tête), tout près
de la symphyse et à peine un peu plus haut placé.
Son casque se joint de même à un bouclier en forme
de chevron par une prolongation dans laquelle entre
une plaque du premier interépineux; la partie postérieure de ce casque est finement grenue, mais les iné-
galités de sa partie moyenne et antérieure représentent une sorte de réseau, des petits compartimens anguleux. Il y a une bande de dents en velours à chaque

mâchoire, mais le palais en manque. L'opercule est lisse. La membrane des ouïes, adhérente au côté de l'isthme, a six rayons en partie cachés dans la chair de l'isthme. L'huméral a une pointe trois fois plus longue que large, à stries grenues. Le barbillon maxillaire est grêle et va aussi loin que cette pointe, et jusqu'au tiers de l'épine pectorale. Les quatre sous-mandibulaires sont d'un tiers plus courts; l'épine pectorale est forte, striée, dentée au bord postérieur, du cinquième et plus de la longueur totale. L'épine dorsale est aussi longue, plus forte, grenue, sans dents sensibles, et élargie de chaque côté de sa base par une tubérosité. Le chevron du bouclier a sous la peau une prolongation de sa branche postérieure, qui descend, en se courbant un peu en avant, jusque près de la ligne latérale.

Les ventrales sont moitié moins longues que les épines; l'anale n'occupe que le sixième de la longueur totale; les lobes pointus de la queue en prennent près du quart; l'adipeuse est fort petite vis-à-vis la fin de l'anale.

B. 6; D. 1/6; A. 21; C. 17 et des petits; P. 1/7; V. 8.

Nos échantillons, tous dans la liqueur, paraissent plombés sur le dos, argentés sur les flancs, blanchâtres au ventre, et ont les nageoires fauve pâle, excepté un peu de noirâtre à la base de la dorsale. Dans la plupart quelques points blanchâtres ou argentés paraissent disposés assez régulièrement des deux côtés du dos.

Le plus long n'a que huit pouces.

Ce poisson a un très-grand estomac arrondi et un

canal intestinal assez long, à cause des nombreux replis qu'il fait. Le foie est formé de deux lobes à peu près égaux, et plurilobes sur les bords.

Les œufs contenus dans les ovaires sont assez gros. Les reins forment une masse assez épaisse entourant la partie postérieure de la vessie aérienne, qui est grande et divisée comme celle du *pimelodus biscutatus* de Geoffroy.

L'estomac était rempli de grosses graines de grandes légumineuses et de débris de feuilles.

Le squelette offre plusieurs particularités dignes de remarque.

L'ethmoïde est court, large, échancré en arrière, de manière à y laisser une solution de continuité ovale. Les frontaux principaux sont épais, mais creusés de fossettes serrées et anguleuses, qui rappellent tout-à-fait les cellules des abeilles; les frontaux antérieurs forment au-dessus des yeux une sorte de paupière épaisse et d'une dureté pierreuse. L'interpariétal est un polygone à neuf côtés, placé entre les frontaux principaux, les postérieurs, les mastoïdiens, les pariétaux et la plaque du premier interépineux, laquelle est prise entre les branches intérieures du second qui vont se joindre aux pariétaux. Cette seconde plaque interépineuse est en forme de chevron; ses branches postérieures sont complétées par la troisième. Le surscapulaire, uni au mastoïdien et au pariétal, ne s'appuie que sur le basilaire et non sur la grande vertèbre. La lame de l'occipital externe ne s'appuie pas non plus à sa large apophyse, mais produit une continuation tendineuse, qui va s'attane dépasse pas la pointe de l'huméral; celle de la dorsale, à peu près aussi longue, mais moins épaisse et ronde, est granulée en avant. L'adipeuse est très-petite; la caudale paraît avoir été coupée carrément.

D. 1/6; A. 20; C. 17, etc.; P. 1/6, V. 9 ou 10.

La ligne latérale est finement granulée et a des ondulations nombreuses peu régulières et de petites branches.

Notre individu, long de quatorze pouces, est desséché et paraît tout brun. Il vient du Cabinet de Lisbonne, et nous le croyons du Brésil. Cependant il n'en est question dans aucun des auteurs qui ont parlé de l'histoire naturelle de ce pays, et aucun des voyageurs récens ne paraît l'en avoir rapporté.

L'Auchéniptère a grandes taches

(*Auchenipterus maculosus*, nob.)

ressemble au précédent, l'Auchéniptère à casque rude, par la forme générale et les détails; ses différences sont les suivantes :

Son casque est beaucoup plus lisse, plus étroit à proportion, un peu bombé longitudinalement, ou comme en dos d'âne. Les branches postérieures de son bouclier ne se dilatent et ne se recourbent pas à leur extrémité postérieure. La pointe de son huméral n'a que moitié de la longueur de son épine pectorale; le bord antérieur de sa dorsale est lisse.

AUCHENIPTERUS trachycoryetes.nob.

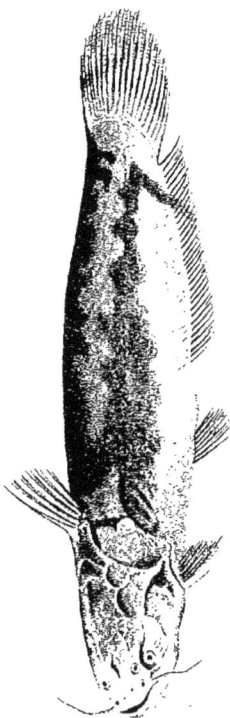

TRACHELIOPTERUS coriaceus, nob

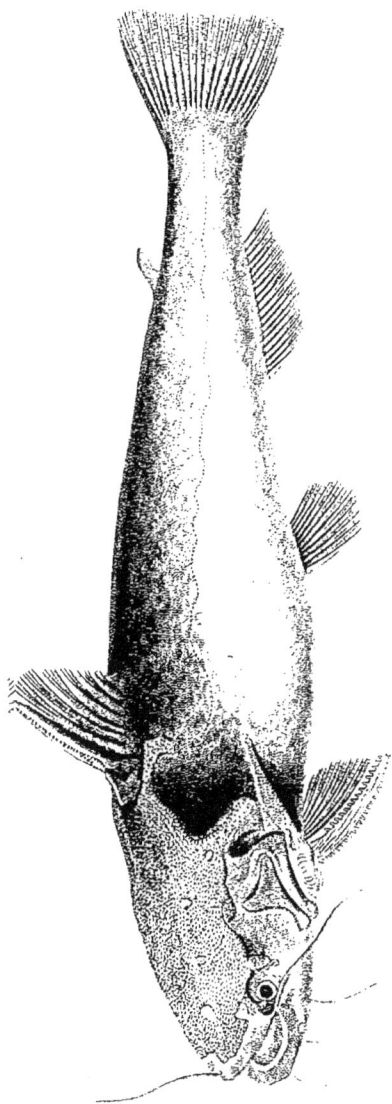

AUCHÉNIPTÈRE à casque rude.

TRACHÉLIOPTÈRE à cuir.

Acarie-Baron del'

Imp.ᵉ de Langlois

Perce sculp'

Son anale a vingt-quatre rayons; sa caudale est coupée obliquement, en sorte que son angle supérieur avance plus que l'inférieur.

Il est brunâtre, finement pointillé de noirâtre; sa gorge et son ventre sont blancs. Des taches noirâtres assez grandes sont disposées sur quatre rangs tout le long de chaque côté. La dorsale a la base noire, puis un espace clair, et deux ou trois lignes irrégulières noires vers le bord. Il y a deux ou trois de ces lignes sur la caudale, les pectorales et les ventrales; l'anale en a une près du bord et des taches vers la base : il y a deux ou trois petites taches sur l'adipeuse. Sur la tête les bords des os sont plus clairs que le fond. Les barbillons ont des anneaux noirâtres; les maxillaires vont jusqu'au milieu des pectorales; les sous-mandibulaires externes les égalent presque; les internes ou antérieurs sont beaucoup plus courts. L'orifice de l'ouïe n'est ouvert que jusqu'à la pointe humérale; les rayons branchiostèges, au nombre de sept, sont presque entièrement cachés dans les chairs. C'est un poisson de forme trapue, dont la tête n'est pas quatre fois dans la longueur totale.

B. 7; D. 1/6; A. 24; C. 19 et plusieurs petits; P. 1/7; V. 6.

Un individu envoyé de Cayenne au Musée de Leyde, est long de six pouces, et a ses taches latérales sur quatre rangs.

Un plus petit, de quatre pouces et demi, a les taches plus grandes, plus inégales sur un et deux rangs. Le noirâtre du dessus du dos y est presque continu; les lignes des ventrales n'y paraissent point, non plus que les anneaux d'une partie des barbillons. Nous ne le regardons cependant que comme une variété.

Il y a dans Seba, tom. III, pl. 29, fig. 7[1], une assez mauvaise figure, qu'heureusement une bonne description d'Artedi accompague, et qui ne peut être rapportée qu'à ce poisson : c'est sur elle que Linné, dans sa douzième édition, a établi son *silurus galeatus.*

Quant au *silurus galeatus* de Bloch, pl. 369, fig. 1, qui paraît être dessiné fort inexactement, et d'après quelque peau décolorée et desséchée en herbier, il est difficile de dire s'il est de cette espèce ou de quelqu'une des voisines. On lui a donné une caudale ronde, une dorsale plus longue que haute; et on a mal rendu son épine humérale.

L'AUCHÉNIPTÈRE SANS TACHES.

(*Auchenipterus immaculatus,* nob.)

C'est à peine si nous osons présenter celui-ci comme une espèce différente de la précédente;

Ses formes et ses détails sont les mêmes : il diffère par les mêmes parties de la première espèce. Cepen-

---

1 Copiée Encycl. méth., pl. ichthyol., n.° 248.

dant son casque est un peu plus rude que dans la seconde ; le bord antérieur de son épine dorsale est légèrement crénelé : on ne voit point de taches sur son corps ; mais ses nageoires ont les mêmes lignes, et il y a aussi le fin pointillé noirâtre.

Il est venu de Cayenne au Musée de Leyde avec l'auchéniptère tacheté, un individu tout semblable à celui décrit dans cet article, ce qui nous fait croire qu'il faut le considérer comme de même espèce.

L'AUCHÉNIPTÈRE PONCTUÉ.

(*Auchenipterus punctatus*, nob.)

Cette espèce est certainement distincte. Avec les formes et les nombres des deux précédentes, leur caudale obliquement tronquée, leur pointe humérale de moitié plus courte que l'épine pectorale, elle a les branches du bouclier dilatées au bout comme dans la première espèce ; mais ce bouclier est beaucoup plus lisse, pointillé plutôt que chagriné, et la solution de continuité d'entre les yeux n'est pas un simple trou, mais une véritable échancrure du casque.

L'individu paraît en entier d'un gris roussâtre, semé sur le corps, sur l'anale, sur la base de la dorsale, de la caudale et des ventrales, de points bruns ou noirâtres.

Il est long de six pouces et demi, et a été cédé au Cabinet du Roi par celui de Lisbonne : il vient probablement du Brésil.

Des Trachélyoptères (*Trachelyopterus*) et en particulier du Trachélyoptère a cuir.

Je dois placer à côté des auchéniptères un petit poisson qui vient aussi des eaux douces de Cayenne; nous le devons à M. Le Prieur. Il présente un ensemble de caractères qui le fait tenir d'une part des schilbés, et de l'autre des pimélodes, et surtout du genre auprès duquel je le range. Son caractère le plus remarquable consiste en l'absence de nageoire adipeuse. Il a six barbillons, des dents en velours, et point de dents au palais. Aussi ce genre rentrerait dans les schilbés, si le palais était hérissé de dents, parce que, comme eux, il manquerait d'adipeuse, et qu'il a la tête assez courte; mais cette tête est protégée par un casque osseux solide, réuni, comme dans les auchéniptères, presque immédiatement à la dorsale, à cause de la brièveté de la plaque interpariétale et de l'atrophie presque complète du chevron, placé ordinairement avant les rayons épineux de la nageoire du dos; les pectorales sont de même insérées sous la gorge. L'affinité qui existe entre ce poisson et les auchéniptères m'a fait imaginer de la rappeler par un nom qui indique aussi que les nageoires

)iont avancées et comme insérées sur la région
Hu cou.

Je ne connais encore qu'une espèce de ce
genre, à laquelle je donne le nom de

TRACHÉLYOPTÈRE A CUIR.

(Trachelyopterus coriaceus, nob.)

C'est un petit poisson à tête arrondie et courte,
et à corps très-comprimé, surtout au-delà de la dorsale. A la base des rayons épineux de cette nageoire
l'épaisseur a un quart de moins que la hauteur, qui
fait, à peu de chose près, le cinquième de la longueur totale. L'épaisseur du tronçon de la queue,
prise vers la fin de l'anale, n'est guère plus que du
sixième ou du septième de cette même hauteur : elle
est comprise vingt-quatre ou vingt-cinq fois dans la
longueur totale.

La tête, couverte par un casque osseux, solide,
est convexe à la nuque, arrondie et un peu concave
entre les yeux. La nuque est relevée par une arête
mousse. Les yeux sont petits, éloignés l'un de l'autre
de trois fois leur diamètre; du bout du museau,
d'une fois à une fois et demie ce diamètre, lequel
est contenu cinq fois dans la longueur de la tête
mesurée jusqu'au bord de l'opercule, ou sept fois
dans toute la longueur du casque. Celui-ci est contenu trois fois dans la longueur du tronc, sans y
comprendre la caudale. L'angle du mastoïdien se
prolonge assez et descend vers l'huméral, ce qui
rend l'arc concave du bord postérieur du casque

assez profond. Les narines sont très-petites. La mâchoire inférieure dépasse la supérieure; les dents
sont en velours. Le barbillon maxillaire atteint à la
base de la dorsale : il est fin comme un cheveu,
ainsi que les deux sous-mandibulaires; le postérieur
atteint à plus de moitié de l'épine de la pectorale.
Les ouïes sont complètement fermées en dessous, et
la membrane adhère à l'os en ceinture, qui est très-
large, mais porté en avant sous la gorge, et semble
faire l'isthme de la gorge. On compte aux ouïes six
rayons grêles et fins, que je ne puis apercevoir que
par la dissection. La fente branchiale pour la sortie
de l'eau est au-dessus de la pectorale. L'huméral, si
élargi en dessous, donne une pointe courte et peu
haute, striée à sa surface, et en partie recouverte
par la pointe du mastoïdien ou du surscapulaire,
confondu avec cet os. La pectorale a son épine
assez forte, dentelée sur le bord interne seulement,
et il y a ensuite sept rayons branchus; la ventrale
est très-petite et n'a que six rayons; la dorsale est
petite, avec une épine grêle et cinq rayons branchus;
la caudale, arrondie, a vingt et un rayons; l'anale,
peu haute, mais assez longue, en a trente-deux : elle
est peu éloignée de la nageoire de la queue, dont
les rayons semblent implantés de manière à faire
paraître la nageoire plus large en dessous qu'en
dessus.

B. 6; D. 1/5; A. 32; C. 21; P. 1/7; V. 6.

La peau est sans écailles et sans bouclier; mais
elle semble s'épaissir dans des endroits colorés en
verdâtre, et rester très-mince et comme transparente

dans les intervalles, qui sont blanchâtres : ce qui fait paraître le corps comme marbré. Ces marbrures vertes s'étendent sur la caudale et sur l'anale; le dessous de la gorge est pointillé de noirâtre. La ligne latérale est droite.

Ce poisson a une vessie natatoire assez grande et à paroi épaisse et argentée; les viscères digestifs sont peu longs, et le tube intestinal est grêle.

Je ne sais rien des habitudes de ce poisson, dont je n'ai vu qu'un seul individu long de trois pouces.

CHAPITRE IX.

Des Hypophthalmes.

Nous venons déjà d'observer parmi les siluroïdes de ce groupe des espèces en quelque
sorte anomales. Nous allons en décrire qui paraissent s'éloigner de nos pimélodes, tout en
s'y rattachant par la forme du corps, et par la
dorsale adipeuse.

Les eaux de l'Amérique méridionale nourrissent, en effet, quelques siluroïdes à deuxième
dorsale adipeuse, mais sans aucunes dents,
auxquels la position très-rabaissée de leurs yeux
a fait donner par M. Spix le nom générique
d'*hypophthalmus*. Ils méritaient, en effet, de
former une division distincte non-seulement
par les caractères que je viens d'indiquer, mais
par toute la structure de leur tête osseuse et
par plusieurs détails de leurs viscères. Cependant M. Spix, qui en a décrit une espèce (son
hypophthalmus edentatus), lui en a associé
mal à propos une autre (son *hypophthalmus
nuchalis*), qui a des caractères fort différens
et que nous avons dû en séparer.

Outre l'absence de dents aux mâchoires et
au palais, le grand nombre de leurs rayons
branchiostèges, qui s'élèvent à quatorze, les

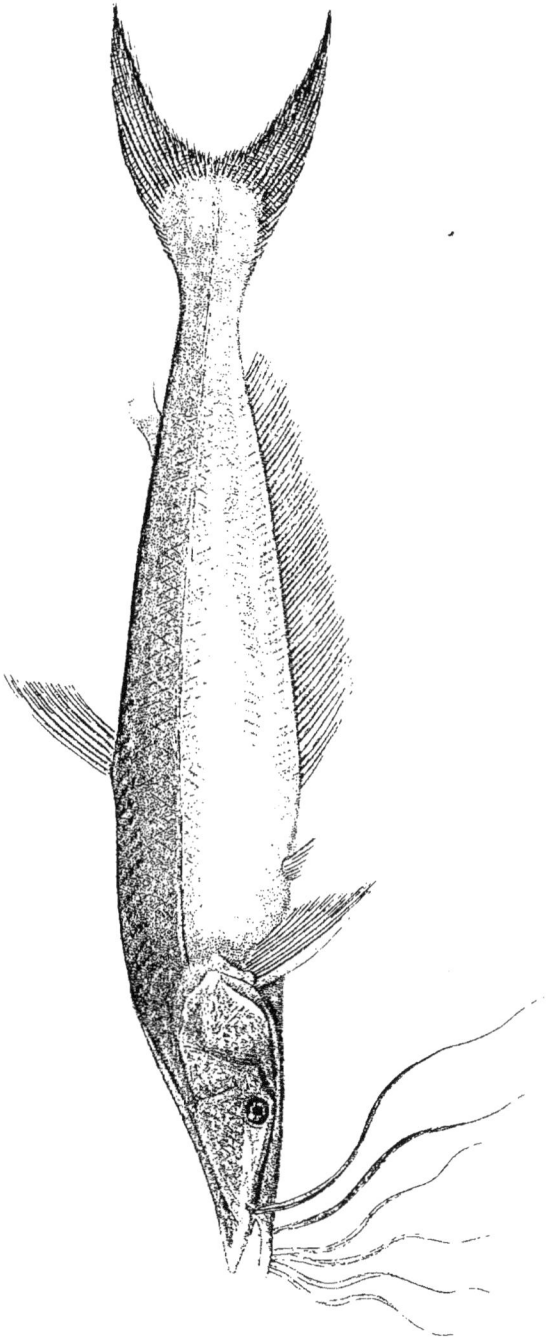

HYPOPHTHALME à caudale bordée de noir.

HYPOPHTHALMUS marginatus, nob

Acarie-Baron del.^t

Imp.^{rie} de Langlois.

Laperenne sculp.^t

distingue suffisamment des pimélodes ordinaires, ou des deux genres dont je viens de
parler dans le chapitre précédent.

Il faut faire bien attention, qu'en conservant ce nom au groupe générique dont nous
trouvons une espèce dans Spix sous le nom
d'*hypophthalmus edentatus,* nous n'entendons
plus caractériser ce genre comme l'a fait ce
voyageur, et encore moins comme M. Ruppell
a cru devoir l'étendre en y rangeant le bagre
schilbéide qu'il a trouvé dans le Nil.

L'HYPOPHTHALME A CAUDALE BORDÉE DE NOIR.

(*Hypophthalmus marginatus,* nob.)

Nous commencerons par décrire l'espèce
que nous avons vue en nature, et dont nous
avons pu compléter les notions zoologiques
par les observations anatomiques que nous
allons consigner dans ce travail.

Le corps est comprimé sur toute sa longueur; la
tête, assez étroite, mais plane en dessous, est déprimée à son extrémité antérieure, qui se termine en
museau de brochet.

La plus grande hauteur entre la dorsale et le commencement de l'anale est du sixième de la longueur
totale; au même endroit, l'épaisseur est du tiers de
la hauteur, l'anale non comprise. Aux pectorales la
hauteur n'est pas tout-à-fait du huitième de la lon-

15.   15

gueur, et la largeur entre ces nageoires est des deux
tiers de la hauteur. La tête prend près du quart de
la longueur totale; la ligne du profil descend obliquement depuis le dessus des pectorales; la hauteur,
au droit du bord montant du préopercule, est encore
de près des deux cinquièmes de la longueur, et l'é-
paisseur à peu près égale à la hauteur.

La circonscription horizontale du museau est une
demi-ellipse, le petit axe étant en travers. La fente
de la bouche règne le long du bord inférieur jusqu'à plus de moitié de la longueur de la tête; mais
environ moitié de cette fente est garnie d'une membrane qui la tient fermée latéralement quand la bouche s'ouvre. Les deux mâchoires sont égales en avant;
mais la supérieure a le bord mince et tranchant, et
déborde par les côtés l'inférieure, dont le bord est
en bourrelet arrondi. L'œil est placé juste au-dessus
de la commissure, et tout près, de manière à être
aussi tout près du bord inférieur de la tête et un
peu en arrière du milieu de sa longueur. Les bords
antérieurs de la mâchoire supérieure demeurent
minces et flexibles; il n'y a de dents ni aux mâchoires, ni au palais, ni à la langue; mais aux
arceaux des branchies et aux pharyngiens inférieurs
qui sont très-alongés, adhèrent des pointes longues, fines comme des cheveux et serrées comme
les dents d'un peigne très-fin ou les barbes serrées
d'une plume. Les barbes respiratoires ne sont pas si
longues; elles sont doubles à chaque arceau; le
rang externe est même deux fois plus court que
l'autre.

Le barbillon maxillaire s'attache au bord de la mâchoire supérieure un peu avant sa moitié : ce qui reste entre ce barbillon et les commissures est garni par les sous-orbitaires. Il est très-comprimé, comme une feuille de gramen, et dépasse la longueur de la tête : il atteint aux trois quarts de la pectorale. Les barbillons sous-mandibulaires, attachés en une ligne transverse sous le bout de la mâchoire inférieure, sont très-comprimés aussi et à peu près de la longueur des maxillaires ; les externes, seulement un peu plus courts, mais étant tous attachés plus en avant, ne se portent pas autant en arrière. Les orifices de la narine sont deux très-petits trous, dont l'un est percé près du bord de la mâchoire, un peu en avant du barbillon, l'autre à quelque distance au-dessus. Le bord montant du préopercule est une ligne droite un peu inclinée d'avant en arrière ; son angle, un peu arrondi, entoure l'œil d'assez près. L'opercule a en longueur le quart de celle de la tête ; son angle est arrondi, et sa surface striée ou veinée. La fente des ouïes est très-grande et se prolonge jusques assez près du bout de la mâchoire inférieure, où les membranes se joignent sous l'extrémité antérieure d'un isthme très-long et très-comprimé. On y compte quatorze rayons, dont les antérieurs sont fort courts.

Les pectorales, attachées très-bas, ont près du huitième de la longueur totale. Leur premier rayon est un peu roide, simple et sans dentelure, et d'un tiers plus court que le deuxième, qui est branchu, ainsi que les treize suivants. Les ventrales répondent juste au tiers postérieur des pectorales, et finissent au

même point; elles sont par conséquent fort courtes.
Leurs rayons sont au nombre de six. L'anus est entre
les extrémités de ces quatre nageoires, et l'anale commence aussitôt et s'étend jusqu'à une distance de la
caudale qui équivaut au quinzième de la longueur
totale; elle a depuis soixante-trois jusqu'à soixante-
huit rayons : le premier est assez court; le troisième,
qui est le plus long, a près de moitié de la hauteur
du corps au-dessus de lui; les suivans diminuent par
degrés. La première dorsale commence à l'aplomb
du cinquième ou du sixième rayon de l'anale, et n'a
que sept rayons, dont le premier, simple et un peu
roide, est le plus long et de moitié moins haut que le
corps. L'adipeuse est insérée au-dessus du cinquante-
cinquième au soixantième rayon de l'anale; elle est
petite et coupée carrément. La caudale est divisée en
deux lobes pointus, chacun d'un peu moins du cinquième de la longueur totale; elle a dix-sept rayons
entiers et à chaque bord plusieurs décroissans.

Outre la ligne latérale qui règne en ligne droite
un peu au-dessus du milieu, et ne semble qu'un fil
légèrement saillant, il y a un nombre de petites
lignes, également comme des fils, qui la croisent
obliquement dans les deux sens, et forment ainsi
tout le long du flanc deux ou trois rangs de losanges.

Ce poisson est argenté et a le dos plombé et le
dessus de la tête brunâtre. Ses barbillons maxillaires
sont noirâtres, les autres blancs; ses nageoires ont
une teinte jaunâtre; la pointe de la dorsale et celles
des lobes de la caudale, ainsi que leur bord interne,
sont noirâtres.

Ces hypophthalmes à corps très-comprimé ont une cavité abdominale très-petite, et cependant, par les nombreux replis que la nature a donnés à leur canal intestinal, le tube digestif a encore une grande étendue. Il commence par un œsophage assez étroit et assez long, un peu avant la moitié de la longueur de la cavité abdominale; il se plie subitement et s'élargit, sans former une poche en cul-de-sac, pour devenir l'estomac : ce viscère est court. Un étranglement marque le pylore, et après commence un duodénum qui se plie deux fois sur lui-même, se rétrécit ensuite, devient très-étroit et forme un tube grêle, mais tant de fois contourné sur lui-même, qu'on ne saurait décrire tous ces replis. Vers le second tiers de l'abdomen l'intestin devient droit, constitue le rectum, mais ne s'élargit guère. Cette masse intestinale, resserrée sur elle-même, est embrassée par les deux lobes du foie et cachée sous des épiploons graisseux, assez épais. Les deux lobes du foie sont triangulaires; la vésicule du fiel est petite et attachée en avant derrière la base du lobe droit.

Il n'y a pas de vessie natatoire dans ce poisson.

Les reins sont très-gros et engagés par les lobules nombreux dans lesquels ils sont divisés entre les arceaux osseux du corps de chaque vertèbre.

Le cœur, qui est enfermé dans un péricarde argenté et assez épais, est remarquable par sa forme conique et très-étroite. Son oreillette l'embrasse et est très-alongée. Le bulbe de l'aorte est aussi très-long.

Je n'ai pu examiner le squelette de ce curieux poisson, qui ne paraît avoir que six à huit vertèbres abdominales.

Nos individus ont un pied à treize ou quatorze pouces de longueur.

Ils viennent, les uns de Cayenne par MM. Leschenault et Doumerc; les autres de Surinam par M. Deppering.

L'Hypophthalme a longs filets.

(Hypophthalmus longifilis, nob.)

Avec un hypophthalme de l'espèce que nous venons de décrire, le Cabinet royal de Leyde en a reçu de Surinam plusieurs beaucoup plus petits, de cinq à six pouces,

dont la tête est plus courte (elle n'a pas le cinquième de la longueur) et les barbillons au contraire beaucoup plus longs. Les maxillaires égalent près de la moitié de la longueur du corps, et atteignent fort au-delà de la première dorsale. Les lobes de leur caudale se terminent en pointes très-aiguës ou en fils : il n'y a point de noir à leurs nageoires; les nombres des rayons sont les mêmes.

Il nous paraît douteux que tant de différences puissent tenir à l'âge, et nous sommes disposés à voir dans ces petits poissons une espèce particulière.

*L'*Hypophthalme de Spix.

) (*Hypophthalmus Spixii*, nob.; *Hypophthalmus edentatus*, Spix.)

Si la figure et la description données par cet auteur, p. 16, tab. IX, sont exactes, comme on n'en peut douter, ce siluroïde doit encore former une espèce différente des précédens.

Sa tête est cinq fois et demie dans sa longueur totale; sa caudale n'est pas plus longue; ses nageoires sont fauves, sans rien de noir; son anale a soixante-douze rayons, et, ce qui est surtout très-frappant, ses barbillons sont tous plus courts que sa tête.

B. 15; D. 7; A. 72; C. 20; P. 18; V. 7.

Les individus conservés dans la liqueur au Cabinet de Munich sont longs de dix et de douze pouces : ils viennent des rivières de la partie la plus septentrionale du Brésil.

DES AGÉNÉIOSES, Lacép.

M. de Lacépède, adoptant toujours avec sa confiance ordinaire qui éloignait de ses recherches tout esprit de critique, a établi sous le nom que nous lui conservons, un genre de siluroïde qui repose dans son ouvrage sur un caractère fautif, mais qui cependant forme un groupe distinct, que les zoologistes doivent fonder sur des caractères essentiels.

Tous ces siluroïdes n'ont pas les barbillons faits comme dans les espèces de cette famille en général, mais ils en ont tous; car j'ai vérifié que le *silurus inermis* de Bloch a des barbillons maxillaires, à la vérité très-courts; mais enfin ils existent; j'ai constaté leur présence sur l'individu conservé au Musée de Berlin, comme sur celui du Cabinet du Roi.

Quant au *silurus militaris,* ce sont les barbillons eux-mêmes qui sont relevés et dentelés pour faire cette sorte de corne osseuse si curieuse dans ce poisson. En examinant la forme de la tête, qui ressemble à celle des hypophthalmes, la position inférieure de l'œil, et les onze rayons de la membrane branchiostège, l'on trouve des caractères bien suffisans pour établir ce genre, que M. de Lacépède n'avait nullement caractérisé.

Les espèces que nous en possédons jusqu'à présent sont toutes américaines, comme les hypophthalmes ou les auchéniptères, auprès desquels il convient de les placer.

L'AGÉNÉIOSE ARMÉ, Lacép.

(*Ageneiosus militaris,* nob.; *Silurus militaris,* Bl.)

La dépression excessive de la tête, la position très-basse des yeux, et surtout les maxil-

laires armés d'épines et non prolongés en barbillons, distinguent éminemment cette espèce.
Bloch, qui avait reçu de Surinam un poisson
très-voisin du nôtre, sinon d'espèce identique[1], a cru y retrouver le *silurus militaris*
de Linné, en quoi il s'est gravement trompé;
car ne fût-ce que par le nombre des rayons de
l'anale (de vingt dans le poisson de Linné,
de trente-cinq dans celui de Bloch), il était
aisé de voir que les deux descriptions ne pouvaient s'accorder; et, en effet, nous avons fait
connaître aujourd'hui le véritable *silurus militaris*, Linn.; c'est, comme nous l'avons établi
plus haut, p. 114, notre *Arius militaris*.

La figure donnée par Bloch n'en a pas moins
été adoptée comme représentant le *silurus
militaris,* Linn., par Lacépède, par Shaw, et
l'aurait été probablement encore par bien
d'autres, sans l'évidence de notre remarque.

Le corps, à peu près triangulaire derrière la tête,
se comprime fort en arrière. Mesurée du bout du
museau à celui de l'opercule, sa tête prend un peu
moins du quart de la longueur totale; sa largeur égale
les trois cinquièmes de sa longueur; sa hauteur, à
l'aplomb de l'ouïe, fait moitié de cette longueur;
mais un profil un peu concave descend assez rapi-

---

1. *Silurus militaris*, Bl., pl. 362, part. XI, p. 13. Agénéiose
armé, Lac.

dement, en sorte que le devant est très-déprimé et
que le museau, dont la circonscription horizontale
est semi-circulaire, finit en coin.

Le casque n'est pas granulé, et néanmoins les os
se montrent assez au travers de la peau, pour que
l'on voie qu'une production interpariétale du septième environ de la longueur du reste de la tête,
aussi large que longue et transversalement convexe,
va se souder avec un bouclier en croissant, que les
surscapulaires forment deux pointes latérales, et
qu'une longue solution de continuité règne presque
depuis l'intervalle des maxillaires jusqu'à celui des
opercules.

La mâchoire supérieure avance plus que l'autre
de presque toute la largeur de la bande de dents
en fort velours serré qui la garnit. Une bande semblable garnit la mâchoire inférieure; mais il n'y a
aucunes dents au palais, et l'on ne sait ce que Bloch
a pu entendre par ces mots : *Arcus dentatus in
palato.* J'ai examiné à Berlin l'individu de Bloch,
et j'ai constaté qu'à cet égard il ne diffère pas du
nôtre. Vue latéralement, la bouche entame d'environ un tiers la longueur de la tête. Le maxillaire
adhère sur le côté à une distance, en avant de la
commissure, égale au quart de tout le contour de
la bouche. Bloch l'a représenté comme une corne
droite, et il peut en effet momentanément prendre
cette position; mais dans l'état de repos, il est couché le long de la lèvre dans un sillon creusé entre
l'intermaxillaire et le sous-orbitaire; il dépasse un
peu la commissure et se termine par un renflement

armé de quelques crochets fort pointus; trois ou quatre crochets semblables se voient sur son bord supérieur. Si les maxillaires des autres siluroïdes ne sont que des organes du tact, celui-ci est une arme véritable.

Les orifices de la narine sont deux petits trous presque imperceptibles : l'un tout près de la lèvre et en dedans de l'articulation du maxillaire, l'autre à quelque distance au-dessus.

L'œil est tout-à-fait au bord latéral et inférieur de la tête, derrière la commissure et à peu près au milieu de la longueur de la tête : il y a toute la largeur de la tête entre les deux yeux; une peau épaisse les recouvre; leur diamètre est du huitième environ de la longueur de la tête.

L'opercule a quelques arêtes un peu saillantes, disposées en rayons; son bord membraneux est large et arrondi. Les membranes des ouïes ne se réunissent pas sous l'isthme, mais s'attachent à ses côtés et ont chacune onze rayons, plus faciles à voir que dans beaucoup d'autres siluroïdes.

L'huméral ne paraît pas au travers de la peau, et n'a pas de pointe. La pectorale est attachée très-bas; son épine, du neuvième de la longueur du poisson, est grêle, finement dentelée au bord postérieur, et suivie de treize rayons mous. La dorsale, attachée un peu après le quart antérieur, répond au milieu des pectorales à une épine d'un quart plus longue que la pectorale, plus forte, ronde, striée, armée en avant de nombreux petits crochets fort pointus, et sur deux rangs dans toute sa partie supérieure, mais sans dentelure sensible en arrière. Les rayons mous, au nombre de six, décroissent rapidement et n'occupent en longueur que le tiers de la hauteur du premier. Les ventrales sont un peu avant le milieu, d'un quart plus courtes que les pectorales, mais plus larges; leur bord interne adhère presque en entier au corps : elles ont sept rayons, dont le premier est sans branches. L'anale commence sous le milieu, et prend un peu plus d'un quart de la longueur totale; sa hauteur est du sixième de sa longueur, mais en avant elle forme une pointe obtuse, double du reste. Elle a trente-six ou trente-sept rayons, dont deux ou trois cachés dans son bord antérieur.

L'adipeuse est sur le tiers postérieur du poisson, à peu près de la hauteur de l'anale vis-à-vis, mais deux fois moins longue que haute. La caudale est fourchue, du sixième de la longueur totale; son lobe supérieur est un peu plus long que l'autre. Outre ses dix-sept rayons ordinaires, il y en a plusieurs petits à ses deux bords; ainsi on doit écrire les nombres :

B. 11; D. 1/6; A. 36; C. 17; P. 1/13; V. 7.

Sa ligne latérale est un trait fin, ondulé, et qui donne de petites branches en dessus et en dessous. Dans la liqueur, il paraît olivâtre, marbré de noirâtre sur toute sa partie supérieure. Mais d'après une figure peinte sur le frais par M. d'Orbigny, le fond de sa couleur est rosé; ses marbrures sont noires; ses ventrales, son anale, sa caudale, sont d'un rose

plus foncé que le reste, et il y a un bord noirâtre
à sa caudale.

Dans cette espèce d'agénéiose, le foie ne forme
presque qu'une seule masse, située en travers sous
l'œsophage, dont la portion gauche se prolonge en
arrière deux fois plus loin que la portion droite,
laquelle reste plus épaisse. Le bord postérieur du
foie est creusé en gouttière, et reçoit dedans la vésicule du fiel, qui est oblongue et reçoit plus de vaisseaux hépato-cystiques du côté gauche que du droit.

Le canal cholédoque descend sur la gauche de
l'œsophage pour déboucher dans l'intestin grêle tout
près du pylore.

L'estomac est alongé, cylindrique, mais un peu
aplati et arrondi ou ovalaire en arrière.

L'intestin fait cinq replis. La vessie natatoire est
petite, ovale en arrière, divisée en deux en dessus
et en avant; sa membrane est très-petite.

Le bouclier est soudé et confondu avec la production interpariétale de l'extérieur à l'intérieur, une
pareille fusion existe entre la base de l'occipital et la
grande vertèbre. Aussi celle-ci ne se montre en dedans
que comme une crête mince, tranchante, descendant
sous le corps de la vertèbre et pénétrant dans l'intérieur de la vessie aérienne, qu'elle divise. Les osselets de Weber, sur lesquels adhèrent les lobes antérieurs de la vessie, sont petits, assez mobiles; leur
palette est arrondie. La portion abdominale de la
colonne vertébrale a quinze vertèbres, dont les neuf
premières ont des apophyses transverses, larges et
dilatées, à petites palettes à l'extrémité; les six qui

suivent, manquent de ces fortes apophyses; les apophyses épineuses inférieures sont couchées le long de la colonne vertébrale; les premières sont des os en V.

Les vertèbres caudales sont au nombre de trente.

Les reins sont très-volumineux et réunis autour de la vessie en un seul lobe. L'uretère et la vessie urinaire sont très-alongés.

L'animal se nourrit de petites crevettes, voisines du *cancer palemon*. Il attaque aussi les petits poissons.

Notre individu est long de treize pouces.

Celui de Bloch, long d'un pied et demi, m'a paru un peu plus gros à proportion; il est enluminé d'olivâtre à peu près uniforme; sa tête est représentée plus courte; l'épine dorsale y paraît bien plus longue à proportion que dans notre échantillon; elle a des crochets plus nombreux et répartis moins également; il y en a aussi davantage à ses maxillaires; cependant nous n'oserions sur ces légères dissemblances établir une espèce. Comme je n'ai pas mis ces différens individus à côté l'un de l'autre, l'examen que j'ai fait à Berlin ne peut porter que sur les grands traits caractéristiques, et non pas sur ceux de détails. Il ne faut pas oublier que le sexe seul en produit de bien plus considérables.

En effet, M. d'Orbigny, avec l'individu que nous venons de décrire, nous en a adressé deux autres, que les habitans des bords de la Plata regardent comme des femelles de la même espèce, et qui, avec les mêmes formes, les mêmes nombres, les mêmes couleurs, n'ont pour maxillaire qu'un petit stylet pointu, comprimé, sans crochets, qui ne dépasse pas la commissure et se cache entièrement dans la rainure. Leur épine dorsale est aussi grêle que la pectorale, et n'a au bord antérieur qu'un léger grenetis. J'ai fait figurer le mâle dans l'atlas ichthyologique du Voyage de M. d'Orbigny, pl. 4, fig. 1.

Ce poisson est rare dans la Plata; on l'y rencontre sur les bancs de sable qui avoisinent Buénos-Ayres, mais seulement depuis le mois d'Août jusqu'au mois d'Avril, c'est-à-dire, pendant les mois d'été.

On l'y appelle *mandovi,* nom d'origine guarani : il est estimé comme aliment.

L'individu de Bloch étant venu de Surinam, s'il ne diffère point par l'espèce, cette espèce s'étendrait du nord au sud dans presque toute l'Amérique méridionale; mais elle ne se trouve point en Asie, comme on l'a dit, d'après la fausse synonymie prise dans Linné.

L'AGÉNÉIOSE DÉSARMÉ.

(*Ageneiosus inermis,* Lacép.; *Silurus inermis,* Bl.)

Ses formes pour l'ensemble ont beaucoup de rapports avec celles de l'armé.

Sa tête est trois fois et un tiers dans la longueur totale; quand les ouïes sont contractées, elle est d'un tiers plus longue que large; quand elles sont très-ouvertes, la différence n'est plus que d'un cinquième. Le contour horizontal du museau est parabolique. La mâchoire supérieure avance plus que l'autre; toutes les deux ont une bande de dents en velours; le palais n'a point de dents. Le barbillon maxillaire est réduit à un filet plus fin qu'un cheveu, qui dépasse cependant la commissure et atteint jusqu'à l'œil. La fente de la bouche prend plus de moitié de la longueur de la tête. L'œil, immédiatement derrière la commissure et presque sans joue au-dessous de lui, a le sixième de cette longueur en diamètre, et est à plus de quatre diamètres de celui de l'autre côté. Les narines, les opercules, les membranes branchiostèges sont comme dans l'armé. Les épines, soit dorsale, soit pectorales, sont très-grêles, sans dentelures, de moitié plus courtes que les nageoires, assez roides cependant pour n'avoir perdu le caractère d'épines. Du reste, les nageoires sont disposées à peu près comme dans l'armé.

B. 11; D. 1/6; A. 38; C. 19; P. 1/15; V. 7.

La ligne latérale a les mêmes ondulations et les mêmes branches.

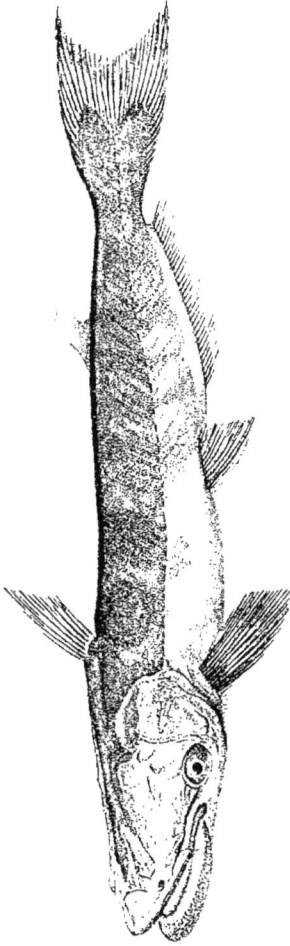

AGENEIOSE désarmé.

AGENEIOSUS inermis, *Lac*

Acarie - Baron del.

Imp.^{rie} de Langlois.

Jacerand sculp.

Le jeune individu qui a servi de sujet pour cette description et dont la taille n'est que de quatre pouces et demi, paraît dans la liqueur grisâtre, avec de larges taches ou bandes irrégulières et polygones d'un brun roussâtre. La dorsale et les quatre nageoires paires sont d'un brun foncé; l'anale et la caudale sont colorées comme le corps; la gorge et l'abdomen sont blanchâtres.

Cet individu vient de Surinam : je l'ai acheté à Amsterdam en 1824.

L'espèce nous paraît très-bien figurée dans Seba, t. III, pl. 29, n.° 8; je ne m'étonnerais même pas qu'elle représentât précisément notre individu. La description corrélative est aussi très-exacte, et mentionne les deux barbillons : elle donne pour nombres :

D. 1/6; A. 38 ou 39; C. 19; P. 1/14; V. 7.

Bloch, qui ne cite point cette figure de Seba, donne à la sienne une teinte olivâtre, des bandes et des taches plus étroites et plus petites que nous ne les observons, et n'en marque aucunes à la caudale ni à l'anale. Il compte

B. 10; D. 7; A. 40; C. 26; P. 14; V. 7,

nie l'existence de barbillons, et prétend que des narines solitaires et cylindriques ont été prises pour telles par Linné : il dit les mâchoires égales, et représente cependant l'infé-

15. 16

rieure un peu plus longue. D'après sa figure sa tête serait quatre fois et demie dans la longueur du poisson.

Qu'y a-t-il dans ces différences de spécifique ou de simplement individuel, ou en quoi l'inexactitude connue de l'auteur y a-t-elle concouru? c'est ce qu'il nous est difficile de dire; mais nous serions d'autant plus disposés à croire qu'il a publié une autre espèce que nous, qu'il en existe encore une dont nous allons parler.

Une chose cependant est certaine, c'est que son individu, qui existe encore dans le Cabinet de Berlin, a deux petits barbillons maxillaires, comme le nôtre: je m'en suis assuré dans le Cabinet de Berlin; mais je n'ai pas comparé le poisson de Bloch directement avec le nôtre.

L'Agénéiose a court barbillon.

(*Ageneiosus brevifilis*, nob.)

C'est un poisson envoyé de Cayenne au Musée royal des Pays-Bas, et que M. Temminck a bien voulu nous communiquer.

Ses formes sont les mêmes que dans le précédent; mais sa tête est trois fois et trois quarts dans sa longueur; son barbillon maxillaire est beaucoup plus court, et loin d'atteindre l'œil, il n'a pas en longueur moitié de l'espace entre sa naissance et la commissure. Il n'a que trente-six rayons à l'anale.

B. 11; D. 1/6; A. 36; C. 19 et plusieurs petits; P. 1/14;
V. 7.

Dans la liqueur, il paraît d'un brun olivâtre sur la tête et sur toute la longueur du dos, fauve clair sur les flancs et la queue, blanchâtre sous la gorge et le ventre; ses nageoires sont blanchâtres, sauf quelque peu de noirâtre vers l'angle supérieur de la caudale.

Cet individu est long de dix pouces.

CHAPITRE X.

Des Schals (*Synodontis*).

De toutes les subdivisions des siluroïdes à deuxième dorsale adipeuse celle des schals est la plus remarquable en ce qui concerne l'armure de sa tête et celle de sa nuque, et surtout la forme de ses dents. Cette armure de la tête et de la nuque, montre plus en grand ce qui a lieu dans les auchéniptères et les doras. Ce n'est plus seulement, comme dans les bagres et les pimélodes, une production de l'interpariétal, qui de son sommet va toucher le bouclier, ou en d'autres termes, l'une des plaques interépineuses qui garnissent le devant de l'épine dorsale; c'est une suture complète sur un large espace transversal de cette proéminence avec la deuxième plaque interépineuse, laquelle est aussi fort élargie; suture dans laquelle est souvent comprise et se montre plus ou moins la plaque du premier interépineux. Le troisième interépineux prolonge, comme à l'ordinaire, les angles du bouclier des deux côtés des épines dorsales, et tout cet ensemble si compacte est formé d'os épais, grenus, qui règnent depuis la dorsale jusqu'au bout du museau. Les surscapulaires, qui en font les angles latéraux ou les bras, portent eux-mêmes des huméraux, dont la très-grosse pointe ajoute encore à cette formidable armure, qui est complétée par d'énormes épines pectorales à dents très-fortes dirigées en deux sens, et par une épine dorsale haute, pointue et tranchante. Mais ce qui est encore plus singulier que leur casque, c'est la forme de leur bouche et la nature extraordinaire de leurs dents. Leur museau, fort rétréci en avant, se termine par un ethmoïde qui porte deux très-petits intermaxillaires chargés de dents en gros velours ou en soie; mais leur mâchoire inférieure, composée de deux branches courtes et grêles, porte en avant un faisceau de dents semblables à des lames très - minces, très-serrées, attachées chacune par un pédicule flexible, fin comme un cheveu, et terminées chacune aussi par un petit crochet recourbé excessivement pointu et de couleur dorée.

Ce mode de dentition se présente quelquefois dans les poissons, et, entre autres, tous les Salarias offrent une très-grande analogie avec les poissons dont nous parlons; cependant les pédicules de leurs dents sont moins longs.

Leur ostéologie a beaucoup de rapports avec celle de quelques genres suivans, et en particulier avec celle des auchéniptères et des doras; seulement leur tête est plus grande, plus alongée, leur appareil maxillaire plus réduit, et les rapports de leur grande vertèbre et de leur surscapulaire avec la vessie natatoire sont tout-à-fait particuliers.

Il n'y a pas de pariétaux, à moins qu'ils ne se soudent de très-bonne heure au surscapulaire. Celui-ci atteint le côté de l'interpariétal, et l'interpariétal le dépasse, pour aller rejoindre la plaque du deuxième interépineux, en embrassant, de concert avec lui, celle du premier. La branche du surscapulaire qui s'appuie sur le basilaire descend plus bas et se dilate en une large plaque mince, à laquelle s'attache le lobe antérieur de la vessie natatoire. Les os de Weber existent comme à l'ordinaire; mais de plus, la première apophyse transverse de la grande vertèbre, séparée de la deuxième par une échancrure, se porte en avant et donne une pointe qui s'appuie au bord externe d'un trou pratiqué entre la lame du surscapulaire dont nous venons de parler et l'occipital latéral; ensuite elle produit une tige descendante, qui pénètre dans la vessie, et s'y dilate en une lame parallèle à celle du surscapulaire, mais plus mince, qui forme dans la vessie une véritable cloison. En avant l'ethmoïde se rétrécit; le vomer est plus en arrière et ne fait

point de saillie à la voûte du palais; les palatins
sont assez grands et comprimés; les sous-orbitaires, filiformes, composent avec les bords du
frontal et une partie de ceux des frontaux antérieur et postérieur, un cercle régulier autour
de l'œil. La réunion des pièces osseuses de la
ceinture humérale en dessous a lieu par une
longue suture dentée, dont près de deux tiers
appartiennent aux cubito-radiaux, et ces derniers os se relèvent intérieurement en une
grande lame verticale, qui forme entre la cavité
branchiale et l'abdomen un diaphragme osseux,
ouvert seulement pour le passage de l'œsophage. Les différences que ces appareils peuvent offrir dans les espèces ne tiennent qu'aux
proportions des parties, et s'aperçoivent presque toutes à l'extérieur. Ces poissons extraordinaires sont propres aux rivières de l'Afrique.

Hasselquist[1] en a décrit une, son *scheilan* :
ce qu'il disait des dents inférieures n'était surtout pas équivoque; mais l'attention que l'on
aurait pu donner à ses observations fut promp-
tement détournée par l'association qu'en fit
Linné, sous le nom commun de *clarias,* avec
un pimélode d'Amérique tout différent. Ce
nom de *clarias,* corrompu de *callarias,* était

---

1. Hasselq., p. 369, n.° 86.

pris de Belon, qui l'avait appliqué non pas au *scheilan,* mais au *scharmuth* (*heterobranchus*), comme nous le verrons.

Sonnini en a donné la première figure [1], sous le nom de *schal;* mais si mauvaise, qu'il n'est pas très-facile de déterminer son espèce.

M. Geoffroy Saint-Hilaire a publié, dans le grand ouvrage sur l'Égypte, de belles figures des trois espèces qu'il a observées dans le Nil, et dont deux au moins lui appartiennent, et il en a rapporté de nombreux individus, d'après lesquels M. Geoffroi fils en a rédigé les descriptions, et qui nous fourniront aussi la matière des observations que nous allons communiquer à nos lecteurs. M. Ruppell en a depuis découvert une quatrième dans le Nil.

Trois des espèces de ce fleuve se retrouvent, sans différences appréciables, dans le Sénégal, qui en nourrit aussi une particulière, que nous décrirons à la fin de ce chapitre.

La chair des schals est fade; ils se nourrissent en grande partie de graines; et nous en avons souvent trouvé dans leur estomac.

M. Geoffroy a pensé qu'ils pouvaient être les *porcus* des anciens; et cette opinion a été reproduite par M. Isidore Geoffroy, sans toutefois

---

1. Voyage en Égypte, II, p. 196, pl. XXI, fig. 2.

[la justifier par une interprétation positive des
[passages des anciens. Il est en effet assez diffi-
> cile d'avoir, même par une induction offrant
> quelque probabilité, la preuve que le poisson
> que Strabon[1] cite parmi les poissons du Nil
> sous le nom de χοῖρος (*porcus*) soit plutôt un de
[nos scheilans que tout autre siluroïde, si même
> on peut aller jusqu'à parler de la famille à
[laquelle il appartiendrait. Le géographe d'A-
[masée cite le χοῖρος comme un des poissons
> du Nil le plus connus, avec l'oxyrhynchus, le
[lepidotus, le latès, l'alabès, le coracinus et le
[phagrarinus ou le phagrus. Ce χοῖρος revient un
peu plus bas par un trait emprunté d'Aristo-
bule, qui prétend que les poissons de la mer
ne remontent pas dans le Nil par la crainte
des crocodiles : il en excepte le mugil, le
thrissa et le delphinus ; ce dernier, à cause
de sa taille, ne redoutant pas le dangereux
saurien. Il ne donne pas de raison qui pousse
le thrissa à remonter le Nil. Comme il est probable que sous ce nom était désignée l'alose
ou une espèce voisine, on devine bientôt la
cause qui détermine ce poisson à remonter
dans l'eau douce, comme il le fait dans tous

---

1. Strabon, liv. XVII, 824, ou édit. Amsterdam, Wolters,
1807, pag. 1180, A.

les autres affluens de nos mers. Quant aux mugils, ceux-ci, dit-il, peuvent passer sous la conduite des χοῖρος, avec lesquels ils ont l'habitude de vivre en société. Les crocodiles n'attaquent pas les *porcus*, à cause des épines qu'ils ont sur la tête ; car Strabon dit : ...... καὶ εχουτων ἀκανθας επὶ τῇ κεφαλῇ, ... etc. ; ce qui veut bien dire que le χοῖρος a des épines sur la tête, et non pas aux environs de la tête, comme M. Isidore Geoffroy l'a interprété.[1]

Ce passage ne s'opposerait pas à admettre que le *porcus* ne fût le scheilan ; mais Athénée[2], qui cite aussi le χοῖρος parmi les poissons du Nil, lui donne l'épithète de σιμὸς, qui ne convient plus à notre poisson, et empêche de croire à l'identité présumée.

Ce même auteur[3] cite dans un autre endroit le χοῖρος toujours fluviatile, mais d'une rivière du Péloponnèse, le Clitor, comme un poisson qu'Aristote comptait parmi ceux qui faisaient entendre un son. Ce trait, commun à un grand nombre de poissons, peut, encore moins que ceux des passages précédens, servir à déterminer d'une manière tant soit peu précise ces χοῖρος des anciens.

---

1. Descript. des poiss. du Nil, p. 167.
2. Liv. VII, p. 312, A.
3. Liv. VIII, pag. 331, E.

A ce sujet, je ferai remarquer que M. Isidore Geoffroy Saint-Hilaire [1] a donné une explication bien peu heureuse et éloignée de tous principes physiologiques de la production du son des poissons, quand il dit que les sons résultent du frottement des épines dorsales et pectorales dans leurs cavités articulaires. Ces os, articulés par des têtes arrondies à double mouvement, ont leurs surfaces articulaires recouvertes de cartilages lubrifiés, et ce mouvement se fait dans l'articulation sans frottement et ne fait entendre aucun bruit. Tous ceux, d'ailleurs, qui connaissent l'histoire naturelle des poissons, savent que les sons que ces animaux font entendre sont dus au mouvement qu'ils peuvent donner à l'air de leur vessie natatoire, en exerçant sur cet organe une compression plus ou moins forte quand il est pourvu de muscles constricteurs. On en a des exemples dans les sciènes, dans les trigles, et dans un grand nombre de poissons qui n'ont pas de rayons osseux à faire mouvoir avec un frottement assez rude pour produire un son. Le barbeau de nos rivières (*Cyprinus barbus*, Linn.) fait aussi entendre un son sous l'eau quand on le tient enfermé dans un vase et qu'on le tour-

---

1. Poissons du Nil, p. 167.

mente, et surtout quand on le presse un peu
fort dans les mains. Dans ce cas il n'y a pas
de muscles comme dans l'exemple précédent,
mais je crois que ces bruits sont produits
par l'air qui s'échappe de la vessie aérienne.
Quand on a disséqué la vessie aérienne des
silures, il est facile de se convaincre que la
vessie, si grande, si forte, pourvue de muscles
propres si puissans, et recouverte seulement
par les productions osseuses de la grande
plaque interpariétale, doit être sonore, et
qu'elle doit l'être encore plus dans les schals
que dans les autres siluroïdes, à cause de la
grandeur de cette plaque osseuse qui les recouvre dans les espèces de ce genre, de sa
minceur, et de l'absence d'une peau épaisse
et muqueuse en dessus, qui amortirait par
son existence la communication des vibrations
sonores.

Le Schal senen

(*Synodontis macrodon*, Isid. Geoff. S. Hil.[1]; *Pimelodus synodontis*, Geoff. S. Hil., Égypte, pl. 12,
fig. 5 et 6; *Silurus clarias*, Hasselq.)

est l'espèce la mieux caractérisée par la longueur de ses dents pendantes, par les dentelures du bord antérieur de son épine dorsale

---

1. Poissons du Nil, p. 156.

» et par ses barbillons maxillaires, frangés comme
» ceux de la mandibule.

Elle est fort bien représentée dans le grand
» ouvrage sur l'Égypte, Zool., Poiss., pl. XII,
1 fig. 5 et 6.

Sa plus grande hauteur (au pied de l'épine dorsale
et au tiers antérieur du corps) est quatre fois dans
sa longueur totale; sa plus grande largeur (à l'épaule)
est d'un peu plus des trois quarts de cette hauteur;
mais ses côtés se rapprochent à la nuque, qui est
en dos d'âne, et tout l'arrière du corps est comprimé.
A partir de l'épine dorsale, le profil descend obliquement jusqu'au-dessus des yeux, où il y a une
convexité transversale, et de là il prend un peu plus
de courbure et descend un peu plus rapidement jusqu'au museau, qui va horizontalement se terminer
en angle arrondi au sommet. La distance du bout du
museau au bout de l'opercule est quatre fois et demie
dans la longueur totale; mais le casque entier, avec
le bouclier qui en fait partie, n'y est que trois fois;
la production occipitale et le bouclier ensemble ont
près de moitié du reste de la tête: c'est à peu près
aussi la largeur du casque derrière les yeux. Les
branches formées par les surscapulaires, sont larges
et obtuses, et ont chacune le tiers de la largeur du
casque entre elles. L'œil a son bord antérieur au
milieu de la distance du museau à l'ouïe, et son
diamètre longitudinal est quatre fois et demie dans
cette même distance : il y a deux de ces diamètres
d'un œil à l'autre. Le bouclier, le casque, ses bran-

ches, sont fortement granulés jusques entre les yeux, où est une solution de continuité en ellipse très-alongée, de près du tiers de la longueur du museau à la dorsale. Au-devant des yeux le museau est lisse; la joue, l'opercule, le sont également. La bouche est une ouverture parabolique sous le museau, que la mâchoire inférieure ne peut fermer entièrement. La lèvre supérieure est charnue, et de son épaisseur sort une rangée de très-petites dents pointues et dorées, au nombre de quatorze ou seize.

La lèvre inférieure n'est qu'un petit cône charnu, du bout duquel pendent les barbillons sous-mandibulaires, et dont la face supérieure a dans une fossette rassemblé comme en un faisceau, les sept ou huit longues dents caractéristiques du genre. Leur longueur égale presque le diamètre de l'œil; elles sont huit ou dix fois moins hautes, extrêmement minces, crochues au bout et très-pointues : leur sommet est doré. La mâchoire inférieure, qui porte cette lèvre conique, est une petite traverse à l'aplomb du bord antérieur de l'œil, et fort loin de pouvoir se rapprocher de la supérieure. La lèvre que nous venons de décrire elle-même ne remplit pas tout ce vide : il n'y a aucunes dents au palais. Le barbillon maxillaire n'atteint que le milieu de l'opercule; les sous-mandibulaires sont de moitié plus courts; tous les six ont de chaque côté des filamens grêles. A la base du maxillaire, en arrière, est un lobe anguleux, membraneux, sorte de continuation de la lèvre. L'orifice supérieur de la narine est un petit trou rond, à moitié de la distance entre l'œil et le bout du

museau; l'inférieur est encore plus petit, et à moitié
de la distance qui reste : ni l'un ni l'autre n'a de
barbillon ou de rebord saillant. L'ouïe n'est ouverte
que depuis le bas du surscapulaire jusqu'à la hauteur
de l'épine pectorale, où la membrane se joint à l'huméral. Il y a sept rayons branchiaux, dont les premiers sont plats et assez forts; les trois derniers sont
cachés dans les chairs; le septième est comme un fil.
La pointe humérale, de moitié plus longue que haute,
finit en angle de plus de quarante-cinq degrés, et est
fortement granulée. L'épine pectorale, deux fois plus
longue et du cinquième de la longueur totale, est très-
forte, comprimée, striée longitudinalement, et a, le
long de son bord externe, de petites dents serrées,
dirigées obliquement vers la pointe : le quart environ
de ce bord vers l'extrémité est simplement tranchant.
Au bord interne sont des dents moins nombreuses,
mais beaucoup plus fortes et très-pointues, dirigées
vers la base. L'épine dorsale, un peu plus longue
que la pectorale, également forte et striée, a aussi
ces deux sortes de dents, mais les postérieures sont
moins fortes et seulement au tiers supérieur; les
antérieures, au contraire, ne garnissent que les deux
tiers inférieurs. La dorsale prend sur le dos un peu
plus du neuvième de la longueur totale; puis vient
un espace presque aussi long sans nageoires, et alors
commence l'adipeuse, qui est d'un tiers plus longue
et n'a guère en hauteur plus du quart de sa propre
longueur. Après une petite distance commencent les
petits rayons de la caudale, qui contourne le bout
de la queue. A prendre du milieu de leur base, les

lobes de la caudale ont le quart de la longueur totale, et ils sont éloignés l'un de l'autre de plus des trois quarts de cette longueur. L'anale répond au dernier tiers de l'adipeuse, et son bord antérieur a le double de sa longueur. Derrière ces deux nageoires, le bout de queue n'a plus que le douzième ou le treizième de la longueur totale en hauteur, et son épaisseur n'est que du tiers de cette hauteur. Les ventrales répondent à la fin de la dorsale, et sont d'un quart plus courtes que l'épine pectorale.

B. 7; D. 1/7; A. 13; C. 15 et une vingtaine de petits; P. 1/8; V. 7.

D'après la belle peinture faite en Égypte par M. Redouté le jeune, la couleur de ce poisson est un plombé noirâtre assez uniforme.

Le foie est très-petit et divisé en deux lobes étroits et pointus, situés de chaque côté de l'estomac; la vésicule du fiel est ronde, assez grosse pour le volume du foie.

L'œsophage est étroit, quoique très-court, et n'a que peu de plis à l'intérieur. L'estomac est beaucoup plus large, arrondi en cul-de-sac en arrière, ce qui fait que le cardia est ici très-marqué. L'intestin naît de la branche montante de l'estomac; la paroi de cette portion pylorique est assez épaisse. Le duodénum, large et boursoufflé, est très-mince, et laisse voir aux travers de ses tuniques les plis longitudinaux et les villosités de sa muqueuse. L'intestin, qui est très-long, fait des replis très-nombreux, et après le duodénum on le voit se rétrécir beaucoup pour prendre de nouveau plus de largeur jusques auprès de la valvule qui marque le rectum ; l'intestin est alors aussi large qu'à son commencement, le rectum , qui va droit à l'anus depuis près de la moitié de la longueur de la cavité abdominale, est plus étroit que la terminaison de l'intestin grêle.

Les reins sont volumineux ; ils donnent dans une vessie urinaire assez large.

La vessie aérienne est grande, bilobée, à parois argentées.

Outre les caractères communs à tous les schals, on peut remarquer dans le squelette du senen neuf vertèbres abdominales et vingt-six caudales. L'anale est suspendue par ses dix interépineux sous les apophyses épineuses inférieures, depuis la huitième vertèbre caudale jusqu'à la treizième.

La figure de Redouté, gravée dans l'ouvrage d'Égypte (*loc. cit.*), représente le schal macrodonte long d'un pied. Nos échantillons n'ont pas tout-à-fait cette taille.

C'est à cette espèce seule que répond la description que Hasselquist donne des dents inférieures de son *clarias : ossicula septem longiuscula sursum arcuata, compressa, in fasciculum disposita, apice uncinata, basi maxillæ inferioris affiguntur proximè ante linguam, et longitudinaliter supra maxillam usque ad apicem extenduntur ;* seulement il comprend la lèvre dans la mâchoire.

M. Geoffroy ne l'a entendu appeler que *schal*

15.

senen. Je ne vois dans M. Riffaud aucune figure qui lui convienne parfaitement. Mais en
supposant que ce dessinateur ait négligé les
franges des barbillons maxillaires, ce serait son
gourgar bouzari; du moins ce dessin offre-t-
il tous les autres caractères du senen; mais il
est enluminé d'olive foncé sur le dos, nuancé
de rougeâtre vers le ventre; les nageoires rayon-
nées y sont teintes de rougeâtre, et il y a des
nuages gris et rosés sur l'adipeuse.

Ces couleurs indiquent peut-être une différence d'espèce, que les voyageurs sont invités
à constater.

Le Schal Guémel.

(*Synodontis membranaceus*, Isid. Geoff., p. 160,
Ég., pl. 13, fig. 1 et 2.)

Cette deuxième espèce, représentée dans
l'ouvrage sur l'Égypte, pl. XIII, fig. 1 et 2, se
nomme, suivant M. Geoffroy, dans la basse
Égypte, *schal guémel* ou *schal gaumari,* et
dans la haute, *gourgar hengaoui* ou *gourgar
callabe;* et on lui donne aussi un nom figuré,
abou-sari (père du mât), à cause de son épine
dorsale, que l'on a comparée à un mât; mais
ce nom se donne également aux espèces voisines et par la même raison. M. Riffaud a très-
bien représenté celle-ci, sous le nom de *gour-*

gar-chami, qui apparemment est usité dans quelque canton de la Thébaïde, probablement par opposition au nom de *gourgar-arabi,* qui est donné à l'espèce suivante.

Son museau n'est pas tout-à-fait si pointu. Les dents de la mâchoire inférieure sont beaucoup plus nombreuses et plus courtes : il y en a dix-huit ou vingt. La lèvre inférieure ne forme pas de pointe saillante. Les barbillons maxillaires n'ont pas de filets latéraux, mais un élargissement membraneux le long de leur bord postérieur : il n'y a de filets latéraux qu'aux barbillons sous-mandibulaires, et ils en ont tous les quatre, quoique la figure de M. Redouté n'en donne pas aux externes. Les cornes du bouclier sont plus courtes et plus obtuses. Le crâne est moins large; les yeux plus rapprochés : il n'y a guères entre eux qu'un diamètre. L'épine dorsale n'a point de dents au bord antérieur, qui est simplement tranchant sur toute sa hauteur : il n'y en a que quelques petites au bord postérieur. L'adipeuse commence immédiatement derrière la dorsale, et est plus longue et plus haute. La caudale et l'anale ont souvent de petites taches brunes entre leurs rayons: les lobes en sont un peu plus pointus, et le supérieur un peu plus long.

Ses nombres sont les mêmes que dans le schal senen,

D. 1/7; A. 13; C. 17; P. 1/9; V. 7.

et il l'égale aussi ou il le surpasse même quelquefois par la taille.

M. Redouté le représente d'un plombé un peu
moins sombre que le senen. Mais sa figure ne donne
pas à l'épine pectorale des dents assez fortes à beaucoup près, et manque, comme celle du schal senen,
de cette partie anguleuse derrière la base du barbillon
maxillaire. Dans les figures de M. Riffaud il paraît
aussi d'un plombé plus ou moins grisâtre, et l'on y voit
seulement un peu de rougeâtre à la base de sa dorsale.

Je ne trouve à son squelette que sept vertèbres
abdominales, portant des côtes, et vingt-quatre caudales.

On ne peut douter de la particularité suivante, quelque extraordinaire qu'elle paraisse
à ceux qui ont étudié les poissons vivans. Ce
poisson nage presque constamment sur le dos,
se dirigeant librement tantôt en avant, tantôt
de côté; mais lorsque quelque danger se montre, il reprend, pour s'enfuir, la position ordinaire. M. Geoffroy a été témoin du fait, et M.
Riffaud a, dans ses figures, un individu dans
cette position. Les anciens Égyptiens l'avaient
déjà remarqué; car M. Geoffroy a vu le guémel
représenté de la même manière dans une des
grottes sépulcrales de Thèbes. Les poissons ne
se renversent ainsi que quand ils sont malades
et près de mourir ou même tout-à-fait morts.
On sait d'ailleurs que cette position renversée
est fatigante, nuisible à la plupart des vertébrés, qui font toujours de grands efforts pour

reprendre la station d'équilibre ordinaire. Il faut toutefois excepter de ces remarques le temps du sommeil.

Le SCHAL ARABI.

(*Synodontis arabi,* nob.; *Pimelodus clarias,* Geoff. St. Hil.; *Silurus Schal,* Bl. Schn.)

C'est ici la troisième espèce représentée dans l'ouvrage sur l'Égypte : on y voit une très-bonne figure, par M. Redouté le jeune, pl. XIII, fig. 3 et 4; et M. Geoffroy a cru pouvoir lui appliquer en particulier les noms de *scheilan* et de *clarias;* mais nous avons vu plus haut que le *scheilan* de Hasselquist, l'un des synonymes du *silurus clarias* de Linné, est plutôt le *senen;* c'est au contraire cette espèce-ci qui paraît avoir été représentée par Sonnini (Voy. en Égypte, pl. XXI, fig. 2), et qui est devenue dans le Bloch posthume (p. 185) le *silurus schal.* On l'a nommée dans l'Égypte inférieure *schal arabi* et *schal beledi.* Selon M. Geoffroy elle est partout très-commune et très-facile à prendre, à cause de sa voracité et de sa témérité : les filets, les paniers, les lignes y servent également; mais c'est un aliment peu estimé, et que les pauvres seuls ne dédaignent pas. [1]

---

1. Isid. Geoff., Poiss. du Nil, art. du *Pimel. Scheilan.*

Sa ressemblance avec le précédent est encore plus grande que celle du schal guémel avec le schal senen. Il a, comme le schal guémel, l'épine dorsale simplement tranchante en avant, avec très-peu de dentelures vers le haut en arrière; le museau moins pointu et les dents crochues et flexibles de la mâchoire inférieure plus nombreuses : il y en a de vingt-six à trente; d'un autre côté, son crâne est plus large même que celui du schal senen, et ses yeux sont tout aussi écartés. Son adipeuse est aussi plutôt dans les proportions du senen, et ne tient pas de si près à la dorsale que dans le guémel; mais il se distingue éminemment de tous les deux par la longueur et la forme pointue de sa proéminence humérale, qui égale presque en longueur son épine pectorale, et se porte aussi loin en arrière que les angles du bouclier. Le bord inférieur de cette proéminence est légèrement renflé. Son épine pectorale est plus grande, plus forte, plus fortement dentée encore que dans les deux précédens. Cette pointe humérale n'est pas assez aiguë dans la figure de M. Redouté, et l'épine pectorale y est trop courte et trop faiblement dentée. L'armure de sa nuque est aussi moins comprimée; ses barbillons maxillaires ne sont ni élargis par une membrane comme dans le guémel, ni branchus comme dans le senen, et il n'y a point de lobe anguleux à leur base : ils atteignent le milieu de la pectorale. Les sous-mandibulaires externes sont d'un tiers plus courts; les internes des deux tiers : tous les quatre ont des filets latéraux. Les lobes de la caudale, surtout le supérieur, sont très-pointus.

D. 1/7; A. 13; C. 17; P. 1/8; V. 7.

Sa couleur, d'après M. Redouté, est, comme dans les précédens, un plombé plus ou moins clair, teint de violet ou de noirâtre vers le dos, plus blanc sous le ventre.

M. Geoffroy nous dit que les barbillons supérieurs sont roses et les inférieurs blanchâtres, et que les jeunes sujets sont finement ponctués de noir.

Le squelette a dix vertèbres abdominales, portant des côtes, et vingt-trois caudales.

Nous avons de ces poissons d'un pied de longueur : Sonnini en a décrit un de près de quinze pouces. Ils paraissent devenir un peu plus grands que les précédens. Sonnini en a trouvé l'estomac rempli de graines de *doura*.

Après ces espèces, que nous avons pu décrire d'après nature, nous devons en placer quelques-unes, également du Nil, dont nous ne pouvons parler que d'après d'autres observateurs.

Le Schal gouazi.

(Synodontis serratus, Ruppell.)

M. Ruppell, dans ses Poissons nouveaux du Nil, p. 8 et pl. II, fig. 1, a décrit et représenté un schal

dont les barbillons sont ceux du *schal arabi*, et l'épine dorsale celle du *schal senen*, c'est-à-dire crénelée ou dentelée au tranchant antérieur. Sa tête et son adipeuse sont un peu plus alongées qu'à l'*arabi;* la figure représente sa pointe humérale moins portée en arrière que le bouclier; son dos est brun, son ventre blanc, ses nageoires jaunâtres.

D. 1/6; A. 9; C. 17, etc.; P. 1/9; V. 6.

M. Ruppell a eu ce poisson au Caire sous le nom général de *schal.* J'y rapporte une figure de M. Riffaud, intitulée *gourgar gouazi.*

Le SCHAL KEBIR.

(*Synodontis humeratus,* nob.)

Je trouve dans les dessins de M. Riffaud la figure d'un schal semblable, pour les formes et les barbillons, à notre *schal arabi,*

mais qui, avec des dentelures en avant à l'épine dorsale, comme dans le senen et le gouazi, se distingue par la grandeur de sa proéminence humérale, qui, plus longue encore de beaucoup que dans le schal arabi, dépasse de près d'un tiers l'aplomb des angles du bouclier, quoique le bouclier lui-même et les pièces qui le précèdent soient encore plus développés que dans les précédens, et que le toit de la nuque égale au moins en longueur le reste de la tête. Le bord inférieur de cette proéminence humérale est renflé en arête.

M. Riffaud nomme ce poisson *gourgar-kebir* et le peint de vert foncé, avec des teintes et des lignes rouges sur les nageoires.

Le SCHAL TACHETÉ.

(*Synodontis maculosus,* Ruppell.)

M. Ruppell (Nouveaux poiss. du Nil, p. 10, pl. III, fig. 1) nomme ainsi un petit schal qu'il a vu en Octobre au marché du Caire; la taille n'en passait pas quatre pouces.

Ses formes étaient celles du *schal arabi;* son casque paraissait recouvert d'une peau lisse; tout son corps était jaunâtre, varié de brun, et avec des taches irrégulières de couleur de terre d'ombre.

D. 1/6; A. 10; C. 17, etc.

L'auteur soupçonne que c'est le jeune de quelque espèce non encore décrite.

Nous trouvons dans les dessins de M. Riffaud une figure assez semblable, intitulée simplement *petit gourgar.*

Le SCHAL NÈGRE.

(*Synodontis nigrita,* nob.)

Nous lui donnons cette épithète, parce qu'il est propre au Sénégal, que tant d'auteurs ont regardé comme le Niger des anciens.

Son huméral produit une pointe aussi longue que celle du *schal arabi,* et dont le bord inférieur est encore plus relevé. Ses épines sont semblables; il a aussi des barbillons maxillaires à peu près filiformes, et les sous-mandibulaires garnis de filets latéraux, mais plus gros et plus courts. Il en diffère encore beaucoup sous d'autres rapports, et surtout par la brièveté de la partie osseuse qui recouvre sa nuque.

Dans les schals qui précèdent, l'interpariétal se porte plus en arrière que les surscapulaires, embrasse un disque qui appartient au premier interépineux, pour joindre le deuxième, et forme ainsi une sorte de tôit, qui, mesuré depuis le bord occipital, jusqu'au pied de la dorsale, fait la moitié du reste de la longueur de la tête, se prolonge aux côtés des épines dorsales par deux petites cornes appartenant au troisième interépineux. Dans l'espèce que nous décrivons, l'interpariétal est coupé transversalement sur une ligne qui dépasse à peine celle des surscapulaires; la plaque du deuxième interépineux s'y joint immédiatement, sans que le premier interépineux paraisse au dehors, et cette armure, mesurée comme dans l'autre espèce, n'a en longueur que le cinquième du reste de la tête. Elle est deux fois plus large que longue, et a des cornes un peu plus longues qu'elle-même. Le crâne est d'ailleurs large comme dans le *schal arabi*, les yeux aussi écartés, le museau encore un peu plus obtus. L'adipeuse ne commence qu'à une distance de la dorsale presque égale à sa propre longueur. Les autres nageoires, mal conservées dans notre individu, doivent avoir peu différé de celles du *schal arabi*.

D. 1/7; A. 14; C. 17; P. 17; V. 7.

Cet individu, long de six pouces, paraît entièrement noirâtre; mais c'est un effet de la liqueur. Je présume que sa couleur naturelle est aussi un plombé plus ou moins foncé.

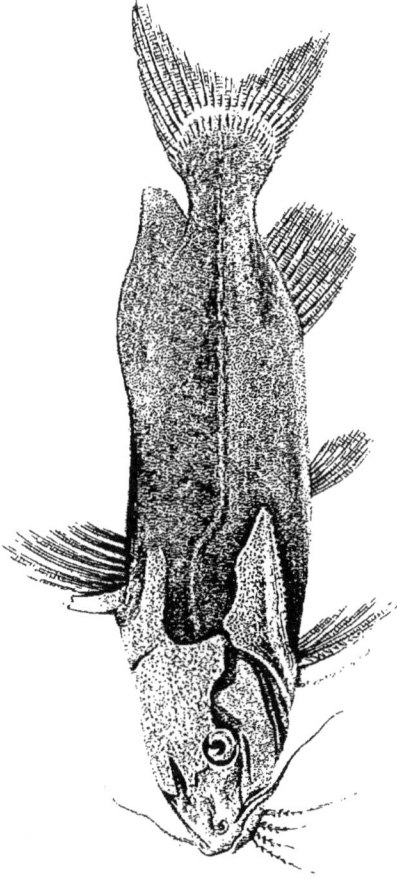

SCHAL, nègre.

SYNODONTIS nigrita, nob.

Acarie-Baron del.

Imp.^{re} de Langlois

Saverand sculp.^t

CHAPITRE XI.

Des Doras (*Doras*, Lacép.).

Les *doras* de M. de Lacépède, nom dérivé sans doute de δόρυ (une lance), sont des pimélodes dont la ligne latérale est cuirassée de plaques osseuses, carénées, et terminées chacune par une épine. L'armure de leur tête et de leur nuque est semblable à celle des auchémiptères, c'est-à-dire, que leur première plaque interépineuse est apparente et enchâssée entre le casque et un grand bouclier en forme de chevron. Leur production humérale est aussi très-grande, et leurs épines dorsale et pectorale sont très-grosses et fortement dentées, en sorte que l'on peut les regarder comme ceux de tous les siluroïdes auxquels la nature a donné les armes défensives et offensives les plus puissantes ; aussi voyons-nous que, dans les colonies espagnoles d'Amérique, ils ont reçu le nom de *mata-caïman* (tueur de crocodile), parce qu'il leur arrive souvent, lorsqu'ils sont avalés par ces grands reptiles, de déchirer leur pharynx et leur œsophage au point de les faire périr. Déjà Strabon avait attribué un pouvoir pareil aux poissons du Nil qu'il nommait *porcus,* et que l'on avait cru être les schals.

Mais c'est sans doute un rapport fort exagéré que celui de Gumilla, qui nomme ces poissons *bagres armés,* et dit qu'ils ont, depuis les ouïes jusqu'au bout de la queue, des pointes osseuses fort aiguës, faites comme les serres d'un aigle, et que, nageant avec la vitesse d'un trait, s'ils rencontrent un poisson, un caïman ou un homme, ils les mettent dans un tel état qu'ils ne sauraient plus vivre.

Ces poissons se subdivisent en deux groupes, d'après la forme de leur bouche : fendue dans les uns au bout d'un museau déprimé et garni de deux larges bandes de dents en velours aux deux mâchoires; percée dans les autres comme d'un trou rond sous un museau conique, et n'ayant à la mâchoire inférieure seulement que deux petits groupes de dents.

Nous commencerons par les premiers, ceux qui ont de larges bandes de dents en velours aux deux mâchoires.

Le DORAS A COTES OSSEUSES

(*Doras costatus,* Lacép.; *Silurus costatus,* Linn.)

est un des mieux pourvus d'armes défensives.

Gronovius en a donné une figure passable et une description très-détaillée dans son Muséum (t. **II**, p. 24, et pl. **V**, fig. 1 et 2), où il le range dans ses *Mystus* avec les pimélodes et les bagres. C'est d'après lui que Linné en a établi l'espèce dans son Système sous le nom de *silurus costatus.* Bloch l'a mieux représenté (pl. 376), sans être toutefois suffisamment exact pour les dentelures des épines. Il le nomme *cataphractus costatus,* son genre *cataphractus* comprenant à la fois les doras et les cataphractes de M. de Lacépède, qui sont nos callichtes.

Linné avait dit le *silurus costatus* des Indes (*ex Indiis*), ce que Gmelin a paraphrasé par les Indes et l'Amérique méridionale (*in America australi et India*), et depuis lors il a été admis comme constant qu'on le trouve dans les deux continens. Lacépède et Shaw n'en doutent point. Le fait est cependant qu'il n'existe que dans les rivières de l'Amérique, et, à ce que je crois, de l'Amérique méridionale.

Nos individus et ceux du Musée des Pays-Bas viennent de la Guiane.

Bloch lui rapporte le *Klip-bagre* de Margrave, p. 174, ou l'*urutu* de Pison, p. 65; mais c'est plutôt le *doras tacheté,* qui va suivre.

Il aurait dû, au contraire, à ce que je crois, lui rapporter le *cataphractus* de Catesby (supplément, pl. XIX), qu'il regarde, avec Gronovius et Linné, comme appartenant à l'espèce

suivante, mais qui ne me paraît qu'un individu
desséché et mutilé de celle-ci, qui avait perdu
les barbillons, les rayons mous de la dorsale
et des pectorales, et les lobes de la caudale.
C'était un poisson du cabinet de Sloane, où
on le disait envoyé de la Nouvelle-Angleterre.

Le *doras costatus* est un poisson à corps arrondi
en avant, aminci en arrière. Sa tête, un peu déprimée,
a, du museau à l'ouïe, le cinquième à peu près de
la longueur totale; et jusqu'à l'épine dorsale il y a
presque le double; sa longueur jusqu'à l'ouïe surpasse
à peine sa largeur; mais elle est supérieure de deux
cinquièmes à la hauteur mesurée sous la nuque. Le
museau est horizontalement parabolique; la fente de
la bouche est terminale, et n'a pas en travers le tiers
de la longueur de la tête. La mâchoire supérieure dépasse un peu l'autre : il y a à chacune une large bande
de dents en velours; le vomer n'en a point. Le barbillon maxillaire atteint le milieu de l'épine pectorale; le sous-mandibulaire externe est de moitié plus
court; l'interne des deux tiers. L'œil est au milieu de
l'espace entre le museau et l'ouïe, d'un peu plus du
cinquième de cette longueur en diamètre, rapproché de la face supérieure et à deux diamètres de son
semblable. L'orifice inférieur de la narine est près de
la lèvre, à bord un peu tubuleux; le supérieur, plus
près de l'œil que du premier, est percé dans un sillon
que laisse en dessus le premier sous-orbitaire, qui
est monté sur son bord inférieur. Le dessus de la
tête est assez aplati; mais vers la nuque le casque

devient transversalement convexe. Il est continu avec le bouclier jusqu'à l'épine dorsale, il s'élargit par deux pointes latérales que lui forment les surscapulaires, puis il a de chaque côté un arc rentrant et enfin il s'élargit de nouveau aux côtés de ce qui ferait le bouclier, s'il y avait une séparation : entre les yeux est une très-petite solution de continuité ovale. Les sous-orbitaires qui couvrent presque la joue, le limbe du préopercule et l'opercule, sont granulés comme le casque. La membrane des ouies s'unit à l'isthme de manière à ne laisser d'ouvert que la fente horizontale de l'ouïe. Il faut un peu de dissection pour en compter les rayons, qui sont au nombre de sept de chaque côté. L'huméral est aussi granulé, et sa pointe aiguë, près de quatre fois aussi longue que haute et relevée d'une arête finement crénelée, s'étend jusque sous l'épine dorsale. Cette épine est de plus du sixième, quelquefois du cinquième, de la longueur totale, forte, striée, dentelée à son bord antérieur, de manière que la moitié inférieure a des dents petites et serrées, et qu'elles deviennent par degrés très-fortes et plus écartées à la moitié supérieure. Son extrémité a encore un petit appendice mou. En arrière cette épine a aussi des dents, mais petites et écartées. L'épine pectorale a le quart de la longueur totale, et est très-grosse, striée et armée de dents très-fortes, très-pointues, écartées; celles du bord antérieur dirigées vers la pointe, les postérieures vers la base. Entre les dents antérieures de ces deux sortes d'épines se trouvent de petits lobes membraneux, arrondis, qui en remplissent les inter-

valles. L'anale n'occupe qu'un dixième ou un douzième de la longueur totale. L'adipeuse semble au
contraire former un pli très-long et très-bas, excepté
à son extrémité postérieure, où il se relève en une
petite pointe. Les boucliers ou les bardes qui arment
les côtés de ce doras, sont épais et granulés comme
le casque; les deux premiers, situés entre l'arrière
du casque et la proéminence humérale, sont petits,
plats et irréguliers; les suivans, au nombre de trente-
deux, forment des bandes verticales trois ou quatre
fois plus hautes que larges, échancrées à leur bord
postérieur, un peu au-dessous du milieu, relevés
vis-à-vis l'échancrure d'une arête qui prend la forme
d'un crochet pointu et très-saillant, surtout vers
l'arrière. Le corps, tant en dessus qu'en dessous,
entre ces deux rangées de bardes, n'est garni que
d'une peau molle. En arrière de l'adipeuse et de
l'anale il y a, outre ces pièces de cuirasses latérales,
en dessus et en dessous, un rond de pièces horizontales au nombre de sept ou huit, dont les dernières
se confondent avec ce qu'on appelle les petits rayons
de la caudale; celle-ci est divisée, sur plus de moitié
de sa longueur, en deux lobes assez pointus, du
cinquième de la longueur du corps.

D. 1/7; A. 11; C. 17; P. 1/7; V. 7.

Dans la liqueur, ce doras paraît d'un brun fauve;
le ventre plus pâle. Une ligne fauve clair suit la
rangée des aiguillons latéraux; le milieu de la caudale est aussi de ce fauve clair, et il y en a une
teinte à ses bords supérieur et inférieur. L'intervalle
est brun noirâtre; les autres nageoires sont aussi

d'un brun noirâtre; mais la base de la dorsale et le tiers postérieur, quelquefois même le bord antérieur, de l'anale, sont fauve clair.

J'ai disséqué les viscères de cette espèce, et j'ai trouvé un vaste estomac arrondi en arrière, donnant de sa base droite une branche montante qui se prolonge en un duodénum assez large, se contournant sous le foie et autour de l'œsophage, et passant ainsi dans le côté gauche. Il se rétrécit en plusieurs circonvolutions au-delà de l'estomac. Ces gros intestins étaient remplis d'une pâte grise, comme de la terre argileuse. La rate est plate et large au-dessus des circonvolutions du duodénum. Le foie ne forme qu'un lobe mince, situé en travers sous l'œsophage, et se portant à égale distance de chaque côté. La vésicule du fiel est oblongue.

La vessie aérienne est grande, sa tunique fibreuse est épaisse et comme plissée en dedans. Les reins sont gros.

Nous avons des individus de cette espèce de huit, de dix et de onze pouces.

Le Doras armadille.

(*Doras armatulus*, nob.)

Les rivières du Brésil nourrissent un doras si semblable au précédent par les formes et même par les couleurs, que l'on serait tenté de le prendre pour le jeune de l'espèce, sans quelques différences de détail que nous allons

15.   18

indiquer, et s'il n'était pas constaté qu'il reste
toujours beaucoup plus petit.

L'arête de sa grande proéminence humérale est
fortement dentée en scie : il n'a de chaque côté que
vingt-huit ou vingt-neuf bardes armées de crochets
tranchans; toutes ces bardes sont non pas crénelées,
mais hérissées de petites épines couchées, dirigées
en arrière, dont le dernier rang leur forme un bord
postérieur épineux. Sa caudale a des lobes autant et
plus pointus que le *D. costatus.*

D. 1/6; A. 12; C. 17; P. 1/6; V. 7.

Ce poisson est d'un brun noir; une bande fauve
clair commence au-dessus de l'œil, traverse le côté
du casque et suit la série des épines jusqu'au milieu
de la caudale, dont le bord supérieur et l'inférieur
sont aussi fauves : une ligne fauve moins tranchée
suit la longueur du milieu du dos. La moitié inférieure de la dorsale est fauve clair ou blanchâtre,
la moitié supérieure est noire. L'anale a aussi une
grande tache noirâtre; la partie molle de la pectorale est noire, excepté le tiers de sa base, qui est
blanchâtre. Tout le dessous est d'un gris brun, plus
pâle en avant.

Les viscères de cette espèce n'étaient pas
conservés, et je ne puis rien dire sur sa splanchnologie; mais le squelette nous présente les
conformations suivantes.

Sa tête osseuse montre à peu près le même arrangement des os autour de l'interpariétal que dans
l'auchéniptère; mais le chevron du deuxième inter-

épineux est beaucoup plus large, et les extrémités de ses branches postérieures plus courtes et non dirigées vers le bas. Les frontaux ne sont pas celluleux et se rétrécissent en avant pour porter un petit ethmoïde; il n'y a pas de renflement pierreux au frontal antérieur. Les sous-orbitaires sont dilatés; les suivans forment autour de l'orbite un demi-cercle très-régulier. L'occipital externe ne se montre point en dessus et n'a pas de lame saillante.

Il y a dix vertèbres portant des côtes et dix-neuf vertèbres caudales, y compris l'éventail terminal.

C'est un petit poisson qui ne passe jamais quatre pouces, et demeure souvent plus court.

M. d'Orbigny l'a trouvé dans le Parana, mais non au-dessous du 27° 30' de latitude sud; plus au nord il devient très-abondant. Il se tient toujours dans les lieux pierreux où il y a beaucoup de courans, et ne mord point à la ligne, en sorte que l'on ne peut guère se le procurer qu'en Octobre, lorsque la rivière est très-basse. Il fait entendre, quand on le prend, le même son sourd que la plupart des siluroïdes.

Armadillo (petit armé) est son nom espagnol. Les Guaranis le nomment *yata-boti*, ou *yaru-ita-cua* (grand'mère des trous des pierres); mais ce nom est commun à beaucoup d'autres poissons qui se tiennent, comme celui-ci, parmi les pierres.

Le Doras cuirassé

(*Doras cataphractus,* nob.; *Silurus cataphractus,*
Linn.; *Cataphractus americanus,* Bl. et Lac.)

a été établi par Linné sur des figures et sur
une description de Gronovius (Mus. I, p. 28,
et pl. III, fig. 3 et 4), qui présentent sur la plupart des points des ressemblances si frappantes
avec cet *armadillo,* que je ne puis presque
m'empêcher de croire que les différences tiennent à l'imperfection de l'individu observé par
l'ichthyologiste hollandais.

Cependant, d'après la figure, il aurait les yeux
plus petits, plus rapprochés du museau, presque
sur la commissure; sa caudale serait tronquée; ses
barbillons moins inégaux et les maxillaires plus
courts à proportion; mais ses plaques latérales et
aiguillonnées sont aussi au nombre de vingt-neuf;
leurs bords sont épineux; sa proéminence humérale
a la crête dentée; une bande pâle suit la série des
crochets latéraux, etc.

Gronovius donne les nombres, mais incomplète-
ment et avec doute:

B. 6; D. 1/4; A. 9; C. 19; P.....; V. 6.

Un caractère qui paraîtrait plus distinctif, s'il était
bien constaté, c'est qu'il attribue à l'adipeuse un
petit rayon simple et rude: ce qui lui a fait placer
l'espèce dans ses *callichthys,* et non dans ses *mystus,*
contrairement à tout l'ensemble de sa conformation.

Son individu, long seulement de deux pouces et demi, provenait du Cabinet de Seba.

J'en ai trouvé au Musée des Pays-Bas un individu de trois pouces, provenant de l'ancien
Cabinet de Leyde, et qui offre à peu près tous
les caractères de celui de Gronovius.

Je lui ai compté vingt-six plaques latérales et
D. 1/4; A. 9; C. 17; P. 1/4; V. 1/5.

Sa caudale paraît arrondie.

Il est d'un brun roux et a trois lignes pâles, une
sur le milieu du dos, et une sur chaque flanc, le
long des aiguillons. Ses nageoires sont blanchâtres,
avec des taches rousses; son adipeuse petite, rousse,
bordée de blanc.

Gronovius a eu le tort de croire ce petit
poisson identique avec le *cataphractus* de Catesby, qui est bien plutôt de l'espèce du *D. costatus,* et le tort beaucoup plus grand de lui
rapporter l'*ikan renne* de Valentyn, n.° 355,
mauvaise figure d'un baliste des Indes, par
conséquent entièrement étrangère à la famille
même des siluroïdes.

Le DORAS DE BLOCH.

(*Doras Blochii,* nob.; *Cataphractus americanus,* Bl.)

Bloch, dans son Système posthume, p. 107,
et pl. 28, a aussi un *cataphractus americanus*
auquel il rapporte le poisson de Gronovius et

celui de Catesby; mais qui serait encore assez différent de l'un et de l'autre, si toutefois, comme Bloch se l'est permis en plus d'une occasion, et la description et la figure ne sont pas fabriquées avec des traits empruntés de tous les deux.[1]

Ses yeux sont petits et avancés; les barbillons courts, l'arête de son huméral est dentelée, sa queue est tronquée; il a un rayon assez fort au bord de l'adipeuse : tous caractères qui conviennent au poisson de Gronovius. Ses lames latérales sont aussi au nombre de vingt-neuf, mais on ne voit point d'épines le long de leurs bords; elles n'ont que le fort crochet du milieu. Bloch compte les rayons comme Gronovius :

B. 6; D. 1/4 — 1; A. 9; C. 19,

et ne donne pas plus que lui le nombre des rayons pectoraux. C'est évidemment aussi de Gronovius qu'il prend ses détails anatomiques.

Il enlumine sa figure de fauve, les nageoires de gris avec des bandes transversales brunes, et donne un pied de longueur à son individu.

---

1. Ce qui est certain, c'est que les dentelures des épines dorsales et pectorales sont mal dirigées; que les barbillons sont attachés tous les trois sur le museau, etc.

Le DORAS D'HANCOCK.

(*Doras Hancockii*, nob.)

M. J. Hancock, dans le quatorzième numéro du Journal zoologique, parle d'un *doras* qu'il nomme *costatus,* mais qui doit se rapprocher plutôt de l'un des trois précédens;

car l'auteur lui compte vingt-sept plaques latérales, prenant presque toute la hauteur du corps, et

D. 1/6; A. 9; C. 20; P. 1/5; V. 7.

A la vérité il assure n'avoir pu lui découvrir que quatre rayons aux ouïes, mais cela a tenu peut-être à la difficulté de les compter sans dissection. Son corps est gris brunâtre, et il atteint une longueur d'un pied.

Il habite les lacs et étangs d'eau douce, et les rivières, et se nourrit d'insectes aquatiques.

Hassar est le nom générique des doras parmi les *Arowacks,* et celui-ci se nomme *hassar à tête plate;* c'est un des poissons qui peuvent se transporter par terre d'une eau à l'autre. Lorsque les étangs se dessèchent, lorsque les callichthes et les yanows s'enterrent dans la vase, et que tous les autres poissons périssent ou deviennent la proie des oiseaux rapaces, ces doras se mettent en marche, souvent en grandes troupes, et passent quelquefois une nuit entière avant d'arriver à d'autres eaux. Un des amis de

M. Hancock en rencontra une fois en si grande
quantité que ses nègres en remplirent plusieurs
paniers. Il s'est assuré lui-même que le poisson peut vivre plusieurs heures hors de l'eau,
et même exposé à l'ardeur du soleil. Les Indiens disent qu'ils emportent une provision
d'eau pour leur voyage, ce qui pourrait avoir
lieu par la clôture de leurs ouïes; mais M. Hancock pense, que la substance même de leur
corps absorbe beaucoup d'eau, et assure qu'il
est difficile de les sécher, parce qu'ils transsu-
dent à l'instant de nouvelle humidité.

L'auteur ajoute que ce doras, ainsi que le
callichthe, fait un nid régulier, où il dépose ses
œufs en peloton aplati et les couvre soigneu-
sement; et sa sollicitude ne se borne pas là :
le mâle et la femelle font auprès de ce nid une
garde attentive, et le défendent avec courage
jusqu'à ce que les petits soient éclos. Ce nid est
fait de feuilles, et quelquefois creusé dans la
berge; c'est surtout en temps humide qu'ils le
construisent, et M. Hancock a vu de ces nids
apparaître en grand nombre le lendemain d'une
pluie. On les remarque à cause d'une bulle
écumeuse qui se montre à la surface de l'eau
au-dessus de chaque nid.

Le Doras tacheté.

(*Doras maculatus*, nob.; *Doras granulosus*, Valenc. *apud* Humb. et d'Orb., Atl. ichth. du Voyage dans l'Amér. mérid., pl. V, fig. 3.)

C'est l'espèce que j'ai décrité en abrégé sous le nom de *doras granulosus* dans les Observations zoologiques de M. de Humboldt (t. II, p. 184), d'après un individu sec, cédé par le Cabinet de Lisbonne à celui de Paris; mais M. d'Orbigny en a envoyé de Buénos-Ayres, dans la liqueur, deux autres mieux conservés, et qui en présentent plus complètement les caractères.

Ce doras ressemble assez par la tête au *D. costatus;* cependant ses yeux sont plus petits (du septième de la longueur de la tête), plus avancés (au tiers antérieur), plus écartés l'un de l'autre (de trois diamètres). Son museau est plus arrondi. Les rides de son casque sont plus grossières, ainsi que celles de ses sous-orbitaires. Le limbe de son préopercule est lisse et étroit. Son opercule est strié peu profondément. Sa production humérale est moins longue et plus haute, mais il n'en paraît au travers de la peau que la portion au-dessous de l'arête, en sorte qu'on la juge beaucoup plus étroite. La hauteur de cette partie n'est que le sixième ou le septième de sa longueur : elle est granulée. Ses barbillons sont aussi longs, ses épines aussi fortes que dans le *costatus;* mais ce qui fait sa principale différence, c'est

la petitesse de ses boucliers latéraux. Ils sont en forme
de reins et ont au milieu une forte carène crochue
et terminée en pointe aiguë. Les premiers, sous la
branche latérale du bouclier, ont à peine le cinquième de la hauteur du corps à cet endroit; vers
l'arrière, ils grandissent un peu, et leurs lobes ont
à leur surface, près du bord supérieur et de l'inférieur, quelques petites épines couchées et dirigées
en arrière. Leur nombre varie de vingt-deux ou
vingt-trois à vingt-cinq ou vingt-six, et plus en
avant il y a encore un ou deux petits grains sans
carène. L'adipeuse est médiocre, oblique. La caudale est divisée en deux lobes pointus, de plus du
cinquième de la longueur totale. Ses petits rayons
au-dessus et au-dessous de sa base sont larges et
courts, au point de ressembler à des écailles, mais
bien plus petits que dans le *D. costatus.* Il y a huit
rayons aux ouïes.

B. 8; D. 1/6; A. 13; C. 17 et au moins 28 petits; P. 1/9;
V. 7.

Dans quelques individus la peau du dos et des
flancs offre en certains endroits de très-petits grains
noirâtres; mais il y en a aussi dont la peau est lisse, et
c'est pourquoi je n'ai pas cru devoir conserver l'épithète que j'avais donnée à l'espèce : j'en tire une plus
caractéristique de ce que ses nageoires sont semées
de points et de petites taches noirâtres, sur un fond
brun-verdâtre. Un individu paraît même avoir eu des
taches noirâtres et confluentes sur la tête et le tronc.

L'individu que j'ai décrit a quatorze pouces
de longueur : à son état sec il paraît d'un fauve

uniforme. Ceux de M. d'Orbigny, qui ont mieux conservé leur couleur, n'ont que onze ou douze pouces; mais ce voyageur nous apprend qu'il y en a de près de deux pieds. C'est d'après l'un de ses individus que j'en ai fait donner une figure coloriée dans l'Atlas ichthyologique de son Voyage dans l'Amérique méridionale, pl. V, fig. 3.

C'est évidemment ici le *selip bagre,* ou *bagre de roche,* de Margrave, p. 174, et l'*urutu* de Pison, p. 65, que Bloch a cru mal à propos synonyme du *costatus.* Nous y rapportons aussi une figure dans le livre de Mentzel, intitulée *guiri.*

C'est une des espèces dont les pêcheurs redoutent le plus les épines. Leurs piqûres, selon Pison, ou plutôt les déchirures qu'elles occasionnent, tuent souvent après des douleurs et des angoisses terribles. On en a quelquefois prévenu le danger en appliquant un cataplasme fait avec le foie du poisson broyé dans de l'huile.

A Buénos-Ayres et dans toute la république Argentine on connaît ce poisson sous le nom d'*armado.* C'est un manger fort estimé. On le rencontre toute l'année à Corrientes et au-dessus dans le Parana. Il commence à descendre au mois d'Octobre, et demeure à Buénos-Ayres pendant toute la saison des chaleurs.

Le Doras a écussons dorsaux.

(*Doras dorsalis,* nob.)

C'est ici l'espèce que j'ai décrite dans les Observations zoologiques de M. de Humboldt, tom. II, p. 184, sous le nom de *doras carinatus;* mais ce n'est pas le *silurus carinatus* de Linné, comme nous le verrons tout à l'heure.

J'ai dû changer l'épithète que je lui avais donnée dans le travail de ma jeunesse, quand je commençai mes premiers essais en zoologie; car il date de 1817; celle que j'adopte aujourd'hui est plus convenable.

L'échantillon qui a servi de sujet à ma description, est conservé dans l'alkool, et a été envoyé anciennement de Cayenne au Cabinet du Roi.

Sa tête est fort semblable à celle du *D. maculatus;* mais elle est beaucoup plus finement granulée, plus sensiblement carénée à la nuque. Ses yeux sont plus grands (du cinquième de la longueur de la tête). La partie visible de sa production humérale est un peu plus haute; il a moins de dentelures aux épines de la pectorale et des dorsales, et elles y sont plus fortes et plus écartées. Ses plaques latérales à crochets ne sont qu'au nombre de seize; les premières sont plus hautes et en forme de rein ou de papillon à ailes déployées; les suivantes prennent par degrés une forme ovale, longitudinale. Il y a entre la dorsale et l'adipeuse cinq ou six plaques oblongues : l'adipeuse en a une de chaque côté de sa base. Entre l'adipeuse et les petits rayons de la caudale en sont trois, assez grandes : en dessous, derrière l'anale, il y en a cinq ou six beaucoup plus petites.

D. 1/6; A. 14; C. 17, etc.; P. 1/8; V. 7.

Pour tout le reste des détails de forme, ce poisson ressemble au précédent; il a la même caudale à lobes pointus, les mêmes barbillons, etc. On voit aussi quelques très-petits grains à certains endroits de sa peau, etc.

L'individu est décoloré, et long de huit à neuf pouces.

J'ai fait l'anatomie de cette espèce, elle présente plusieurs particularités curieuses.

L'estomac est un grand sac arrondi en arrière et plus élargi, ce qui lui donne la forme d'une poire. Du fond de son extrémité droite sort la branche montante, qui égale en longueur la moitié de l'estomac; elle a des parois épaisses; son diamètre est petit. Vient ensuite le duodénum, d'abord étroit, puis boursoufflé, et se rétrécissant ensuite près du diaphragme, sous lequel il fait dans le côté gauche plusieurs circonvolutions; il descend en filant toujours les plis nombreux et en se dilatant inégalement, pour donner ensuite, toujours dans le côté gauche, une anse très-dilatée et très-longue, qui est le commencement du gros intestin, et que l'on prendrait pour un second estomac, moitié moins grand que le véritable.

Cette portion dilatée, contenue dans le haut de l'hypocondre gauche, occupe bien le tiers de la longueur de la cavité abdominale; elle donne de là un intestin très-grêle, qui se contourne sur le fond du sac stomacal, passe du côté droit, remonte sur l'estomac, et, arrivé à la moitié de sa longueur, se courbe pour se rendre droit à l'anus. Ces gros intestins et le duodénum donnent un épiploon graisseux, assez épais et solide, qui enveloppe l'estomac, que l'on ne peut voir qu'après avoir fendu avec un scalpel la membrane qui le cache. Le foie est petit et composé de deux lobes situés dans les fosses creusées sous la production interpariétale, et par conséquent presque en entier au-dessus de l'œsophage. Il semble que ce soit le volume de l'estomac et du colon qui l'ait ainsi rejeté vers le haut. Ses lobes sont tronqués et épais; sa vésicule du fiel est ronde, et donne dans le duodénum dans l'échancrure des deux lobes.

Les organes génitaux mâles étaient peu développés. Les reins sont gros et forment une seule masse après la vessie aérienne. Ce viscère a sa tunique fibreuse épaisse et argentée; la tunique est mince, mais assez résistante et aussi argentée.

Ce poisson se nourrit de végétaux, qu'il réduit en débris hachés très-menu, et dont l'estomac et la portion dilatée du cou étaient bourrés. J'ai reconnu parmi ces débris des enveloppes de grosses graines, probablement de quelques légumineuses.

Le Doras du crocodile

(*Doras crocodili*, Humb.),

décrit et représenté dans les Observations de M. de Humboldt, d'après une esquisse que ce célèbre voyageur avait faite sur les bords de la rivière de la Magdeleine à la Nouvelle-Grenade, doit être entièrement voisin du précédent.

Sa tête paraît plus convexe, et son casque ne semble pas échancré sur les côtés de la nuque : il a de petits boucliers latéraux, mais avec cette différence, que ceux du côté de la queue paraissent les plus petits. La pointe humérale est étroite, mais bien plus courte à proportion que dans le *D. maculatus*. L'adipeuse est petite.

M. de Humboldt assure que la pectorale est réduite au seul rayon épineux, et il y a comme un petit lobe particulier sous le bord inférieur de la base de la caudale, qui elle-même semble tronquée ou arrondie.

Les nombres sont marqués

D. 1/4; A. 9; C. 8 et 4; P. 1; V. 7.

Ce poisson était olivâtre en dessus, blanc jaunâtre en dessous, et long de neuf pouces.

M. de Humboldt l'a pris dans la Magdeleine, entre *Pinto* et *Mompox*, par les 9° et 9°½ de latitude, et en fut blessé douloureusement; il l'a vu s'avancer par sauts sur une plage aride à plus de deux cents pieds de distance, en s'appuyant sur les épines de ses pectorales. Un autre individu, que les Indiens prirent à la ligne près de Rio Cauca, grimpa sur un monticule de sable de vingt pieds de hauteur.

————

Les doras, qui n'ont de dents qu'à la mâchoire inférieure et sur deux très-petits groupes, se distinguent aussi par un museau conique, et non pas large et déprimé comme dans les précédens, avec lesquels ils ont d'ailleurs beaucoup de rapports.

Le Doras caréné.

(*Doras carinatus,* nob.; *Silurus carinatus,* Linn.)

Le museau pointu, et les barbillons pennés de cette espèce, la distinguent amplement.

Linné, qui l'avait reçue de Surinam, l'a décrite avec sa précision ordinaire dans sa douzième édition, p. 504. Pallas en avait aussi envoyé à Bloch, d'après un individu du Cabinet de Pétersbourg, une courte notice mentionnée dans le Système posthume, p. 109; je l'ai reproduite dans les Observations zoologiques de M. de Humboldt, tom. II, p. 184, sous le nom de *doras oxyrhynchus.*

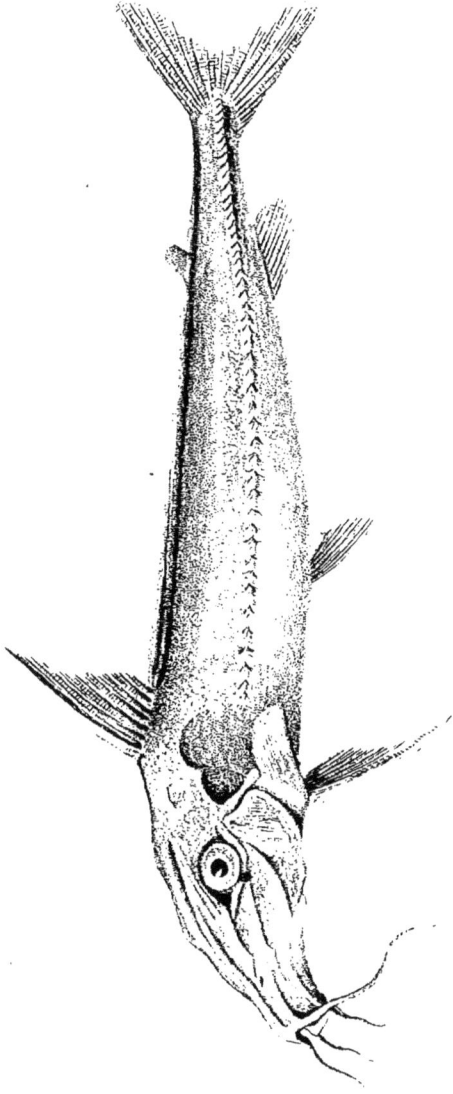

DORAS à carène.

Acarie Baron del.

DORAS *carinatus*, nob

Impr. *de Langlois*

Jaserand sculp.

BIBLIOTHÈQUE NATIONALE

Outre l'individu desséché que j'ai décrit en abrégé, et qui a été donné au Cabinet du Roi par celui de Lisbonne, nous en avons examiné un plus grand, envoyé récemment de Cayenne.

Il est peu comprimé, environ cinq fois aussi long que haut. Sa tête, en cône oblique, si on la mesure du museau à l'ouïe, est trois fois et demie dans la longueur totale, et sa hauteur à la nuque fait un peu plus de moitié de sa longueur : elle est un peu moins large que haute. Le diamètre vertical du museau n'est que le tiers de la hauteur à la nuque ; la distance du museau à la dorsale fait le tiers de la longueur totale. Le profil descend au museau par une courbure légèrement convexe. L'œil a plus du quart de la longueur de la tête en diamètre, et est placé près de la ligne du profil, à deux diamètres et demi du bout du museau, à moins d'un diamètre de son semblable. La bouche est petite, demi-circulaire, entourée de lèvres charnues, dont la supérieure avance plus que l'autre ; il n'y a aucunes dents à la mâchoire supérieure, mais l'inférieure en a deux petits groupes en velours. Le barbillon maxillaire atteint l'ouïe ; il a en dessous, vers sa base, des filets grêles, au nombre de dix ou douze, dont ceux de la base sont un peu plus longs et plus gros. Les sous-mandibulaires sont beaucoup plus courts et garnis de petits grains. Une large membrane, production de la lèvre inférieure, réunit les bases des six barbillons. Le casque est granulé depuis l'intervalle des yeux jusqu'à l'épine dorsale : tout le reste de la tête est lisse. L'opercule et

15.

l'interopercule sont légèrement striés ; une large
solution de continuité remonte au-dessus des yeux.
Le surscapulaire est fort étroit. La production humérale, au contraire, est grande, large, obtuse, et
se porte en arrière aussi loin que les branches transversales du bouclier. Ces deux os ont leur surface
finement striée. Les sous-orbitaires ne forment qu'un
filet grêle et lisse. La branche latérale du bouclier
est conique et étroite. Le préopercule est lisse et
caché sous la peau. Les épines pectorale et dorsale
sont assez fortes. La pectorale a plus du sixième de
la longueur, la dorsale plus du cinquième : elles
sont comprimées, striées, finement crénelées au bord
antérieur ; la pectorale a des dentelures au bord postérieur, en sens contraire de celles de l'antérieur : à la
dorsale on n'en voit que quelques-unes, très-petites
(je dois dire que dans l'échantillon du Cabinet de
Leyde ces épines sont plus fortes, plus courtes et
plus arquées que dans celui du Cabinet du Roi).
L'adipeuse est petite ; la caudale est divisée en deux
lobes peu aigus, du septième de la longueur totale ;
l'anale occupe à peu près le même espace.

B. 6 ? D. 1/6 ; A. 11 ; C. 17 et plusieurs petits ; P. 1/10 ; V. 7.

La ligne latérale est garnie de trente-six petites
plaques osseuses, trapézoïdes, pointues en haut et
en bas, à bord postérieur échancré, quelquefois
dentelé, et armées au milieu d'une carène tranchante,
qui se termine par une épine aiguë. La première de
ses plaques est au-dessus de l'extrémité de la production humérale ; les dernières, plus serrées que les
autres, vont jusque sur le côté de la caudale. Les

lignes obliques partent des intervalles de ces plaques et se dessinent sur le dessus et le dessous du tronc.

Notre individu est long de sept pouces et demi. Celui de Leyde a près d'un pied; tous deux paraissent d'un fauve uniforme, mais étaient peut-être plus ou moins argentés.

Le Doras noir.

(*Doras niger*, nob.)

Cette belle et grande espèce a été déja décrite en abrégé dans le travail cité plus haut, que j'ai publié en 1817 sur les poissons de l'Amérique équinoxiale, et qui est inséré dans les Observations zoologiques de M. de Humboldt (t. II, p. 184), d'après un bel individu donné par le Cabinet de Lisbonne à celui de Paris. Plus tard, il en a paru une très-bonne figure dans les Poissons de Spix, pl. V. Ce voyageur l'avait appelé *corydoras edentulus;* mais comme il ne répond point aux caractères attribués aux *corydoras* par M. de Lacépède, l'éditeur, M. Agassiz, a préféré le nommer *doras Humboldtii*. Cet éditeur, fondé sur quelques différences dans les termes, a cru ce poisson de Spix différent du nôtre; mais l'identité s'en laisse aisément constater par le seul rapprochement de sa figure avec notre individu.

Il a l'œil beaucoup plus petit et la tête plus déprimée en avant que le précédent; son museau descend moins. Mesurée jusqu'à l'ouïe, sa tête a le quart, et jusqu'à la dorsale, un peu plus du tiers de la longueur totale. Sa largeur entre les ouïes est de moitié de la distance du museau à la dorsale. L'œil a le huitième de la longueur du museau à l'ouïe, et est à quatre diamètres du bout du museau et à trois de celui de l'autre côté. La bouche est demi-circulaire, ouverte sous le bout du museau. La lèvre supérieure est épaisse et proéminente; elle se prolonge de chaque côté en un barbillon maxillaire, épais à sa base, et qui atteint à peine à l'ouïe; les sous-mandibulaires sont de moitié plus courts. Je crois apercevoir à la mâchoire inférieure deux petits groupes de dents, mais infiniment plus fines et plus rares que dans le *D. carinatus.* Le casque est fortement granulé jusqu'en avant des yeux : il en est de même des sous-orbitaires, de l'opercule, de la longue proéminence de l'opercule, qui est un peu moins haute qu'au précédent, mais tout aussi obtuse. La branche latérale du bouclier est large et arrondie. Les épines sont comme dans le précédent. Il y a pour toute adipeuse un léger repli, fort long, mais si bas qu'il est à peine sensible pour qui n'en est pas prévenu. L'anale est assez petite; la caudale est divisée en deux lobes obtus, du septième de la longueur totale.

B. 8; D. 1/6; A. 11; C. 17; P. 1/10; V. 7.

Dans la grande échancrure, entre le bouclier et la proéminence de l'huméral, se voient trois petites plaques vermiculées; ensuite en vient une haute et étroite, puis dix-neuf en forme de papillons ou de chauves-souris, c'est-à-dire deux ou trois fois plus hautes que longues, pointues à chaque extrémité, échancrées au milieu et relevées d'une forte arête en crochet pointu; les dernières sont plus longues, et ont leurs ailes plus obliques, plus obtuses et leurs crochets plus saillans : toutes ont la surface hérissée d'arêtes grêles, serrées, qui ressemblent à des épines couchées et qui forment en effet de petites épines au bord postérieur.

Notre individu est long de vingt-deux pouces, et la dessiccation l'a rendu presque noir. La figure de M. Spix est enluminée d'un vert sombre. Ses individus, conservés à Munich, ont de six à vingt-quatre pouces : ils viennent de la rivière de Saint-François au Brésil.

CHAPITRE XII.

Des Callichthes (*Callichthys*, Linn. et Gronov.).

Les callichtes sont, comme les doras, des siluroïdes cuirassés et à deuxième dorsale adipeuse; mais cette deuxième dorsale a un rayon dans son bord antérieur, et la cuirasse est tout autrement faite que dans les doras. Elle consiste en deux rangées de lames étroites et hautes de chaque côté, qui embrassent la totalité de la hauteur, chacune recouvrant un peu la suivante, et celles de la rangée supérieure se croisant un peu avec celle de la rangée inférieure le long de la ligne latérale, ou plutôt dans la direction qu'aurait cette ligne, si elle existait : c'est une armure défensive, remarquable par son extrême régularité et par la facilité qu'elle permet à tous les mouvemens, tout en ne laissant que le dessous de l'abdomen à découvert. Ces poissons ont d'ailleurs la tête couverte d'un casque plus ou moins analogue à celui de plusieurs poissons de cette famille; la bouche petite, presque sans dents, deux barbillons à chacun de ses angles, et trois rayons seulement à la membrane des oouïes; leurs pectorales ont une épine, mais souvent velue plutôt que dentée, et il arrive souvent aussi que leur épine dorsale est faible et seulement velue. Leurs formes sont courtes et ramassées; leurs habitudes encore plus paresseuses que celles des genres voisins. Ils se tiennent sous les herbes, dans la vase des marais, et comme, dans les pays chauds qu'ils habitent, ces eaux stagnantes sont sujettes à se dessécher, la nature leur a accordé à un très-haut degré la faculté de vivre assez long-temps à sec, et ils en profitent pour aller en rampant chercher des eaux nouvelles, lorsque celles où ils séjournaient viennent à leur manquer; on assure même qu'ils pénètrent dans la terre et percent quelquefois les digues qui retiennent les étangs, causent ainsi des dégâts dans les viviers, en donnant aux autres poissons les moyens d'en sortir.[1]

Le *tamoata* de Margrave, type de ce genre et long-temps la seule espèce que l'on y ait comprise, parut pour la première fois en 1746 comme un genre à part, et sous le nom de *callichthys,* dans la description du Musée du Prince de Suède, ouvrage de Linné, mais présentée comme thèse inaugurale par Lau-

---

1. Dahlberg, cité par Linné, XII.ᵉ édit., p. 506.

rent Balk[1]. Linné l'introduisit dans la sixième
édition de son *Systema* en 1748, p. 45. Gronovius l'adopta dans son Muséum en 1754,
p. 27. Mais en 1757 Linné, dans sa dixième
édition, p. 307, jugea à propos de supprimer
ce genre, et de le fondre dans son grand genre
silurus, où Gmelin et Shaw l'ont laissé. Puis
en 1797 Bloch, dans la XI.e partie de sa grande
Ichthyologie, p. 65, l'en retira de nouveau avec
d'autres espèces à flancs cuirassés, et imposa à
ce groupe le nom de *cataphractus,* que Klein
avait employé dans un sens plus général; en
même temps il y ajouta une seconde espèce.
Enfin, en 1803, M. de Lacépède (t. V, p. 124)
le sépara de nouveau des doras, et l'isola, ou
crut l'isoler[2], comme Linné; mais aima mieux
lui laisser ce nom vague de *cataphractus,* que
de lui rendre celui de *callichthys,* que Linné
lui avait donné dans l'origine. Il nous semble
que ce législateur de la nomenclature en histoire naturelle, l'inventeur de la dénomination
binaire, méritait bien, puisqu'on lui reprenait
un genre, que l'on en reprît aussi le nom, et

1. Réimp. *Amœn. acad. Linn.*, I, 277. L'article *callichthys* se
retrouve même ouvr., p. 317, n.° 51, et reparait dans la grande
édition du *Mus. Adolph. Fred.* en 1754.

2. Il lui associe, comme Gronovius, le *cataphractus americanus,* qui est un vrai doras.

c'est aussi ce que M. Cuvier a fait déjà dans la première édition du Règne animal en 1817. Il faut cependant avouer que ce nom, emprunté des anciens, avait été employé par eux d'une tout autre manière, quoique les passages où ils en parlent ne nous éclairent nullement sur la synonymie de ce poisson. Ils prouvent seulement, comme nous avons eu occasion de le faire remarquer déjà, que les nomenclatures populaires n'étaient pas moins embrouillées chez les anciens que chez les modernes.

Athénée[1] cite d'abord le callichthe comme synonyme de l'*anthias*; car il intitule son chapitre VII ΑΝΘΙΑΣ, κάλλιχθυς, et plus bas[2] il rapporte que plusieurs auteurs le regardent comme le même, ainsi que le callionyme, l'elloppe et le loup.[3]

' Dans ce même article il rappelle qu'Aristote établit que le κάλλιχθυς était armé de dents aiguës, καρχαρόδοντα, et qu'il vit en troupes.

On lit aussi, quelques lignes plus bas, que Dorion regarde le κάλλιχθυς comme différent de l'anthias, du callionyme et de l'elloppe.

---

1. Liv. VII, p. 182, A.
2. *Ibid.*, D.
3. C'est par faute de corrections que dans le tome II de l'Histoire des poissons, p. 260, on a écrit *tekos* au lieu de *lykos*.

Nous trouvons aussi ce même poisson cité par Oppien[1]. Si la conjecture que M. Cuvier a présentée à l'article de l'anthias[2] a quelque fondement, il me semble qu'on serait en droit d'en conclure que le κάλλιχθυς était le même ou très-voisin de la pélamide de la Méditerranée ou le *scomber sarda* de Bloch. En effet, la pélamide vit en troupes, et a des dents disposées comme l'indique l'épithète très-énergique d'Aristote. Je ne verrais dans la Méditerranée aucun poisson que l'on citerait avec ceux de la race des *orcynus,* ou des thons, et vivant comme eux en troupes, que ce poisson auquel ces mœurs sembleraient s'appliquer. On objectera à cette conjecture, que la pélamide ne mérite peut-être pas l'épithète de κήτωδης, ou de μεγακήτεα qu'Oppien donne à tous ces poissons. Mais ce qu'il y a de certain, c'est que ce κάλλιχθυς n'a pas été le poisson que les naturalistes modernes nomment *serranus anthias,* ou selon Lacépède, le *lutjan anthias.*

Il était encore plus éloigné du poisson d'Amérique auquel Linné a appliqué cette épithète, et que l'on a empruntée ensuite pour en faire la dénomination générique, que nous avons dû cependant conserver.

---

1. Liv. III, vers 191 et vers 355.
2. Tom. II, p. 261.

Comme il arrive souvent dans les genres dont les caractères sont très-prononcés et les espèces très-semblables, les auteurs n'ont pas assez remarqué les différences de ces dernières : on confondait sous le nom de *silurus callichthys* six ou sept espèces, la plupart fort distinctes, que nous allons faire connaître, après quoi nous donnerons celle que Bloch a déjà publiée sous le nom de *punctatus,* et une deuxième, qui s'écarte encore plus des autres par les formes de sa tête, et que MM. Quoy et Gaimard ont récemment découverte.

Tous ces poissons viennent des eaux douces de l'Amérique, et je me persuade que le genre tout entier appartient à ce continent.

A la vérité, Ruysch, pl. V, fig. 2; Valentyn, (n.° 394), et Renard (2.ᵉ part., pl. XXIV, fig. 115), ont donné une figure de callichthe, prise non pas du beau recueil de Vlaming, mais de la collection bien inférieure qui a servi pour la deuxième partie de Renard; et cette figure a fait croire qu'une espèce de ce genre pouvait exister dans les Indes : Ruysch l'appelle *bootshaak* (crochet de bateau); Valentyn, *dregdolfyn* (dauphin de vase), et Renard, *tamoata.* Aucun de ces noms n'est malais; et comme il ne nous est jamais venu de callichthe des contrées orientales, comme ni Commerson, ni Russel, ni Hamilton Buchanan n'en font aucune mention, j'avoue que je soupçonne l'auteur de cette figure de l'avoir empruntée de Margrave, en l'altérant. Bloch dit bien avoir reçu un de ces poissons de Tranquebar; mais comme il n'entre dans aucun détail sur ses caractères spécifiques, ce pourrait être là une de ces assertions légères qui abondent par trop dans son ouvrage.

J'attendrai donc, pour croire à des callichthes orientaux, que l'on en ait apporté en Europe des individus bien authentiques.

Les callichthes n'ont pas de vessie natatoire; leur canal intestinal est très-contourné ou replié sur lui-même, sans être cependant très-long. L'œsophage est très-court, l'estomac petit et globuleux, situé entre les deux lobes du foie, qui sont épais et subdivisés en plusieurs lobes secondaires : ils ne s'étendent pas loin en arrière. Le duodénum se porte vers la gauche sous le lobe correspondant du foie; il se contourne sur lui-même, passe dans l'hypocondre droit, s'y replie plusieurs fois et revient ensuite dans le côté droit, où, après s'être replié deux fois, il se rend à l'anus. Les reins sont très-gros, très-épais, et, réunis comme en un seul viscère, ils donnent presque immédiatement dans une vessie urinaire,

globuleuse, assez grosse, et qui dépasse la fin
du rectum, dans lequel elle verse l'urine.

L'ostéologie des callichthes diffère en plusieurs points de celle des autres siluroïdes. Le
grand élargissement de leur crâne ne vient pas,
comme dans les clarias et les hétérobranches,
de l'addition des surtemporaux, mais seulement
de la dilatation latérale des os ordinaires, les
trois frontaux et, à l'angle, par une pièce qui me
paraît formée de la fusion du pariétal du mastoïdien et du surscapulaire. Les frontaux antérieurs
et postérieurs, et l'os dont je parle, sont disposés
en demi-cercle autour de l'interpariétal, qui est
en forme d'un grand polygone plat. En avant est
un très-petit ethmoïde pointu, deux fossettes
pour les narines, et deux échancrures pour les
yeux ; les intermaxillaires sont fort petits et les
maxillaires très-aplatis. En arrière l'interpariétal ne donne qu'une proéminence courte et
obtuse. La première vertèbre est encore plus
intimement unie au crâne que dans les clarias
et les hétérobranches. Ses apophyses transverses, également tubuleuses, s'y joignent d'un
bout à l'autre, et sont bouchées à leur extrémité
par la pointe du surscapulaire ; elles ne laissent
qu'un petit trou de libre entre elles et le crâne.
Le premier interépineux, celui qui porte le
vestige de rayon, a de chaque côté une longue

apophyse transverse et arquée, toute particulière à ce genre.

La première paire de côtes est beaucoup
plus forte que les suivantes; le nombre total
en est de dix ou onze. Ensuite viennent trois
vertèbres, dont les apophyses transverses, dilatées et soudées ensemble en un long disque
ovale et concave, forment le fond de l'abdomen; et ensuite, quinze vertèbres caudales, y
compris la dernière en forme d'éventail.

Le Callichthe apre.

(*Callichthys asper*, nob.; *Silurus callichthys*, Linn.,
Bloch, etc.)

L'espèce la plus commune a les écailles âpres,
les yeux très-petits, les épines pectorales rudes
et courtes, la poitrine sans armure, et couverte
seulement par la peau.

C'est celle que Bloch représente, pl. 377,
fig. 1. Il dit la figure gravée d'après le dessin
du prince Maurice; mais ayant vu ce dessin,
nous devons avertir qu'il l'a fort altéré en le
copiant. Les *tamoata* de Margrave, p. 151, et
de Pison, p. 71, en sont des copies un peu plus
fidèles, surtout le premier; car Pison l'a rape-
tissé et encore autrement altéré. Comme c'est
la première figure que l'on ait d'un poisson de

ce genre, c'est à cette espèce que l'on peut rapporter avec le plus de sûreté la synonymie de Linné. Je crois, d'ailleurs, que c'est aussi l'espèce que Gronovius a décrite (*Zoophyl.* I, p. 27), et, autant qu'il est possible d'en juger sur une mauvaise figure, celle de Bergius (*Amœn. Acad. Linn.*, I, p. 317, et pl. II, fig. 1).

Sa tête est déprimée, large; son corps, rond d'abord et comprimé ensuite, diminue peu de hauteur en arrière et se termine par une caudale coupée carrément. Sa hauteur au-devant de la dorsale est du cinquième de sa longueur : il a quelque chose de plus en largeur. Sa tête, du museau à l'ouïe, égale la hauteur du tronc, et elle a un cinquième de plus en largeur; en dessous elle est presque plane, et sa surface descend lentement au museau, qui se trouve ainsi former un coin dont la circonscription horizontale est presque demi-circulaire. La mâchoire supérieure avance un peu plus que l'inférieure; la bouche est petite, et ne prend pas moitié de la largeur du museau; sa lèvre supérieure est un peu charnue; l'inférieure est une membrane réfléchie en arrière; de chacun de leurs angles naissent deux barbillons, dont la racine commune recèle le très-court os maxillaire, et qui ne semblent que le barbillon maxillaire divisé en deux. Le filet supérieur dépasse un peu l'ouïe; l'inférieur est plus long et atteint au milieu de la pectorale. La mâchoire supérieure n'a point de dents et celles de l'inférieure, sur une bande très-étroite, sont à peine sensibles. Le

dessus du museau est couvert seulement d'une peau
lisse jusqu'aux yeux, qui sont de chaque côté près
du bord externe de la face supérieure, un peu avant
le milieu de la distance du museau à l'ouïe. Leur
diamètre est à peine du dixième de la longueur, de
la tête, et ils sont à sept ou huit diamètres l'un de
l'autre. L'orifice inférieur de la narine est près du
même bord entre l'œil et le barbillon; le supérieur
est près de l'œil, un peu en dedans : tous deux sont
petits; l'inférieur seul a un léger rebord membraneux.
Le dessus de la tête est âpre et divisé en neuf compartimens, dont un mitoyen, polygone, que l'on
peut appeler interpariétal; deux triangulaires en
avant, qui par un angle touchent à l'œil, et en ont
chacun un petit ovale dans une échancrure du bord
antérieur; dans leur ligne d'union est une très-petite
solution de continuité ovale, deux autres compartimens de chaque côté derrière l'œil complètent le
nombre de neuf : à quoi il faut ajouter quatre grandes
écailles sur la nuque, en triangles dont les sommets
aboutissent au polygone et qui forment autour de
lui, avec les huit compartimens dont nous venons
de parler, un grand casque plat et presque circulaire.
L'opercule est âpre comme ce casque, obtus dans
le haut et ensuite en arc un peu rentrant; sa partie
inférieure se replie un peu en dessous. On ne distingue pas le préopercule au travers de la peau lisse
qui garnit la joue, ainsi que la gorge, la poitrine et
le bas-ventre. La fente des ouïes n'entame la face
inférieure que d'un quart environ de chaque côté,
et la membrane s'attache au côté d'un isthme fort
large. Il n'y a que trois rayons branchiostèges.

L'os de l'épaule a un prolongement obtus et âpre au-dessus de la pectorale, et se recourbe un peu dans l'aisselle, où il se couvre de la peau lisse de la poitrine. L'épine pectorale est grosse, légèrement comprimée, sans dentelure, garnie de poils rudes et courts, et terminée en pointe molle; sa longueur n'est pas du sixième, souvent au plus du huitième, de celle du corps. Elle est suivie de sept rayons mous, dont la face inférieure a aussi de très-petits poils ras. La dorsale commence au tiers antérieur par une très-courte épine, et a sept rayons mous, dont le dernier double. Sa longueur est encore un peu moindre que celle de l'épine pectorale, et elle est d'un quart moins haute que longue; ses rayons diffèrent peu entre eux. Les ventrales naissent sous l'aplomb du milieu de la dorsale et égalent les pectorales en longueur; leurs six rayons ont aussi des poils ras à leur face inférieure. L'adipeuse est sur le quart postérieur triangulaire; son bord antérieur est garni d'un gros rayon pointu et un peu velu, de moitié de la hauteur de la queue à cet endroit. L'anale est vis-à-vis l'adipeuse, d'un tiers plus haute, et a six rayons, dont le premier très-court; le deuxième simple et velu. La longueur de la caudale est cinq fois et demie dans celle du poisson; elle est tronquée et ses angles s'arrondissent un peu. Ses deux rayons extrêmes sont un peu velus.

B. 3; D. 1/8—1; A. 1/5; C. 14; P. 1/7; V. 6.

Après les quatre grandes pièces écailleuses de la nuque dont nous avons parlé, il en vient une de chaque côté, dont le bord est à peu près parallèle

au leur, et la série s'en continue de chaque côté du
dos jusqu'à la vingt-sixième, après laquelle en viennent deux plus petites, puis trois formant ensemble
un demi-cercle. Il y a de même de chaque côté du
ventre une série de vingt-quatre écailles à la suite
de l'huméral, et dont les bords sont parallèles aux
siens. Ces deux séries, la supérieure et l'inférieure,
se touchent et se croisent un peu sur une ligne qui
règne tout le long du milieu du flanc, et qui répond
à la ligne latérale, en sorte qu'elles forment au poisson une cuirasse en même temps mobile, mais complète pour chaque côté. Leur partie découverte a
dans le sens longitudinal le quart de leur hauteur.
La dorsale commence à la troisième ou à la quatrième
paire, et va jusqu'à la huitième. L'adipeuse commence
à la vingt-deuxième ou à la vingt-troisième. Entre
les deux rangées supérieures, et de la dorsale à l'adipeuse, est un intervalle dont le premier tiers n'a
qu'une peau lisse, et qui, sur le reste, est garni d'é-
cailles petites et imbriquées : quelquefois ce premier
tiers a aussi dans son milieu une rangée de ces petites
écailles. Entre les deux rangées inférieures la peau
lisse de la poitrine se continue sur un espace plus
étroit jusqu'à l'anale, et il y a encore un peu de nu
entre l'anale et la caudale. Toutes ces pièces écailleuses, et même les petites écailles au-devant de l'adipeuse, sont âpres à la surface et ciliées au bord libre;
à la loupe leur surface paraît creusée de petits pores
et garnie de quelques petits poils : leur partie enfoncée dans la peau est lisse et sans dentelure.

Dans la liqueur, ce poisson paraît brun noirâtre;

quelques individus sont plus pâles, et ont des points noirâtres sur le corps et une partie des nageoires. A en juger par la figure du prince Maurice, il y a du rouge à l'épine pectorale, et les nageoires sont nuancées de roux.

MM. Quoy et Gaimard, qui ont décrit cette espèce dans le Voyage de M. Freycinet sous le nom d'*asper,* que nous lui avions déjà donné, disent que ses parties nues sont d'un violet foncé.

Nos individus ne passent pas six ou sept pouces.

Ils ont été envoyés de Cayenne par M. Poiteau, et de Rio-Janéiro par MM. Quoy et Gaimard.

Leur nom à Cayenne et chez les Indiens du voisinage est *atipa.* Dans le Brésil septentrional, du temps de Margrave et du prince Maurice, l'espèce s'appelait *tamoata,* et les Portugais la nommaient *soldido,* à cause de son armure. A Surinam on la nomme *quiquie,* selon Gronovius.

Lorsque ce poisson manque d'eau, Margrave dit qu'il rampe sur la terre pour en chercher. Nous savons aussi, par un témoin oculaire, que dans les marais, dans les savannes noyées, il perce la terre; que dans les prés mouvans, si communs sur les côtes de l'Amérique, on en prend en faisant un trou dans le gazon et en fouillant dans la vase qui est en dessous; que l'on en trouve même quelquefois en creusant des puits.

Le CALLICHTHE CISELÉ.

(*Callichthys cœlatus*, nob.)

M. Blanchet a envoyé de Bahia au Musée de Genève une espèce de callichthe très-voisine de celle qui nous est venue de Rio-Janéiro, et que nous venons de décrire sous le nom de *call. asper.*

Cette nouvelle espèce se distingue au premier coup d'œil par la grandeur des deux plaques nuchales, et par celle des deux qui précèdent et que j'appellerai plaques mastoïdiennes. Un autre caractère, qui ne s'observe qu'après un examen plus attentif, consiste dans deux petits sillons transversaux, un de chaque côté, qui traversent la plaque interpariétale et les deux temporales. D'ailleurs l'ensemble du casque est plus profondément ciselé que dans celui du callichthe rude, qui a plutôt des granulations sur ces pièces que des ciselures. Les premières écailles dorsales sont plus étroites dans la présente espèce; le corps me paraît aussi plus alongé.

D. 1/6 — 1; A. 1/4; C. 14; P. 1/7; V. 1/5.

Le dernier rayon de l'anale est double, et la caudale est arrondie.

La couleur est vert foncé, presque noir.

Nos individus sont longs de six pouces.

Le CALLICHTHE A TÊTE LISSE.

(*Callichthys læviceps*, nob.)

Sous le même nom d'*atipa*, M. Leschenault
nous a envoyé de la *Mana* des callichthes semblables aux précédens,

mais plus lisses, surtout à la tête, et dont l'épine
pectorale, également velue et ronde, est beaucoup
plus grosse et plus longue; elle n'est comprise que
cinq fois ou que quatre fois et demie dans la longueur du corps; leurs barbillons paraissent aussi
un peu plus courts.

Nous en avons reçu de tout pareils du Brésil
par M. Langsdorf.

C'est à cette espèce ou variété que nous rapportons plus particulièrement la figure donnée
par Seba, tom. III, pl. 29, n.° 13, et copiée,
mais incorrectement, dans l'Encyclopédie méthodique (Icht., fig. 256).

Le CALLICHTHE A POITRINE CUIRASSÉE.

(*Callichthys thoracatus*, nob.)

Une troisième espèce, mais beaucoup plus
distincte que la seconde, a été envoyée de la
même colonie, et toujours sous ce nom d'*atipa*.

Elle est âpre et velue comme la première, et encore plus régulièrement. Sa tête est plus étroite; la

largeur n'en excède pas la longueur du museau à
l'ouïe. Ses yeux sont dirigés latéralement et un peu
plus grands; du septième ou du huitième de la longueur de la tête, et à six diamètres l'un de l'autre.
Son épine pectorale est surtout beaucoup plus grande;
elle n'est que trois fois et demie dans la longueur
totale, va aussi loin en arrière que la dorsale, et
atteint presque la pointe de la ventrale. Le tentacule
inférieur atteint jusqu'au milieu de cette longue
épine. Le dos a vingt-quatre paires de lames, et le
ventre vingt-trois, après lesquelles en viennent en
dessus et en dessous deux petites triangulaires; les
cinq ou six paires de lames qui suivent la dorsale, se
touchent sur le dos, sans intervalle, et entre les suivantes, jusqu'à l'adipeuse, il y a cinq lames impaires
ou larges écailles sur une seule rangéé. Entre l'adipeuse et la caudale il y en a cinq plus petites, dont
la dernière se prolonge en pointe : il s'en voit autant
en arrière de l'anale, mais en avant il n'y en a pas.
Cependant le caractère le plus apparent de cette
espèce, c'est que l'huméral et la lame écailleuse et
âpre qui le garnit, s'étendent et se recourbent en
dessous de la pectorale, pour couvrir une grande
partie de la poitrine, se touchant en avant par près
de moitié de leur bord interne, mais s'écartant ensuite en arrière, et de manière que cette grande pièce
se termine par un angle arrondi. Le premier rayon
de la dorsale n'est pas petit comme dans les précédens, mais s'élève à moitié de la hauteur du second.
La caudale est carrée ou un peu arrondie.

D. 1/8; A. 8; C. 14; P. 1/9; V. 6.

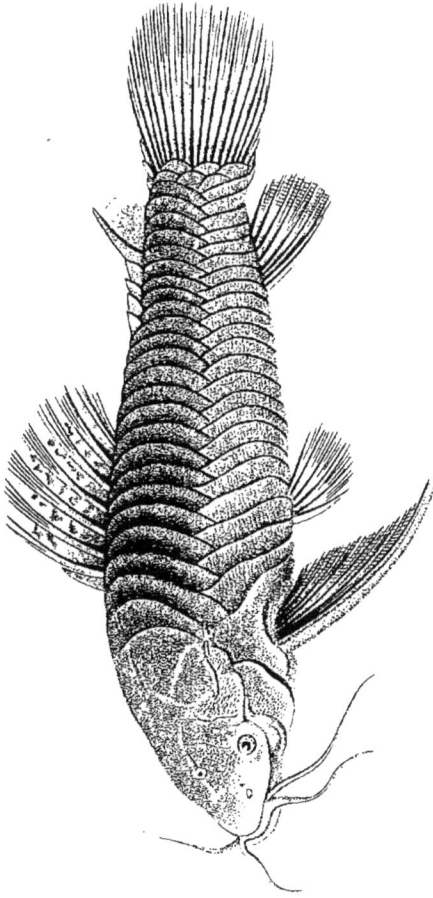

CALLICHTHE à poitrine cuirassée.

CALLICHTHYS thoracatus. nob.

Acarie-Baron del.t

Imp.re de Langlois

H. Legrand sculp.t

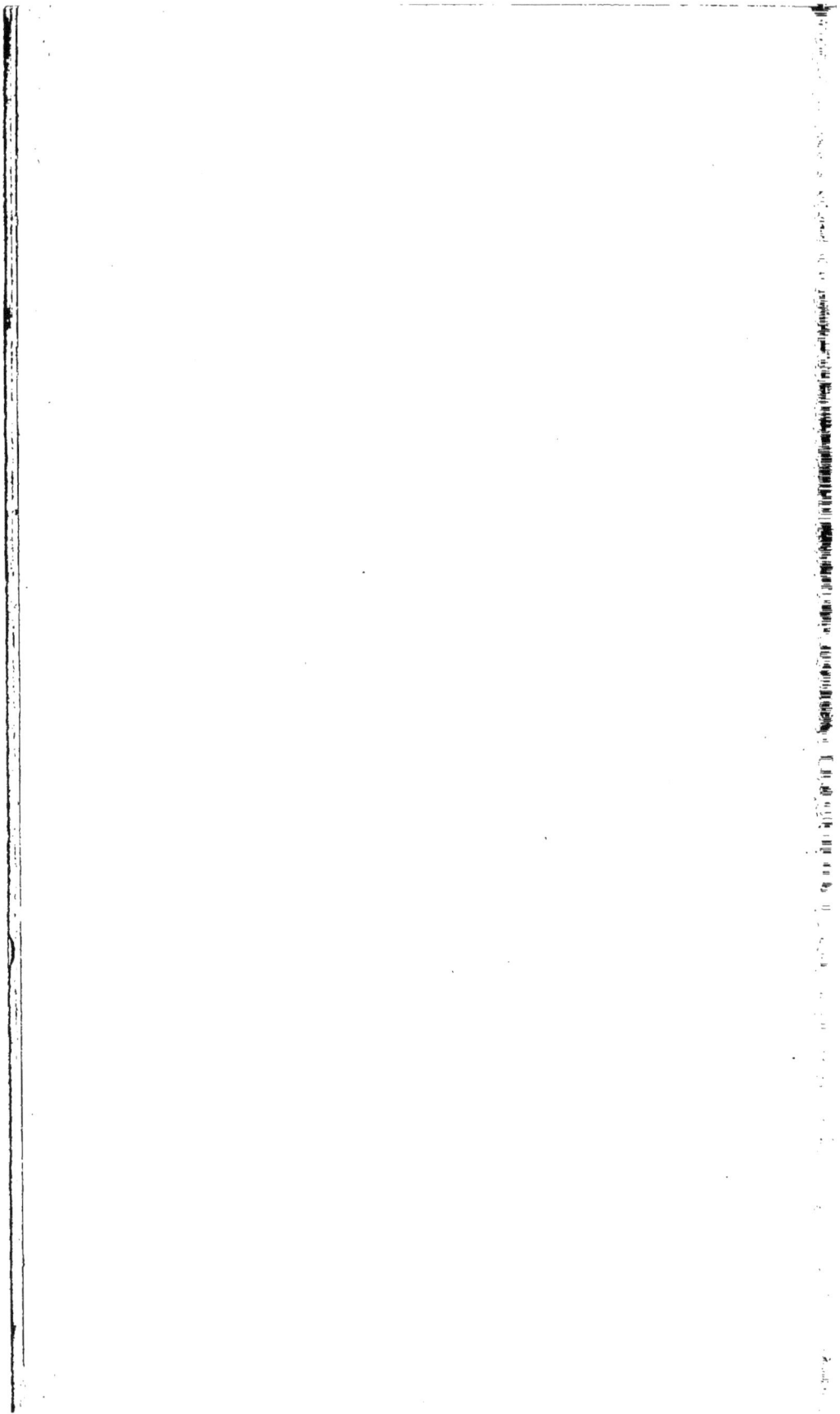

Notre individu est long de six pouces et demi : il paraît d'un brun foncé; quelques points plus bruns se montrent sur sa dorsale, et une bande obscure verticale sur le milieu de sa caudale.

La même espèce paraît habiter aussi la Martinique : elle nous en a été apportée.

Nous en avons aussi observé des individus envoyés des États-Unis par M. le comte de Castelanes ; mais comme il n'indique pas le lieu où il les a pris, il est très-probable qu'il se les ait procurés de personnes qui les tiraient de l'Amérique méridionale.

Le CALLICHTHE A ALÈNES.

(*Callichthys subulatus,* nob.)

M. Poiteau a envoyé de Cayenne une quatrième espèce qui, avec une épine pectorale velue et une poitrine cuirassée, mais un peu moins que dans la précédente, est presque lisse et a la tête encore plus étroite. Elle nous est aussi venue de Buénos-Ayres avec le *callichthe lisse* dont nous allons parler.

Sa largeur est d'un sixième moindre que sa longueur du museau à l'ouïe. La courbe des lames de la nuque qui termine en arrière le grand casque, est plus convexe; entre les deux plaques frontales est

une solution de continuité elliptique et plus grande.
Toute la tête a des petites fossettes serrées, légèrement
enfoncées. Les lames du corps sont presque sans poils.
L'épine pectorale est quatre fois et quelque chose
dans la longueur totale, et dépasse un peu la naissance de la ventrale. Son extrémité s'amincit tout
d'un coup en pointe; ses poils sont plus fins, plus
ras; elle est lisse vers sa base; son bord interne n'a
point de sillon. Les parties des huméraux, qui se
recourbent sous la poitrine, ne se touchent que par
leur angle antérieur, et se terminent en angle droit;
il y a aussi de petites fossettes à leur surface. La
rangée des lames dorsales est de vingt-cinq, celle
des ventrales de vingt-quatre; après quoi en viennent derrière chacune deux triangulaires; il n'y a
que les deux lames de derrière la dorsale qui se
touchent; ensuite vient une rangée de huit pièces
impaires jusqu'à l'adipeuse, et après elle on compte
six pièces impaires jusqu'à la caudale; derrière l'anale,
sous le tronçon de la queue, il y a aussi six pièces
ou boucliers impairs. Le premier rayon dorsal a moitié
de la hauteur du suivant. La caudale est un peu bilobée, et ses rayons extrêmes ont plus de force que
dans les précédens.

D. 1/8; A. 8; C. 14; P. 1/9; V. 6.

Notre individu est long de sept pouces, et
paraît d'un brun olivâtre; sa dorsale semble colorée comme d'une poussière nuageuse brune.

Un individu très-semblable d'ailleurs au
précédent, mais plus petit, a la pointe amincie

de l'épine pectorale un peu recourbée en crochet. Il paraît blanchâtre, avec des points nuageux brunâtres : son épine n'a d'ailleurs, pas
plus que celles des précédens, aucunes dentelures à son bord interne.

Cet individu, envoyé vivant en France, a
vécu pendant quelque temps à la ménagerie.

C'est, à ce que je soupçonne, de cette espèce
ou d'une espèce bien voisine que M. Hancock
parle dans le Journal zoologique, n.° 14, p. 244,
sous le nom de *callichthys littoralis;* il mentionne même expressément le crochet du bout
de la pectorale et l'échancrure de la caudale;
mais il ne compte que

D. 1/7 et A. 7.

C'est le *hassar à tête ronde* des Arowaks. Il
construit et garde son nid avec autant de soin
que le *hassar à tête plate* ou *doras;* mais le
gramen est la matière qu'il y emploie, et il est
assez difficile de dire comment, sans autres
dents que la légère aspérité de ses mâchoires,
il le coupe et le transporte. Ce n'est pas,
comme le doras, un poisson voyageur; et lorsque l'eau vient à lui manquer il s'enfonce seulement dans la vase.

Le CALLICHTHE LISSÉ.

(*Callichthys lœvigatus,* nob.; d'Orb., Atl. du Voyage
dans l'Amér. mérid., pl. V, fig. 2.)

Aucune des espèces décrites jusqu'ici n'a,
comme on vient de le dire, le bord interne de
ses épines pectorales dentelé, si ce n'est tout
au plus un léger vestige dans les jeunes sujets
de la première.

En voici une très-semblable au *Callichthys
subulatus* pour les formes, et encore plus lisse,
où cette dentelure forme un caractère très-
marqué.

Nous l'avons reçue de Buénos-Ayres par
M. d'Orbigny, de la Trinité par M. Robin.

Sa tête, ses yeux, ses plaques huméro-pectorales,
celles de son corps, sont comme dans le précédent,
mais dépouillés de poils. La surface de la tête, des
huméraux et de la partie supérieure des plaques
dorsales a aussi de légères fossettes. Les épines pectorales, comprimées, lisses, un peu âpres au bord
externe, finement, mais distinctement dentelées en
scie à l'interne, sont six fois et demie dans la longueur totale; leur pointe est molle : elles ne dépasseraient qu'à peine la base des ventrales. Le premier
rayon dorsal a moitié de la hauteur du second. Entre
la dorsale et l'adipeuse il y a huit plaques ou grandes
écailles impaires derrière l'adipeuse, et derrière l'anale
il y en a six, dont la dernière prend vers sa pointe

des articulations comme les rayons extrêmes de la caudale; la caudale est un peu bilobée.

D. 1/8; A. 8; C. 14; P. 1/8.

Dans la liqueur nos individus paraissent d'un brun verdâtre avec des traces de rouge sur les bords des plaques et aux nageoires. Desséchés, comme on en a dans beaucoup de Cabinets, ils sont d'un blanc verdâtre ou jaunâtre; mais leur couleur à l'état frais, d'après le dessin que M. d'Orbigny en a fait sur nature, est un gris verdâtre, avec un liséré rouge à toutes les plaques et autour de la caudale. L'épine pectorale est d'un beau rouge.

Leur longueur est de six à sept pouces. Ils n'en passent pas neuf, selon M. d'Orbigny, et c'est d'après les individus qu'il a rapportés que nous avons fait figurer cette espèce dans l'Atlas ichthyologique de son Voyage, pl. V, fig. 2.

Ce voyageur nous apprend que l'espèce est généralement répandue dans la province des Missions et dans celle de Corrientes, depuis le 26.ᵉ jusqu'au 28.ᵉ degré; mais jamais plus au sud, toujours dans des eaux tranquilles à fond de sable ou de vase. Il en a trouvé un grand nombre dans la lagune d'Ibéra, dans les marais qui l'entourent et dans les rivières qui s'y alimentent. Souvent ils sont jetés dans le Parana, mais ils cherchent de suite à remonter dans les petits ruisseaux.

Ces poissons se tiennent sous les plantes, surtout dans les grandes plaines de joncs à la naissance des rivières. Ils nagent lentement, se nourrissent de petits vers et d'insectes qui tombent dans l'eau. On ne les mange point dans le pays, et même on ne peut les prendre que par hasard; car ils ne mordent point à l'hameçon. M. d'Orbigny en a gardé hors de l'eau jusqu'à huit ou dix heures, sans qu'ils eussent l'air de souffrir.

Quelques créoles de Buénos-Ayres les nomment *abuela* (grand'mère), et quelques Guaranis *tandei* (vieille).

Le CALLICHTHE PALÉ.

(*Callichthys albidus*, nob.)

Il y a à Cayenne un callichthe d'une ressemblance extrême avec le Call. lissé pour les formes et les nombres, si ce n'est que

son dos est un peu plus élevé, le dessus de sa tête un peu plus aplati et son museau un peu moins obtus; il a aussi la solution de continuité plus grande, et les épines pectorales plus courtes à proportion. Leur longueur est huit fois et demie dans celle du poisson. Sa couleur paraît d'un gris blanchâtre, avec quelques taches brunes ou rousses, vers la ligne de réunion des deux rangées de plaques, tantôt au-dessus, tantôt au-dessous, sans ordre.

Nos individus n'ont que quatre ou cinq qpouces. L'un d'eux, apporté vivant par le ca-qpitaine Philibert, a subsisté six mois à la mé-nagerie du Muséum.

Le CALLICHTHE A LONGS BARBILLONS.

(*Callichthys longifilis*, nob.)

Ce callichthe-ci vient encore de Cayenne, et toujours par M. Poiteau. Il est remarquable par la longueur de ses barbillons et par la moucheture noire de sa poitrine.

La forme de sa tête, sa position et la grandeur de ses yeux, ressemblent, à ce qu'on voit, au précédent. Mais toutes les plaques de son casque sont finement ridées. Les portions recourbées en dessous de ses huméraux sont plus longues, plus étroites, et écar-tées même à leur angle antérieur. Son épine pecto-rale n'a pas le sixième de la longueur totale, et est comprimée, velue et finement dentelée à son bord interne. Ses barbillons inférieurs dépassent les pec-torales et atteignent au milieu des ventrales. Il y a vingt-cinq lames dorsales, dont la paire antérieure très-large, en sorte que la dorsale commence dès la seconde. Ces lames sont un peu âpres du côté du dos, et ciliées à leur bord, ainsi que les vingt-quatre ventrales : il y en a trois petites au bout de chaque rangée. Quatre des paires qui suivent la dorsale se touchent ; ensuite viennent quatre écailles impaires, puis quatre paires alternantes, jusqu'à l'adipeuse,

toutes ciliées. Derrière l'adipeuse et derrière l'anale
il y en a six impaires. Le premier rayon de la dorsale a moitié de la longueur du second. La caudale
est carrée.

D. 1/8; A. 8; C. 14; P. 1/9; V. 6.

Tout le poisson paraît brun, avec des taches irrégulières, inégales, nuageuses, noirâtres. La partie nue
de sa poitrine est régulièrement mouchetée de noir.

La longueur de notre individu est de quatre
pouces et demi.

Le CALLICHTHE PONCTUÉ.

(*Callichthys punctatus,* nob.; *Cataphractus punctatus,* Bl.; d'Orb., Voy. dans l'Amér. mérid., Atl.
ichth., pl. V, fig. 1.)

Après ces callichthes à tête déprimée, il en
vient à tête comprimée, ou sensiblement plus
haute que large.

Bloch en a représenté un qu'il nomme *Cat.
punctatus* (pl. 377, fig. 2). Mais nous ne savons pas s'il ne l'a pas un peu grossi, comme
il lui est arrivé souvent. Son individu venait
de Surinam, et nous en avons aussi un de
cette colonie. M. d'Orbigny a envoyé en 1827
la même espèce de Monté-Vidéo; mais ces
échantillons sont bien plus petits que la figure
de Bloch.

La hauteur de son dos et le bombé de son museau lui donnent un peu en petit la tournure d'un *corb* ou d'un *pogonias*.

Sa hauteur à la dorsale est trois fois et demie dans sa longueur; sa tête jusqu'à l'ouïe y est quatre fois et demie, et est aussi haute que longue, mais d'un quart moins large. Son profil descend par une courbe convexe, et le bout du museau est obtus. Son œil est latéral, et a plus du quart de la longueur de la tête en diamètre. Sa distance de l'autre œil est à peine de deux diamètres. Les deux orifices de la narine sont au-devant de l'œil dans une partie non enveloppée de lames. Il y a une solution de continuité oblongue entre les yeux, mais un peu au-dessus. La proéminence occipitale est triangulaire, et sa pointe va rejoindre celle d'un petit bouclier triangulaire; mais elle a de chaque côté deux larges plaques qui complètent avec elle le casque. La plaque humérale est très-large, arrondie en arrière, et ne garnit en dessous que le côté de la poitrine. La bouche est fort petite, percée sous le museau, et rappelle celle d'un têtard de grenouille. Ses barbillons sont grêles; le plus long dépasse à peine l'ouïe. L'épine pectorale, du quart de la longueur totale, est forte, comprimée, très-pointue, légèrement âpre au bord externe, finement dentelée à l'interne, et de façon que ses dents sont dirigées vers la pointe. A la dorsale il y a d'abord la très-petite épine, puis l'épine ordinaire, aussi forte que la pectorale et dentelée de même en arrière. A la loupe on voit encore sur sa moitié postérieure les traces des articulations dont elle se compose. L'adipeuse a son rayon fort et pointu; la caudale prend plus du quart et moins du tiers de la longueur totale, et est divisée en deux lobes très-pointus. Le premier rayon de l'anale est pointu et un peu velu, ainsi que les extrêmes de la caudale. Les ventrales, plus courtes que les pectorales, ont aussi le rayon externe fort et un peu velu.

D. 1/7, dont le dernier double, — 1; A. 8; C. 14; P. 1/9; V. 6.

La série des plaques dorsales est de vingt et une, celle des plaques ventrales de vingt; au bout de chaque série il y en a trois arrondies: on en voit trois impaires en avant de l'adipeuse.

Notre individu de Surinam, provenu du Cabinet du Stadhouder, paraît d'un fauve uniforme, et a les nageoires blanches et transparentes.

Celui de Monté-Vidéo, dont les épines sont un peu moins longues à proportion, mais qui d'ailleurs ressemble au premier en toutes choses,

est brun-rougeâtre avec quelques nuages noirâtres sur le dos, verdâtre sur les flancs, et rougeâtre sous le ventre. La tête est plus colorée que le dos. Sa dorsale est rougeâtre, bordée d'une large bande noire; il y a des traces de points noirâtres sur les derniers rayons. La caudale a quatre bandes verticales noires, et une tache noire triangulaire très-prononcée sur la base des rayons mitoyens; il y a une large bande noire longue sur l'anale, dont le fond est jaunâtre et pointillé de noirâtre. On voit aussi du noirâtre sur une partie des pectorales et un point noir sur l'adipeuse. Les ventrales sont jaunes.

Nos échantillons n'ont que deux pouces et demi à trois pouces. Nous en avons fait donner une bonne figure dans l'Atlas ichthyologique de M. d'Orbigny, pl. V, fig. 1.

D'après les longues recherches que nous avons faites pour retrouver le *corydoras* de MM. de Lacépède, nous nous sommes convaincus que c'est l'individu sans taches dont nous venons de parler, qui a été l'objet de son article sur le genre *corydoras;* mais il est difficile d'expliquer comment il a vu un rayon au bord postérieur de l'adipeuse, et en même temps comment il n'a pas aperçu les barbillons. Ces illusions cependant n'ont pas été impossibles, s'il a décrit son poisson sans le sortir du bocal.

Voici ce que l'on peut extraire de la description assez abrégée que M. de Lacépède donne de son Corydoras Geoffroy, t. V, p. 145 et 146.

Il a la tête couverte de pièces larges et dures, deux rangs de lames larges et hexagones de chaque côté du corps et de la queue, la bouche à l'extrémité du museau; point de barbillons; deux nageoires dor-

15. 21

sales, dont le premier rayon extrêmement petit et le second épineux et dentelé d'un côté; et dont la seconde a deux rayons séparés par une membrane assez longue; l'épine pectorale hérissée de très-petites pointes, une grande lame au-dessus de chaque pectorale.

D. 2/9 — 2; A. 7; C. 14; P. 1/10; V. 6.

Il ne parle, d'ailleurs, ni de sa couleur ni de sa grandeur, et dit seulement qu'il venait de la collection du Stadhouder.

M. de Lacépède n'a jamais mis d'étiquette ni de renvoi aux objets du Cabinet qu'il a décrits dans ses ouvrages, et l'on ne saurait croire combien cette négligence nous a donné de peine pour retrouver ses poissons, d'autant plus que fort souvent elle règne dans ses descriptions elles-mêmes.

Le CALLICHTHE BARBU.

(*Callichthys barbatus,* nob., et Quoy et Gaim.)

Voici un callichthe qui se distingue éminemment de tous les autres par son museau pointu et par les poils roides et clair-semés qui garnissent ses joues, et dans lequel cependant on ne peut méconnaître tous les caractères du genre.

Sa hauteur en avant de la dorsale est du cinquième de la longueur totale, et l'épaisseur y est d'un tiers plus courte. Sa tête, jusqu'à l'ouïe, prend près du quart de la longueur. Sa hauteur à la nuque est d'un quart, et son épaisseur d'un cinquième moindre que la hauteur. La ligne de son profil descend avec une convexité légère et ensuite obliquement, mais presque en ligne droite, jusqu'au museau, qui a à peine en épaisseur le quart de la hauteur à la nuque. L'œil est près de la ligne du profil, éloigné d'un diamètre de l'ouïe, de trois du bout du museau : il y a un diamètre et demi d'un œil à l'autre. La production occipitale va en pointe joindre un bouclier triangulaire presque de même dimension. Les pièces du casque sont à peu près lisses ou très-peu âpres, ainsi que la portion supérieure des lames dorsales. L'opercule, l'huméral, qui est large et obtus, mais ne descend point en dessous de la pectorale, et le reste des lames, sont tout-à-fait lisses sur la partie nue de la joue. Entre le préopercule et le bout du museau sont implantés des poils ou des soies roides, perpendiculaires à la joue, d'une ligne de longueur. La bouche est fort petite, assez protractile. Les barbillons ne vont que jusqu'au milieu de l'opercule. L'épine pectorale a près du tiers de la longueur totale, mais se termine en pointe molle, qui est dépassée encore par le filet qui termine le premier rayon mou. La pectorale dépasse ainsi la pointe des ventrales. La dorsale est pointue, plus haute que le corps ; mais son épine, qui est grêle et légèrement âpre, n'a que moitié de la hauteur des trois rayons qui forment sa pointe. Il y a en avant le petit vestige ordinaire aux silures. L'adipeuse est petite, et son rayon est fort et pointu. La caudale, du quart de la longueur, est divisée en deux lobes pointus.

D. 1/7, dont le dernier fourchu, — 1; A. 7, *id.*; C. 13; P. 1/10; V. 6.

Il y a vingt-cinq lames à la série dorsale, vingt-quatre à la ventrale, et au bout de chacune trois pièces rondes en triangle. Les lames qui suivent la dorsale se touchent dans le haut, et il y a ensuite cinq écailles impaires jusqu'à l'adipeuse : il y en a de même trois ou quatre avant la caudale.

Ce poisson paraît brun jaunâtre avec des points noirâtres et nuageux sur les lames dorsales, et six ou huit séries de taches semblables en travers des rayons à la dorsale et quatre à l'anale. Les pectorales et les dorsales sont teintes de noirâtre; le dessous de la gorge et du ventre paraît avoir été blanchâtre. Le brun et le pâle forment sur la joue et sur la nuque une marbrure déliée.

Nos individus ne passent pas trois pouces et demi.

Ils sont dus à MM. Quoy et Gaimard, qui les ont pris dans un petit ruisseau près de Rio-Janéiro, et les ont décrits dans le Voyage de M. Freycinet (Zool., p. 234).

———

CHAPITRE XIII.

Des genres Arges, Brontes et Astroblepus.

Je vais réunir dans un même chapitre quatre siluroïdes américains, dont deux ont été découverts par M. de Humboldt pendant son voyage dans la Cordillère des Andes, et qu'il a décrits en 1805 dans le premier volume de ses Observations zoologiques.

Je dois la connaissance d'un troisième à M. Pentland, et celle du quatrième à M. Boussingault; celui-ci, nommé *Preñadilla,* vit, comme le petit pimélode décrit par M. de Humboldt, dans les eaux qui descendent du Cotopaxi, et ils se trouvent tous deux jusqu'à une hauteur de 3500 mètres : tous deux, malgré leur petitesse, prennent un rang important dans l'histoire naturelle de notre globe, parce qu'ils sortent des entrailles embrasées du volcan lors des éruptions de la montagne. La singularité des formes de quelques-uns des poissons décrits par M. de Humboldt, ou les circonstances physiques dans lesquelles ils vivent, avaient beaucoup excité l'attention des naturalistes sur ces espèces. Nous devons des remercîmens et exprimer les sentimens de notre gratitude au savant chimiste, membre de l'Académie royale des sciences, qui a parcouru sur les traces de M. de Humboldt avec tant de succès la Cordillère d'Amérique. Il a bien voulu profiter des relations que son voyage lui a laissées dans l'Amérique équinoxiale, pour procurer aux naturalistes d'Europe quelques-uns des poissons extraordinaires que M. de Humboldt fit connaître à l'Institut en 1805 par les descriptions et les figures si exactes qu'il a insérées dans l'ouvrage que j'ai cité plus haut. C'est ainsi que le Cabinet du Roi a reçu l'*Eremophilus Mutisii,* et que j'ai vérifié et constaté l'exactitude de la figure et des principaux caractères distinctifs que l'illustre voyageur donnait d'un poisson si anomal sous tant de rapports, que sa place dans le Système ichthyologique ne m'est bien connue que depuis que M. Pentland nous a procuré un genre très-voisin de cet érémophile, mais moins anomal. La tendre amitié que M. de Humboldt a pour moi, les témoignages si nombreux et si honorables que j'en ai reçus, et qui m'ont fait passer, dans son commerce si doux, tant d'années si heureuses, en me faisant surtout jouir de sa noble et haute intelligence, me sont une sûre garantie qu'il voudra bien accepter avec indulgence les deux expressions, *vérifier et constater,* dont je me sers plus haut. Quand une science est aussi avancée que l'ichthyologie l'est aujourd'hui, et qu'au milieu des êtres si nombreux que l'on a étudiés de manière à croire que l'on connaît les différentes variations possibles de forme dans un groupe naturel, on voit annoncer des groupes qui paraissent d'abord tout-à-fait anomaux, l'esprit est disposé à en douter. Il a fallu que les hésitations fussent bien grandes, et que les difficultés fussent assez fortes, puisque M. Cuvier, si habile à saisir les rapports les plus éloignés des êtres, n'a pas osé fixer une place à ces poissons dans ses deux éditions du Règne animal. Et moi aussi, en publiant une description détaillée et ichthyologique de cet *Eremophilus,* je conservais encore des doutes sur les véritables affinités de ce poisson. Mais ce que j'ai tenu à démontrer alors, c'est la précision et l'exactitude des observations du grand et illustre physicien, qui, réduit aux seules ressources que lui offrait alors le système de Linné ou de Gouan, n'en produisait pas moins la description pleine de vérité sous tous les points de poissons autant remarquables par leurs formes que par les circonstances rattachées à la géographie physique sous lesquelles ces animaux se présentent. Si

l'*eremophilus* et l'*astroblepus* sont tous deux
des apodes dignes du plus haut intérêt zoologique, le petit poisson connu sous le nom
de *preñadilla*, aura sur les deux premiers
l'avantage d'exciter l'attention du physicien
qui embrasse dans son esprit les grands phénomènes de la nature. En effet, les preñadillas,
telles que M. de Humboldt les a observées,
ou telles que je les ai reçues par les soins de
M. Boussingault, sont déjà des poissons curieux
par des variations dans les formes, faciles
cependant à ramener à celles du groupe des
siluroïdes; mais ici un phénomène d'un ordre
tout nouveau se présente à l'observation : ce
sont des petits poissons qui sortent des entrailles fumantes des volcans, et qui sont lan-
cés au loin, emportés dans les boues argileuses
rejetées par ces montagnes. Ce phénomène
n'est pas offert par le seul Cotopaxi, mais le
Tungurahua, le Sangay, l'Imbaburu, le Cargueirazo rejettent aussi des poissons de la
même espèce, et semblables aux preñadillas.
Ils sortent du volcan par le cratère ou par des
fentes ouvertes constamment à 5000 ou 5200
mètres d'élévation au-dessus du niveau de la
mer. Or, comme M. de Humboldt a soin de
le faire remarquer, les plaines d'alentour étant
à une hauteur de 2600 mètres au-dessus de

ce niveau, les poissons sortent de la montagne volcanique à une hauteur de près de 2600 mètres au-dessus des plaines qui les reçoivent dans leur chute.

M. de Humboldt, qui a exposé ce phénomène avec la clarté qu'il porte dans toutes ses recherches, et avec cette grande hauteur et généralité de vues qui caractérisent son génie, a recherché dans les annales des villes voisines où sont consignées les éruptions de ces majestueux volcans, le nombre connu de chutes de preñadillas. C'est ainsi qu'il a retrouvé que le Cotopaxi jeta sur les terres du marquis de Salvalègre une si grande quantité de poissons, que l'odeur fétide de leur putréfaction s'en répandit au loin. Le volcan presque éteint d'Imbaburu en lança des milliers sur les environs de la ville d'Ibarra, dans une éruption de 1691, et plus tard ce même volcan a continué d'en vomir.

Les fièvres pestilentielles qui désolèrent ces contrées furent attribuées aux miasmes produits par les exhalaisons putrides des poissons amoncelés sur le sol, et exposés à l'action du soleil. Lorsque la cime du volcan de Cargueirazo s'affaissa le 19 Juin 1698, des milliers de poissons sortirent de ses flancs au milieu des boues argileuses et fumantes vomies par la montagne.

Ces faits, consignés avec tant de soin par l'illustre physicien que je viens de citer, touchent à de nombreuses questions, non encore résolues, sur l'histoire naturelle intérieure de la terre. Quels courans d'eau, ou quels lacs souterrains existent dans les cavernes de ces montagnes? comment l'eau, soumise à une haute température, a-t-elle encore assez d'air pour que les poissons puissent y vivre? comment ces animaux à chair molle ne sont-ils pas détruits par une sorte de cuisson en traversant les colonnes de fumée qui entourent les masses boueuses rejetées pendant l'éruption?

M. de Humboldt a posé toutes ces questions sans pouvoir les résoudre; mais il a cru qu'il fallait d'abord bien faire connaître le poisson que la nature a soumis à ces remarquables conditions d'existence sur notre planète; il a dessiné et décrit avec soin le poisson que les Indiens lui présentaient comme des preñadillas semblables à celles vomies par les volcans.

L'examen de cette figure et la description ont dû faire penser à M. de Lacépède que cette espèce pouvait se rapprocher des pimélodes, et M. de Humboldt l'a nommée alors *pimelodus Cyclopum,* rappelant par cette ingénieuse épithète le séjour, peut-être momentané, de ces poissons.

Je n'aurais pas hésité à laisser ce pimélode sans casque et à deux barbillons parmi les espèces de ce genre, si M. Pentland ne m'avait pas mis sur la voie des véritables affinités du *pimelodus Cyclopum,* en rapportant un siluroïde du haut Pérou qui se pêche dans les eaux des environs de la Mission de Santa-Anna, par une hauteur de 4500 à 4800 mètres au-dessus du niveau de la mer.

Ce *Sabalo* de Santa-Anna a deux barbillons, une petite dorsale, une adipeuse assez longue, les premiers rayons de la pectorale, de la ventrale et de la caudale prolongés en filet, la tête déprimée, les yeux petits, et n'a sur l'occiput point de casque, par conséquent une ressemblance très-grande avec le pimélode figuré par M. de Humboldt. Ce sont, à ne pas en douter, des poissons du même genre, quoique d'espèce différente.

Mais les preñadillas que j'ai reçus de M. Bous-singault m'ont présenté dès le premier examen, une difficulté, elles n'ont pas de nageoire adipeuse : j'en ai sous les yeux deux individus dans la plus grande et la plus parfaite inté-grité; ni l'un ni l'autre ne portent cette na-geoire, ni la trace qu'en aurait laissée la sec-tion. Cependant l'étude comparative de ces preñadillas et du Sabalo m'a donné le moyen

de fixer les rapports zoologiques des deux
autres. Elles m'ont démontré que le poisson
de M. Boussingault nous donne la place qu'il
faut assigner à l'*astroblepus*. Celui-ci est, si
l'on peut s'exprimer ainsi, une prenadille
apode; et le *pimelodus Cyclopum* est très-
probablement du même genre que le Sabalo.
Voilà pourquoi j'ai pensé qu'il était convenable de parler, dans un même chapitre, de
ces quatre poissons, qui montrent plusieurs
affinités avec les pimélodes, entre autres l'absence de dents au palais, mais qui n'en con-
servent pas moins d'autres qui paraissent les
rendre en quelque sorte isolés et même éloignés des silures. Les preñadillas, toutes deux
voisines l'une de l'autre, quoique différentes,
nous mettent sur la voie des affinités qui vont
lier l'astroblepus aux siluroïdes; de plus, la
prenadille de M. Boussingault nous fait appré-
cier celle de M. de Humboldt, et, comme le
Sabalo de M. Pentland, montre aussi les liai-
sons de ces poissons avec la famille des silures.
Le Sabalo des Missions de Santa-Anna est
très-voisin du *pimelodus Cyclopum* de M. de
Humboldt, et du même genre, quoique différent des pimélodes. Ce dernier, très-semblable à la prenadille que je dois à M. Boussingault, doit aussi en être distingué généri-

pquement; enfin, *l'astroblepus* reste seul. Je
commencerai par décrire le *Sabalo,* parce
que des quatre poissons c'est lui qui avoisine
le plus les pimélodes.

Du genre ARGES, nob.

L'ichthyologie doit à mon ami, M. Pentland, la découverte de ce poisson, qui constitue un genre nouveau dans la famille des
siluroïdes. Ses caractères sont fondés sur la
forme des dents bifides à leur extrémité ;
chaque pointe est un peu recourbée en dedans : aucun autre silure ne nous a encore
offert l'exemple de cette dentition, et je di-
rais même aucun autre poisson. La sorte de
herse composée par la série de rangées de
dents, garnit les mâchoires sur une rangée
étroite et peu étendue en travers par rapport
à la grandeur de l'ouverture de la bouche,
ouverture qui est élargie par suite du développement des lèvres. Le palais est lisse et
sans dents; il n'y a que deux barbillons maxillaires, car l'on ne peut donner ce nom aux
petites papilles qui sont auprès de la narine.
La première dorsale est petite et n'a qu'un
faible rayon en avant. La nageoire adipeuse
est longue. Les autres nageoires ont leurs premiers rayons prolongés en un petit filet.

On voit que ces poissons sont très-voisins des pimélodes : les dents seules les en distinguent toutefois et suffisamment.

Le *pimelodus Cyclopum* de M. de Humboldt me paraît appartenir à ce genre; car il a aussi une petite adipeuse. Cependant je le place encore avec doute, parce que je ne connais pas la nature de ses dents.

Comme cette espèce est rejetée par les éruptions volcaniques du Cotopaxi, M. de Humboldt a donné à cette espèce, qu'il plaçait alors fort convenablement parmi les pimélodes, le nom de *pimelodus Cyclopum.* J'ai voulu conserver l'idée de cet illustre savant, rendue par l'épithète poétique qu'il a choisie, en prenant pour dénomination générique le nom d'un des fils d'Uranus et de la Terre; et j'ai choisi celui d'*Arges,* qui a l'avantage d'être bref, et d'une consonnance agréable.

La première espèce aura pour épithète le nom indien sous lequel M. Pentland nous l'a rapportée, et la seconde conservera pour épithète celle qu'on lit dans le premier travail de M. de Humboldt.

L'ARGÈS SABALO.

(*Arges sabalo*, nob.)

Le **Sabalo** est un poisson à museau déprimé, mais convexe en dessus et aplati en dessous. La convexité de la tête se continue jusqu'à la dorsale, dont la base du premier rayon est au tiers antérieur du corps. Jusqu'à cette nageoire le tronc est arrondi, mais au-delà le corps devient comprimé. La circonscription du museau, et le contour général de la tête, est à peu près parabolique; et la distance du bout du museau, jusque par le travers des ouïes, surpasse à peine le diamètre transversal de la tête, dont l'épaisseur, prise à la hauteur des yeux, est contenue deux fois et demie dans la longueur totale, laquelle contient quatre fois celle de la tête.

Les yeux sont très-petits, placés à peu près aux deux tiers de la distance du bout du museau à la fente de l'ouïe. L'intervalle qui les sépare ne fait que le cinquième de cette même distance, et que le quart du diamètre qui passerait par les orbites.

La peau molle de la tête passe sur les yeux en laissant une conjonctive transparente au-dessus de l'œil, mais sans aucun repli interne.

A moitié de la distance entre l'œil et le bout du museau sont percées les narines. Les deux ouvertures sont très-rapprochées; la postérieure est plus grande que l'antérieure, et elle est entourée par une papille relevée autour de son bord en forme de tentacule.

La bouche forme un museau avancé parabolique,

à cause de l'épaisseur des lèvres. Il y a en dessus et près de l'angle de la commissure, deux barbillons maxillaires; mais on ne voit sous la peau aucun des os de la mâchoire. L'ouverture de la bouche est tout-à-fait en dessous. La lèvre supérieure fait un bourrelet épais, et l'inférieure s'étend en un large bord continu à l'angle de la commissure avec la supérieure, ce qui doit former une sorte de ventouse ou de suçoir, à l'aide duquel l'animal doit adhérer fortement aux corps plongés sous l'eau.

La mâchoire supérieure a six rangées de dents: la première composée de dents simples et coniques, obtuses ou légèrement tranchantes à la pointe; celles des rangs internes sont terminées par un double crochet, dont chaque denticule est très-pointu.

La mâchoire inférieure n'a que des dents à doubles pointes crochues. Le palais est lisse et sans dents. La langue est grosse, épaisse et obtuse, mais très-peu mobile.

Les ouïes sont fendues sur les côtés de la tête, l'ouverture monte peu en dessus, ne descend pas sous la gorge, ce qui rend l'isthme branchial large et aplati. Les rayons de la membrane branchiostège sont tellement engagés et cachés dans la peau de cette membrane, qu'on ne peut les compter que par la dissection. Ils sont au nombre de quatre et assez remarquables par leur forme : le premier, celui qui est sous l'opercule, est large, courbé en arc de cercle, dont les deux extrémités ne sont pas dans le même plan : ce rayon s'atténue aux deux bouts. Le suivant, mince et pointu du côté antérieur, par où il s'insère sur le corps hyoïdien, est élargi du côté du bord de la membrane et taillé en biseau, de manière à suivre le contour de l'ouverture branchiale. Le troisième est pointu et grêle dans toute sa longueur. Le quatrième, sauf la taille, qui est moindre, ressemble au second. Il y a, comme dans tous les poissons, quatre arceaux branchifères; les peignes des branchies sont courts, les râtelures se réduisent à de simples tubercules, petits et rugueux.

Les pectorales sont attachées sur une ceinture osseuse, assez large, mais qui est entièrement cachée sous la peau, et qui ne pourra être bien décrite que sur le squelette. Ces nageoires sont tellement avancées que la base est couverte par le bord membraneux de l'opercule quand le poisson écarte ses nageoires; dans cette position, elles deviennent horizontales et presque à angle droit sur le plan du côté du corps. Le premier rayon n'est pas osseux et poignant, comme dans les pimélodes; il est cependant simple, sa surface est couverte de fortes âpretés, surtout du côté antérieur. Plus gros que les autres, il se prolonge en filet, qui dépasse les autres rayons seulement d'un quart de sa longueur totale, laquelle est comprise quatre fois et trois quarts dans celle du poisson. Les douze autres rayons qui suivent sont tous branchus, aplatis; le dernier n'a que le quart du premier. Le bord de la nageoire est arrondi.

Les ventrales sont aussi très-avancées; elles sont au tiers antérieur du tronc, les caudales n'y étant pas comprises. La distance de la ventrale à la pectorale n'est que du sixième du tronc. Elles sont attachées

15.

22

à deux os pelviens assez longs, pointus en avant et formant une pièce triangulaire par leur réunion antérieure, et restant, au contraire, distinctifs et séparés en arrière. Les deux premiers rayons de la nageoire sont aplatis, plus rugueux que ceux de la pectorale. Ils sont rapprochés de manière à ce qu'il faille les regarder avec grande attention pour reconnaître la membrane étroite qui les réunit en un seul, paraissant alors large et très-gros. Ils se prolongent en un filet plus court : il y a ensuite cinq rayons branchus.

La dorsale est attachée au tiers antérieur de la longueur totale. Le premier rayon n'a pas d'articulation qui le rende fixe, comme celle des autres siluroïdes; il se prolonge en fil court, et sa partie antérieure et supérieure a quelques rugosités très-fines.

L'adipeuse est longue et basse; elle commence au troisième tiers de la longueur du tronc, la caudale non comprise, et elle s'étend jusque sur la base des rayons de la caudale. Sa hauteur n'est que du sixième ou du septième de sa longueur.

La caudale est coupée carrément, mais les deux rayons externes, supérieur et inférieur, se prolongent en filet et en dépassent le bord. Quand elle est étalée, sa hauteur fait le double de sa longueur : on lui compte treize rayons.

L'anale est assez reculée en arrière, car elle est sur le second tiers de la longueur totale, et elle paraît d'autant plus reculée que les autres nageoires sont plus avancées. Le premier rayon est simple, gros, filiforme et grenu; elle est d'ailleurs plus de moitié plus courte que haute.

B. 4; D. 1/6; A. 1/6; C. 13; P. 1/12; V. 1/5.

La peau qui recouvre ce poisson est nue et sans aucune trace de boucliers osseux sur aucune partie du corps. Elle est molle, couverte de fines granulations, principalement sur la tête. Elle tient au corps par un tissu cellulaire flasque et lâche. La ligne latérale est marquée par une suite de petits traits élevés sur le milieu des côtés. La couleur est un gris cendré, marbré de noirâtre en dessus.

Ce siluroïde n'a pas de vessie natatoire, et le reste de sa splanchnologie offre par sa simplicité plusieurs traits curieux. L'œsophage, assez large et plissé en dedans, se prolonge en un estomac conique, donnant une branche montante très-courte, fermée par le pylore. Le duodénum, qui s'appuie sur le côté droit de l'estomac, remonte vers le diaphragme et se contourne en se dilatant un peu pour passer sous l'œsophage derrière cette cloison; et de là le canal intestinal, d'ailleurs assez grêle, se rend droit à l'anus. Le duodénum est un peu dilaté près de l'estomac. Le foie est très-petit et situé sous le duodénum. Il est réduit à un seul lobe droit et unique. La rate est mince et aplatie à gauche de l'intestin. Les reins sont larges et assez gros, et remplissent surtout la cavité laissée de chaque côté de la grande vertèbre, qui a le corps court, car il n'y a pas de chevron sur les interépineux. Ces reins se raccourcissent bientôt, et donnent par de très-longs uretères dans une vessie urinaire alongée et étroite. Les laitances du seul individu que j'aie vu et que j'ai disséqué, sont deux rubans grêles assez longs. Le péritoine est fin et noirâtre.

Je n'ai pu faire le squelette de ce poisson, dont je n'ai jusqu'à présent qu'un seul individu, long de sept pouces et demi.

L'on mange cette espèce dans le haut Pérou, et elle y est fort estimée. Elle ne vient pas des affluens du lac de Titicaca, car M. Pentland m'a dit qu'il fallait la faire venir de loin, et l'envoyer chercher à la mission de Santa-Anna.

L'ARGÈS DES CYCLOPES.

(*Arges Cyclopum; Pimelodus Cyclopum,* Humb.,
Obs. zool., tom. I, pag. 21, pl. VII.)

L'espèce décrite et figurée par M. Alexandre de Humboldt, doit, comme je l'ai dit, appartenir à ce genre. Il est probable que les dents seront semblables à celles du sabalo; car celles du *Brontes preñadilla,* dont je vais parler dans l'article suivant, sont aussi les mêmes que celles du poisson de M. Pentland. Les affinités entre ces deux êtres sont assez grandes pour ne pas hésiter à admettre la similitude des dents.

La description qui va suivre est extraite du travail de M. de Humboldt.

Ce poisson a la tête déprimée, le tronc un peu

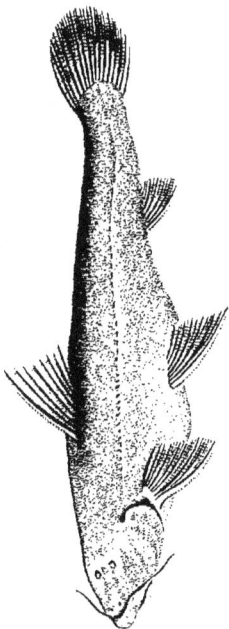

BRONTE prenadille.

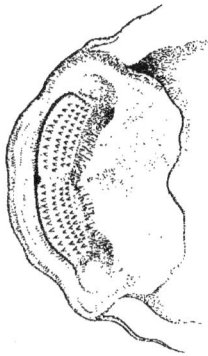

BRONTES prenadilla.

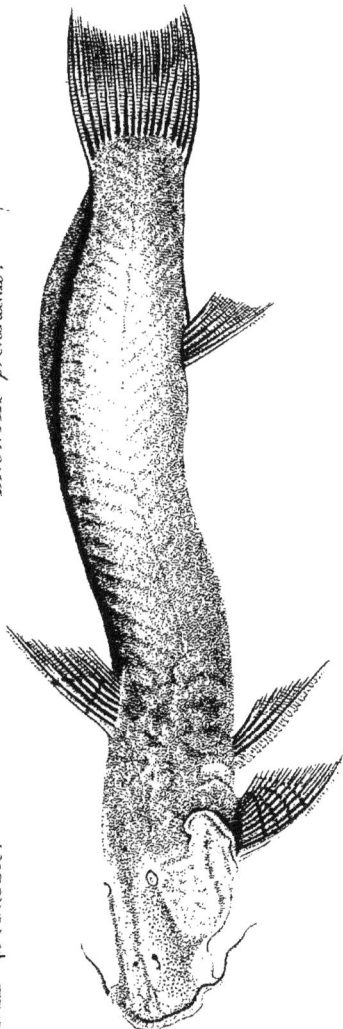

ARGES sabalo.

ARGES sabalo, nob.

Acario Gieroa delt.   Impr.ᵉ de Langlois.   H. Legrand sculp.ᵗ

comprimé ; on en juge très-bien par la figure. La bouche, très-grande à l'extrémité du museau, est garnie de très-fines dents. Les yeux sont très-petits, sur le dessus de la tête, et placés vers le milieu. Les narines sont tubuleuses. Les nageoires ne paraissent pas avoir les premiers rayons prolongés en filet. Les rayons branchiostèges sont au nombre de quatre. Ainsi, voilà la formule des nombres de rayons tels que M. de Humboldt les a comptés.

B. 4 ; D. 6 — 0 ; A. 7 ; C. 12 ; P. 9 ; V. 5.

L'adipeuse est petite, et plus haute que longue ; différence spécifique notable si l'on compare cette nageoire à celle de l'espèce précédente.

Tout le corps est couvert d'une peau sécrétant une abondante mucosité ; la couleur est olivâtre, mêlée de petites taches noires.

Ce petit poisson est long d'environ quatre pouces, et M. de Humboldt en cite des variétés qui ne paraissent pas dépasser deux pouces. Aurait-il vu parmi ces variétés notre *brontes preñadilla ?*

Il se trouve dans des lacs jusqu'à 3500 mètres de hauteur. C'est donc un des poissons qui vivent dans les plus hautes régions du globe.

Du genre BRONTES.

Pour suivre la méthode de dénomination que je viens d'employer, je désignerai par le nom de *brontes,* qui est aussi celui d'un des Cy-

clopes de la fable, le genre qui avoisine beaucoup notre *arges Cyclopum*. Cette espèce est
confondue avec la précédente par les habitans des plaines servant de base au Cotopaxi,
sous le nom de *preñadilla*.

Le petit poisson que je vais décrire d'après
nature, a été envoyé au célèbre chimiste,
M. Boussingault, membre de l'Académie
royale des sciences, qui a bien voulu me re-
mettre les deux petits exemplaires qu'il a fait
venir d'Amérique à notre demande. Cette prenadille n'a pas d'adipeuse; d'ailleurs elle ressemble au poisson décrit par M. de Humboldt.
Mais comme l'exactitude de ce savant est trop
connue pour que je puisse mettre en doute
la présence de l'adipeuse sur ce poisson, qu'il
a vu et décrit sur place et d'après nature, je
n'hésite pas à séparer celui-ci.

Ce genre des brontes se distinguera du précédent par l'absence de l'adipeuse; car ce sont,
d'ailleurs, les mêmes dents, les mêmes nombres
de rayons branchiostèges, et la même disposition dans les autres nageoires, les rayons
externes se prolongeant en filet.

Je conserverai à cette espèce la dénomination spécifique de *prenadille,* sous laquelle
M. Boussingault me l'a donnée. Ainsi, ce sera

Le Bronte prenadille.

(Brontes prenadilla, nob.)

C'est un petit poisson à corps arrondi, légèrement comprimé vers la queue, qui est assez grosse.
La tête, déprimée en dessous, est aussi large que
longue, en la mesurant jusqu'à la fente de l'ouïe,
et elle est contenue quatre fois et trois quarts dans
la longueur totale. A l'aplomb de la dorsale l'épaisseur est encore aussi forte que la tête; mais le corps
est déjà d'un cinquième moins haut. Le museau est
très-obtus et arrondi dans les deux sens. On ne voit
aucun casque sur la tête, aucun des os du crâne ne
paraît. Il n'y a pas de plaque interpariétale, ni d'écusson au-devant de la dorsale. Ainsi, aucune apparence
de casque, comme plusieurs bagres ou pimélodes.
Les yeux sont très-petits, sur le dessus de la tête:
ils ne paraissent que comme deux petits points noirs.
Ils sont au troisième cinquième de la longueur de la
tête, et éloignés d'un peu plus de ce cinquième. A la
distance toujours d'un cinquième du bout du museau, et au-devant de l'œil, est l'ouverture antérieure
de la narine, petite comme un simple pore ou trou
d'aiguille; derrière elle est un tentacule, ou mieux,
une papille aplatie triangulaire couchée sur la tête, et
qui cache ainsi l'ouverture postérieure de la narine
percée à l'angle postérieur de sa base. La bouche est
tout-à-fait sous la tête; elle est entourée d'une lèvre
épaisse et dilatée, qui doit faire un suçoir ou l'office
de ventouse quand le poisson en applique les bords
sur les corps lisses. La lèvre inférieure est libre en

arrière, et dépasse de beaucoup la branche de la mâchoire. Une légère échancrure répond à la symphyse des mandibules. Il est d'autant plus probable que ces lèvres agissent ainsi, que leur surface est relevée de nombreux tubercules, toutefois assez fins pour n'être vus qu'à la loupe. Aux angles de la bouche sont attachés deux barbillons maxillaires assez courts; car ils ne dépassent guère le bord du préopercule. Il n'y en a pas sous la mâchoire inférieure. Les dents sont semblables à celles du sabalo, c'est-à-dire, qu'à la mâchoire supérieure le rang externe est composé de dents coniques, et que les autres dents, comme celles de la mâchoire inférieure, sont fourchues, et que chaque division est pointue et courbée en crochet, le palais lisse et sans dents. Les ouïes sont assez ouvertes; la fente remonte peu sur la tête, et ne s'avance pas beaucoup en dessous vers celle du côté opposé, ce qui laisse sous la gorge un isthme assez large. La membrane branchiostège est soutenue par quatre rayons aplatis; les deux premiers sont très-courbés, le troisième l'est moins, le quatrième est droit. Les pectorales, à peu près du cinquième de la longueur totale, sont éloignées du bout du museau d'une fois leur longueur. Le premier rayon est gros et couvert d'aspérités; mais il ne peut se redresser sur l'os en ceinture et devenir une arme offensive comme dans les autres siluroïdes. Ce rayon touche à l'insertion de la ventrale et dépasse un peu, comme un fil très-court, les six autres qui sont bifides. La seconde nageoire paire a un premier rayon plus gros, plus âpre et plus long d'un quart que celui de la première : on compte ensuite cinq rayons branchus.

Malgré sa longueur, qui égale le quart de celle du tronc, ce rayon n'atteint pas à l'orifice de l'anus, derrière lequel on voit saillir une sorte d'appendice charnu ou de longue verge conique, le seul exemple que j'en aie vu dans la famille des silures. Je la crois percée d'un trou ; mais à cause de la petitesse de l'organe je n'oserais l'affirmer.

Cette verge est aussi haute que l'anale, dont elle est bien distincte. Cette nageoire a un premier rayon rugueux, et six autres petits. La caudale en a treize, dont les deux externes dépassent en filet les onze autres qu'ils comprennent. La dorsale est petite et a six rayons branchus et un premier un peu courbé, point divisé, rugueux, surtout en avant, ce qui le fait paraître dentelé quand on l'examine à la loupe.

B. 4; D. 1/6; A. 1/6; C. 13; P. 1/6; V. 1/6.

J'ai sous les yeux deux individus de cette preñadilla, et ni l'un ni l'autre n'ont de nageoire adipeuse; la peau, couverte de mucosité, ne montre aucune cicatrice qui puisse faire soupçonner que cette nageoire ait été enlevée. Ce n'est qu'après l'avoir examinée avec le plus grand soin que j'affirme ce fait remarquable sous deux rapports. Le premier, c'est que la prenadille que je décris ici n'est pas la même que celle figurée et décrite par M. de Humboldt dès 1805, qu'elle ne peut pas même être regardée comme étant du même genre, ni de celui du sabalo, avec lequel cependant elle a la plus grande ressemblance, ainsi que le prouve la description détaillée que j'en donne. La peau est lisse et couverte d'une mucosité épaisse et abondante qui, contractée par l'alcool, la fait paraître granuleuse. La ligne latérale est fine et droite; la couleur, dans l'alcool, est roussâtre avec quelques taches grises.

Les viscères ressemblent beaucoup à ceux du sabalo. Ainsi je trouve un canal intestinal tout aussi simple, et composé, comme dans l'autre, d'un estomac conique, donnant à droite de l'extrémité une petite branche montante, suivie d'un duodénum qui remonte le long de l'estomac, passe sous l'œsophage dans l'hypocondre gauche pour se rendre ensuite droit à l'anus. Le foie est proportionnellement plus gros; les laitances étaient assez développées; les reins sont larges et gros, situés au-dessus de la région stomacale, et donnant par deux longs uretères dans une vessie alongée. Il n'y a point de vessie natatoire.

Les deux individus que j'ai vus sont longs de trois pouces.

Ces petits poissons viennent des ruisseaux qui descendent du Cotopaxi. Ils ont été pris à 5000 mètres au-dessus du niveau de l'Océan, à la même hauteur où M. de Humboldt a su que l'*Arges Cyclopum* était lancé par le volcan. On a envoyé notre *Brontes preñadilla* à M. Boussingault comme le poisson aussi lancé par le Cotopaxi, ce qui semble prouver qu'il y a deux espèces voisines, mais différentes, qui vivent dans les mêmes conditions, et qui résistent à l'action ignée de ces colosses volcaniques.

De l'ASTROBLEPUS.

Rien ne démontre mieux la faiblesse des caractères sur lesquels les ichthyologistes se fondaient autrefois, que l'examen des poissons extraordinaires que M. de Humboldt a fait connaître, il y a plus de trentre-cinq ans, et qui depuis semblaient être restés des énigmes en ichthyologie. Elles étaient, comme je l'ai déjà fait remarquer, difficiles à résoudre, car MM. Cuvier lui-même ne les aborda point, et passa sous silence dans le Règne animal et l'Astroblepus et l'Eremophilus. J'ai décrit le dernier d'après nature, mais je n'ai pas encore vu l'autre. Toutefois nos collections ichthyologiques se sont accrues, et les lacunes qui existaient entre les êtres venant à se combler, il est devenu plus facile aujourd'hui d'essayer de donner une solution de ces curieux problèmes.

M. de Humboldt présente au retour de son voyage les deux dessins qu'il a faits sur les lieux, et qu'il a publiés dans son Recueil d'observations zoologiques. Les ichthyologistes y voient des poissons sans ventrales, qui deviennent des apodes; c'est-à-dire, des poissons qu'il faut placer par cette méthode artificielle dans le même ordre que les anguilles (*muræna*), que les espadons (*xyphias*) et les trichiures (*trichiurus*).

On s'était créé des difficultés insurmontables en donnant aux caractères tirés des nageoires plus de valeur qu'ils n'en doivent prendre dans la méthode. Très-bon caractère de genres, ils deviennent faibles si l'on veut prendre ces organes pour en tirer des caractères de familles, à plus forte raison d'ordre.

J'avais rapproché l'eremophilus de la famille des silures, et en effet il en est très-voisin; mais il n'appartient pas à ce groupe, les découvertes de M. Pentland au lac de Titicaca et dans ses affluens, prouvent qu'il tient des cobitis : toutefois ces petits poissons vont devenir les centres d'une famille qui liera les siluroïdes aux cyprinoïdes.

Les observations faites sur les trois genres dont je viens de traiter dans ce chapitre et rapprochées l'une de l'autre, prouvent que l'astroblepus est un siluroïde apode; ce qui ne doit pas paraître aujourd'hui plus extraordinaire que de voir des scombéroïdes, des cyprinoïdes également privés de ces nageoires.

En effet, ce poisson ressemble par tout son ensemble à notre *Brontes preñadilla,* puisqu'il a, comme lui, la tête aplatie, les yeux en dessus, une seule dorsale, point d'adipeuse;

ıf les rayons externes des nageoires prolongés en
ıl filet, quatre rayons à la membrane branchios-
ıſ tège; mais comme il manque de ventrales, ce
ɔ caractère devient essentiel et générique. Il n'y
ʁ a encore de ce genre que la seule espèce dé-
ɔ crite dans l'ouvrage cité déjà plusieurs fois.

ASTROBLÈPE DE GRIXALVA.

.)(*Astroblepus Grixalvii*, Humb., Obs. zool., tom. I,
pag. 19, pl. VII.)

C'est un poisson à corps comprimé en arrière,
déprimé vers la tête, qui est aplatie, grande, obtuse
et comme tronquée. La bouche, assez fendue, est
pourvue de petites dents; ses lèvres sont larges, et
la supérieure est plissée; la langue n'a aucune liberté
dans la bouche; les narines sont doubles, bordées
par une membrane; les yeux sont très-petits, sur le
dessus de la tête, et assez reculés en arrière. Il n'y a
que deux barbillons, un à chaque angle de la bouche :
ils ne paraissent pas être plus longs que la tête. Les
ouïes sont bien fendues. La membrane branchiale est
soutenue par quatre rayons, dont le premier est dentelé. Le rayon externe de chaque nageoire, prolongé
en filet, est dentelé. Il n'y a ni adipeuse ni ventrale,
de sorte que voici la formule telle que M. de Humboldt nous l'a fournie,

B. 4; D. 7; A. 7; C. 12; P. 10; V. 0.

Cette espèce a la peau nue et muqueuse; la couleur est d'un noir olivâtre, uniforme et sans tache.

Ce poisson vient du Rio de Palace, près Popayan. Il y est connu sous le nom de *pescado negro*, et atteint presque quatorze pouces de longueur.

Le nom générique, composé par M. de Humboldt, rappelle la position horizontale des yeux sur le dessus de la tête, et regardant constamment vers le ciel. Quant au nom spécifique, le savant voyageur l'a donné à cette espèce pour perpétuer la mémoire, dit-il, d'un savant respectable, Don Mariano Grixalva, qui a répandu à Popayan le goût des sciences physiques, en les cultivant avec succès.

Ce *pescado negro* se mange à Popayan. Il ne se trouve pas dans la partie de la rivière de Cauca qui est la plus voisine de la ville, et cela tient à un phénomène physique remarquable.

Un petit ruisseau, dont les eaux sont imprégnées d'acide sulfurique, descend du volcan de Puracé : à cause de son acidité, les habitans lui ont donné le nom de Rio Vinagre. Il se mêle au Rio Cauca, et à partir de ce confluent, jusqu'à quatre lieues plus bas, cette dernière rivière est tout-à-fait dépourvue de poissons, quoique dans la partie supérieure de son cours, le Cauca soit poissonneux et que la pêche y soit abondante. De petites quantités

b d'acide, qui échapperaient à nos analyses chi-
miques, mais qui finiraient par agir puissam-
ment sur l'économie du poisson, à cause de
la continuité de leur présence, deviennent
assez considérables pour nuire à l'organisation
des poissons.

CHAPITRE XIV.

Des Clarias, Gronovius, *et des Hétéro-branches* (*Heterobranchus*, Geoff.).

Les siluroïdes dont nous avons maintenant à parler, n'ont pas la nuque armée; aucun bouclier ne garnit l'origine de leur dorsale. C'est du côté de la tempe et sur les joues que les pièces osseuses, plus grandes qu'à l'ordinaire, donnent de l'extension à leur casque. Non-seulement les sous-orbitaires, qui dans le reste de la famille se réduisent à de simples filets, prennent plus de développement, mais les surtemporaux, ordinairement si petits, et qui dans la plupart des siluroïdes ont entièrement disparu, deviennent énormes, et se soudent, deux de chaque côté, au bord du crâne, le long des trois frontaux et du mastoïdien. D'ailleurs ces poissons ont, outre leurs dents des mâchoires, des dents sur un arc du vomer, parallèle aux intermaxillaires. Leur tête est déprimée, obtuse; leurs membranes branchiostèges ont des rayons assez nombreux; leur corps est alongé; leur caudale tronquée; une nageoire, longue et basse, sans grande épine, règne sur leur dos, et quelquefois sa deuxième moitié est remplaɔocée par une adipeuse. L'anale est également oɒongue et basse; l'épine pectorale est petite; mmais ce qui fait pour ce genre un caractère idbien essentiel, quoique intérieur, et n'ayant 'bd'exemple dans aucun autre poisson, ce sont ɘɒes appendices ramifiés de leurs arcs branɪɔchiaux qui ont valu à l'un d'eux le nom que ɪnnous lui conservons.

On en doit la connaissance à M. Geoffroy ɛSaint-Hilaire, qui a observé en Égypte sur le ʜHarmouth ces organes branchus, retrouvés b́depuis dans toutes les autres espèces, mais ɪqplus ou moins développés. Hasselquist n'avait ɪqpas remarqué cette singulière organisation. ɪɪLes arbuscules qui forment ces organes ont ɪɜété disséqués et préparés par M. Cuvier lors bdu retour de M. Geoffroy après la campagne ɪbd'Égypte, et ces préparations ont été dessiɪnnées par l'illustre professeur d'anatomie comqparée du Muséum d'histoire naturelle.

Je possède ces beaux dessins originaux, que ɘɪje dois au legs qu'il m'a laissé. Ils sont faits à ɛɪla mine de plomb, et représentent les organes dbranchiaux et leurs ramuscules supplémentaiɪɪres, ainsi que la splanchnologie du poisson. Ils ɔont été gravés dans le grand ouvrage d'Égypte, ɜɛsans doute à la prière de M. Geoffroy, quoipque ni lui ni son fils n'aient fait aucune mention de leur auteur. Ce sont les figures 1, 2 et 3 de la planche 17; mais je ferai observer qu'elles n'ont pas été faites au miroir, et que les organes sont dans une situation renversée. M. Isidore Geoffroy n'a pas même décrit les organes curieux de la branchie avec plus de détails que ne l'avait fait M. Geoffroy Saint-Hilaire[1], quoique celui-ci eût négligé de signaler plusieurs points intéressans de leur organisation.

Je dois faire remarquer ici que M. Geoffroy fils a reproduit l'hypothèse généralement admise que les arbuscules supplémentaires des branchies servent à la respiration du Harmouth pendant qu'il s'avance dans la vase des canaux affluens dans le Nil, ou pendant le temps qu'il peut vivre hors de l'eau, ce que M. Isidore Geoffroy porte à plusieurs jours. Je ne sais pas au juste le rôle que jouent ces organes dans l'acte de la respiration; l'examen anatomique que j'ai fait des pièces ne peut plus être assez exact sur des organes déplacés, et conservés depuis plus de quarante ans dans l'alcool, pour éclairer suffisamment ces points encore obscurs; mais il faut faire bien attention que des organes supplémentaires aux branchies ne sont pas nécessaires aux poissons

1. Bulletin de la Société phil., 1801, n.° 62.

pour vivre plusieurs jours hors de l'eau. Ainsi, dans le chapitre précédent on a vu que les callichthes traversent en bandes des plaines, et qu'ils vont par terre d'une rivière à une autre, sans aucun organe accessoire aux branchies. Nos anguilles sortent fréquemment de l'eau pendant les nuits chaudes de l'été; si elles se sont trop éloignées de leur retraite aquatique, elles se blottissent dans une touffe d'herbe, et elles y passent très-facilement une journée, et peut-être davantage : leurs branchies n'ont cependant aucun organe accessoire. On conçoit, d'ailleurs, que ces houppes ou arbuscules ne sont pas nécessaires pour respirer; car les phénomènes d'endosmose qui président à la combinaison de l'air et du sang pour l'hématoser, se font directement par la lame même des branchies, comme par la muqueuse des poumons; ainsi que les expériences de M. Flourens, et celles plus anciennes de MM. Humboldt et Provençal, l'ont prouvé.

Il ne faut pas oublier d'ailleurs, ainsi que M. Isidore Geoffroy a soin de l'établir dans sa note, que l'idée de regarder les branchies surnuméraires du Harmouth comme une branchie aérienne, est la conséquence de la supposition, que tout animal possède élémentairement deux organes respiratoires, l'un branchial

et l'autre pulmonaire : l'un des deux étant déve-
loppé dans le cas où l'autre reste rudimentaire.

Cette théorie tout hypothétique a été con-
çue par M. Geoffroy Saint-Hilaire après un
examen rapide d'un *birgus latro,* crustacé de
l'Isle-de-France et des archipels voisins, dont
l'anatomie mériterait de fixer l'attention des
zoologistes. MM. Audouin et Milne Edwards
ont démontré, que dans les crustacés terrestres qu'ils ont eu occasion d'examiner, la membrane interne étendue sous le test, forme dans
la cavité branchiale un repli propre à conserver
l'eau, et garantissant les organes respiratoires
de la dessiccation qui ne manquerait pas d'a-
voir lieu à l'air libre. Dans le *birgus latro* la
partie supérieure de cette membrane est garnie
de végétations plus ou moins développées,
mais qui ne sont nullement creuses, et ne sont
point perméables à l'air, en sorte que cet organe n'est pas plus un poumon aérien que celui
des autres crustacés terrestres. Il serait possible
que ces végétations ainsi développées dans le
birgus, eussent comme usage secondaire d'ar-
rêter les œufs remontant sous ces enveloppes
à cause de la brièveté de la queue. Cette organisation avait même fait croire à M. Cuvier,
que les deux poches du *birgus* étaient desti-
nées à recevoir la ponte de ce crustacé.

Mais revenons aux clarias ou hétérobranches, comme M. Geoffroy les a nommés.

Les poissons de ces deux genres ont la tête protégée par un casque osseux, granuleux, formé par l'étendue des os du crâne et augmenté par les surscapulaires; la production interpariétale s'avance sur l'occiput en une lame plus ou moins mousse. Elle est supportée par une crête de l'occipital, qui contribue à soutenir et à étendre le casque; il n'y a pas d'occipital latéral : les deux occipitaux postérieurs ont deux grandes apophyses transverses, qui ont la forme de deux grandes lames roulées en cornet. La première vertèbre a aussi deux apophyses transverses en lames minces et recourbées, qui complètent, en arrière, le cornet des apophyses latérales et dilatées de l'occipital postérieur et qui reçoivent les osselets de Webber. Des restes de ligamens et de replis du péritoine sur ces pièces me font croire que les attaches de la vessie natatoire occupent aussi une partie de cette région, quoique ses lobes arrondis me paraissent logés dans les creux recouverts par les mastoïdiens. Le vomer a des dents tantôt en carde, tantôt grenues, et elles forment un arc ou une bande, dont la figure varie dans les espèces. Outre les appendices ramifiés des branchies, nous comptons à la membrane branchiostège de ces poissons, un nombre de rayons variable de neuf à onze. Les Clarias ont sur le dos une nageoire qui en occupe toute la longueur, sans toutefois se confondre avec la caudale, ni celle-ci avec l'anale, qui est aussi très-étendue. Il n'y a pas de rayon osseux au-devant de cette nageoire, ni par conséquent de chevron. Quelquefois cette dorsale est plus courte, et elle est alors suivie d'une nageoire adipeuse; c'est le cas présenté par les Hétérobranches. Le premier rayon de la pectorale est, comme celui des autres siluroïdes, osseux et légèrement dentelé sur le bord.

Malgré l'assertion d'Hasselquist, je ne vois aucun appendice cœcal au pylore; je ne conçois même pas quels sont les organes ou les vaisseaux qu'il a pu prendre pour trois ou quatre petits cœcums, très-minces; il n'avait pas aussi aperçu la vessie aérienne, si remarquable par sa forme et sa position; et cela ne doit pas surprendre, car s'il en avait reconnu l'existence, il aurait vu très-probablement les branchies supplémentaires.

Quoiqu'on aurait pu signaler d'abord la présence des clarias dans l'Inde, en profitant de l'ouvrage de Willughby ou de Ray, son éditeur, les espèces de ce genre ont été connues d'abord par celles du Nil.

Nous verrons qu'il y en a dans ce fleuve plusieurs, qui ont été confondues avant mon travail; ce genre se retrouve dans toute l'Afrique : nous en avons reçu du Sénégal et du cap de Bonne-Espérance.

Les espèces de l'Inde sont plus nombreuses, et la description comparative n'en avait pas encore été offerte aux zoologistes.

Le premier qui ait décrit un poisson de ce genre est Nieuhof; on en reconnaît facilement les caractères dans sa prétendue *anguille-lamproye tachetée des Indes* (Willugh., app., pl. VI, fig. 2). Alexandre Russel, en 1756, dans son histoire naturelle des environs d'Alep (pl. 12, fig. 1) en représente un autre de l'Oronte, qui abonde sur les marchés de cette ville, où on l'appelle *simari il asouad* (poisson noir).

L'année suivante, 1757, Hasselquist donna de l'espèce qui paraît être commune dans le Nil (le *harmouth*), une description très-détaillée et très-exacte pour les parties externes, mais sans y joindre une figure; il la nomma *silurus anguillaris*.

En 1763, Gronovius (p. 322) décrivit, avec de grands détails aussi, l'espèce d'Alep, d'après un échantillon que Russel lui avait donné; et la considérant comme identique avec celles d'Hasselquist et de Nieuhof, il en forma un

genre à part sous le nom de *clarias*. Ses figures
(pl. VIII, *a* 3, 4 et 5), comme cela était naturel, correspondent à celles de Russel.

Depuis lors le Harmouth a été représenté
de nouveau, un peu en petit, par Sonnini dans
son Voyage d'Égypte, pl. XXII, fig. 2.

Mais M. Geoffroy Saint-Hilaire en a donné,
dans le grand ouvrage sur l'Égypte, de grandes
et belles figures, exécutées par M. Redouté
jeune, et a enrichi la famille d'un genre nouveau, pourvu d'une adipeuse, le Halé, quoiqu'il n'ait pas cru le distinguer comme genre
de son Harmouth arabi. Il a surtout fait connaître les appendices très-remarquables qui
adhèrent à ses derniers arcs branchiaux, appendices qui l'ont déterminé à donner au genre
le nom d'*heterobranchus*. M. de Lacépède, de
son côté, oubliant, comme M. Geoffroy, que
le genre avait déjà été établi et nommé par
Gronovius, lui imposait le nom nouveau de
macroptéronote, à cause de sa longue dorsale.

Le nom de *clarias* est pris de Belon, qui l'a
donné à un poisson du Nil, de la famille des
siluroïdes, qu'il comparait à la *lote* de France,
à laquelle il croyait qu'appartenait anciennement ce nom; mais sa description n'est pas
assez claire pour que l'on puisse l'appliquer
sans contestation au Harmouth. Comme il

ne peut y avoir de doute en ce qui touche
Gronovius, nous croyons devoir restituer à ce
genre le nom de *clarias;* et puisque nous nous
déterminons à séparer le Halé que MM. Geoffroy et Cuvier comprenaient dans le même
genre, nous lui réserverons spécialement la
dénomination générique d'*Hétérobranche.*
Nous laissons de côté le nom trop long de
macroptéronote, imaginé par Lacépède, parce
que ce savant zoologiste l'a introduit inutilement dans la science, ses prédécesseurs ayant
déjà dénommé le groupe.

M. Geoffroy a pensé que ce pouvait être
l'*alabès,* que Strabon[1] nomme parmi les poissons du Nil : il n'y aurait que l'étymologie du
mot, semblant indiquer un poisson si glissant
qu'on ne peut le saisir, qui pourrait faire
croire qu'on peut l'appliquer à notre poisson.
Athénée[2], qui a écrit ἀλλαβὴς, le cite aussi, d'a-
près Archestrate, comme un poisson du Nil,
avec le phragre, l'oxyrhynque, le silure. Pline[3]
parle aussi d'un poisson du lac Nisides en
Éthiopie, qui y vit avec les coracins et les
silures.

Comment reconnaître le *Harmouth* dans

1. L. XVII, 823.
2. L. VII, c. 17, p. 312.
3. L. V, c. 10, 5.

ces passages, ainsi que l'a pensé M. Geoffroy, et
comme on l'a dit d'après lui? M. Cuvier n'a pas
partagé sans doute les idées de son confrère à
ce sujet, quand il a pris le nom d'*Alabès* pour
désigner un genre d'apode voisin des anguilles,
et auxquelles les propriétés indiquées par les
anciens peuvent tout aussi bien faire appliquer la dénomination grecque qu'au silure.

La signification zoologique d'ἀλαβὴς est une
de celles sur lesquelles il est impossible de se
fixer le moins du monde aujourd'hui, d'après
les documens que les anciens nous ont laissés.

Le Harmouth d'Hasselquist.

(*Clarias Hasselquistii*, nob.; *Silurus anguillaris*,
Hasselquist.)

Nous commencerons par les *clarias* du Nil,
connus sous le nom de *Harmouth* suivant M.
Geoffroy; mais en faisant observer, qu'indépendamment du *Harmouth halé,* dont nous
parlerons à la fin de ce chapitre sous le nom
d'*heterobranchus,* ce fleuve nourrit encore
d'autres espèces de ce genre qui n'ont pas encore été distinguées, quoique M. Geoffroy en
ait eu au moins deux sous les yeux, et que
M. Isidore Geoffroy, en étudiant les mêmes
matériaux qui sont à notre disposition, aurait

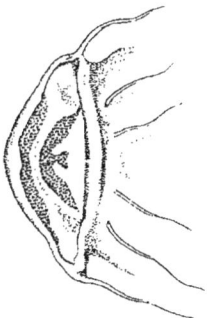

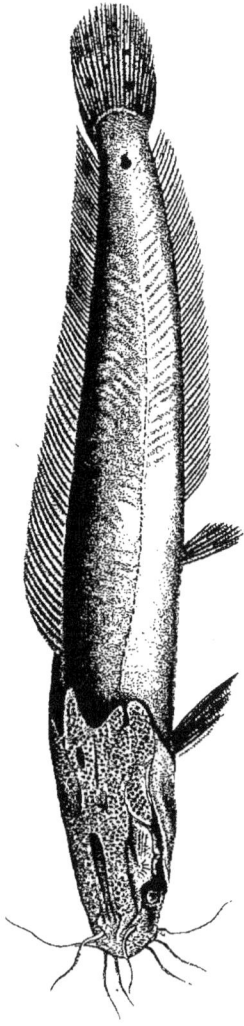

HARMOUTH d'Hasselquist.

CLARIAS Hasselquistii, nob.

Acarie-Baron del.‎

Impr.ᵉ de Langlois

H. Legrand sculp.ᵗ

dû reconnaître ces espèces et les établir, non pas seulement sur les nombres des rayons des nageoires, mais sur des caractères plus essentiels dans l'organisation, puisqu'ils reposent sur ceux que nous offre la dentition : nous trouvons aussi des différences dans les formes de la tête et dans la longueur respective des barbillons.

Je commence par décrire celle sur laquelle je puis présenter les observations les plus complètes, qui ressemble le plus à celle d'Hasselquist, par la description et par les nombres de ses rayons. Puisque c'est la plus anciennement connue, je lui donne, ainsi que nous l'avons fait jusqu'à présent pour débrouiller les espèces confondues sous une même dénomination, le nom du voyageur à qui l'on en doit la première description détaillée.

Comme la généralité des siluroïdes, les clarias en général, et le harmouth en particulier, ont la tête déprimée, le corps rond au thorax et comprimé vers l'arrière; mais ce qui leur donne un air particulier, c'est

la forme alongée du corps qui se rétrécit un peu vers la queue.

La hauteur du harmouth, en avant de la dorsale, égale sa largeur au même endroit, et fait le septième

de sa longueur totale. Sa tête, mesurée du bout du
museum au bout de la proéminence interpariétale,
prend plus du quart de cette longueur; elle est large,
plane en dessus et très-déprimée. Sa largeur, entre
les opercules, est de près des deux tiers de sa longueur. Sa hauteur à la nuque est d'un peu plus du
tiers; mais son plan supérieur descend de manière
qu'entre les yeux sa hauteur n'est plus que du sixième
de sa longueur, et que son museau se termine presque
en coin transversal. Sa circonscription horizontale
est à peu près parabolique; le sommet de la courbe,
c'est-à-dire, le museau, est fort obtus. Tout ce grand
espace est couvert d'un casque osseux et grenu, plus
complet en avant et sur les côtés que dans beaucoup
d'autres genres de cette famille, parce que non-seulement l'ethmoïde et les frontaux antérieurs s'y montrent grenus comme les autres os, mais que le dernier sous-orbitaire, les pariétaux, l'interpariétal, les
deux énormes mastoïdiens et les surscapulaires, dilatés plus que dans aucun autre poisson, s'attachent
de chaque côté sur les trois quarts de sa longueur,
et s'élargissent dans tout cet espace, en recouvrant
toute cette partie, depuis l'œil jusqu'au surscapulaire, et y montrant une surface grenue comme celle
des autres os du crâne. L'opercule est très-petit,
lisse, caché sous la peau, en partie abrité par les
mastoïdiens, et le crâne se porte de près d'un quart
plus en arrière. Le bord postérieur du crâne est divisé en trois pointes, à peu près d'égale longueur,
séparées par deux arcs rentrans; la mitoyenne, qui
est l'interpariétale, en triangle presque équilatéral;

les deux des côtés, arrondies, sont dues au sur-scapulaire.

Les yeux sont au bord latéral de la tête et à son quart antérieur en la mesurant du museau au sommet de la proéminence interpariétale, et au tiers en ne mesurant que jusqu'à l'ouïe. Leur diamètre est d'un seizième de la longueur de la tête, et leur intervalle est de sept de leurs diamètres. La fente de la bouche prend la largeur du museau, mais n'entame latéralement la longueur de la tête qu'aux deux tiers de l'intervalle qui est avant l'œil. Au milieu de cet intervalle, un peu en dedans de la commissure, est l'orifice supérieur de la narine en ovale longitudinal; un barbillon grêle, du quart de la longueur de la tête, s'attache à son angle antérieur. L'orifice inférieur est près de la lèvre, très-petit et entouré d'une courte tubulure. La mâchoire supérieure avance un peu plus que l'autre; les lèvres sont charnues; à chaque mâchoire est une bande de dents en velours; celles d'en haut sont un peu plus fortes, et il y en a derrière elles, au vomer, un arc parabolique en velours très-ras. Cette bande est étroite, assez large et rétrécie dans le milieu. Le barbillon maxillaire part de la commissure; il est grêle et de moitié de la longueur de la tête. Le sous-mandibulaire externe l'égale à peu près; l'interne a quelque chose de moins. La membrane des ouïes embrasse l'isthme, et est échancrée sous lui jusque sous les yeux; elle a dix rayons de chaque côté.

Les branchies, au nombre de quatre comme dans tous les autres poissons, s'insèrent sur un hyoïde et

une langue très-larges, aplatis et lisses. Les râtelures
des branchies sont de simples dents comprimées,
assez courtes, dirigées en dehors sur la branche horizontale, et récurrentes sur la portion montante de
l'arceau. Ces lames touchent le bord de l'autre branchie par la pointe libre. Tout le dessus de l'arceau
est lisse, et sans aucune houppe ni autres dentelures.

Les peignes des branchies sont assez courts, divisés de manière à former deux lames distinctes, de
sorte que l'on pourrait dire de ce poisson, comme
Aristote le disait du xiphias, que le harmouth a
huit branchies. Chaque peigne interne se prolonge
sur la branche montante de l'arceau en une lame
frangée le long du bord. Ces franges sont les extrémités libres de rayons contenus dans la feuille membraneuse qui constitue cette lame; elles sont analogues aux lames pectinées des branchies, et l'on peut
juger que cette feuille joue un rôle dans la respiration, à cause du nombre considérable de vaisseaux
sanguins qu'elle reçoit, et qui partent des rayons.

La feuille de la quatrième branchie est très-petite
et rudimentaire; mais celles des trois premiers arceaux
sont larges et élevées, et redressées sur l'os branchial,
de manière à protéger en dehors les houppes que
M. Geoffroy Saint-Hilaire a nommées les branchies
supplémentaires du harmouth. Ces houppes, qui
ont, comme le dit ce savant naturaliste, une certaine ressemblance avec les arbres constitués par
les ramifications des bronches de nos poumons aé-
riens, sont au nombre de deux de chaque côté :
l'une antérieure, portée sur la branche montante de

l'arceau de la seconde branchie; l'autre, beaucoup plus grosse, est sur celui de la quatrième branchie. Une membrane mince, tapissant le dessous de la cavité qui contient cet appareil, réunit les quatre arceaux branchiaux, de sorte qu'il n'y a pas de fentes branchiales supérieures comme dans les autres poissons, par conséquent, pas de communications, par cette voie ordinaire, entre les houppes et l'intérieur de la bouche, et comme les feuilles que j'ai décrites plus haut circonscrivent aussi ces houppes à l'extérieur, il est difficile d'admettre que l'eau puisse pénétrer facilement autour des organes contenus dans cette cavité, fermée en dessus par l'élargissement du pariétal et surtout du mastoïdien. Les branches de ces arbres sont pleines, et M. Geoffroy dit que le sang vient se répandre dans les nombreux vaisseaux déliés qui rampent à leur surface. On voit encore des restes de ces ramifications sur une préparation injectée de ces organes. Malheureusement je n'ai pu voir si le tronc de ces vaisseaux vient de la branche de l'artère branchiale qui a traversé la seconde et la quatrième branchie; ou si, comme je suis plus tenté de le croire, ils donnent dans les veines, qui les mettraient en communication directe avec les grands sinus veineux du corps qui précèdent la veine cave avant qu'elle ne débouche dans l'oreillette. Il faudrait faire ces observations sur des individus plus frais et en meilleur état.

Les pharyngiens supérieurs sont sous ces arbres, et on en voit un de chaque côté, convexe et garni de dents très-fines et en velours très-ras. Les deux pharyngiens inférieurs sont alongés, étroits et couverts aussi de dents en velours ras.

L'huméral ne se montre point au travers de la peau, et n'a pas de proéminence. La pectorale n'a guère que le dixième de la longueur totale. Son épine est petite, légèrement crénelée au bord antérieur, d'un tiers plus courte que la nageoire même, qui est épaisse et a huit rayons. Les ventrales adhèrent au troisième septième de la longueur, et sont un peu moindres que les pectorales; elles ont six rayons. Une dorsale basse et égale commence à l'aplomb du milieu des pectorales, et règne jusque très-près de la caudale; on y compte soixante-quatorze rayons; tous du tiers à peu près de la hauteur du corps. L'anale commence au milieu de la longueur du poisson, et va aussi loin que la dorsale. Ses rayons, un peu moins élevés, sont au nombre de cinquante-cinq. A la racine de la caudale la queue a encore moitié de la hauteur du corps en avant; mais est fort comprimée. La caudale, qui commence à une petite distance des deux autres verticales, n'a que le dixième de la longueur totale; elle est coupée carrément ou très-peu arrondie, et a seize rayons :

B. 10; D. 74; A. 57; C. 16; P. 1/8; V. 6.

La ligne latérale est très-peu marquée.

Quant aux viscères de ce poisson, nous lui trouvons un foie peu volumineux, divisé en deux lobes courts; le gauche cependant plus long que le droit. Ils sont tous deux arrondis en avant, et assez épais derrière le diaphragme. Sous le lobe droit est caché une grosse vésicule du fiel, ovoïde, alongée, et donnant dans un canal cholédoque, qui se contourne sous le lobe gauche, reçoit dans son trajet un assez grand nombre de vaisseaux hépato-cystiques, et donne dans le duodénum, peu après le pylore. L'intestin s'insère sur la branche montante de l'estomac, se contourne dans la concavité du foie et, passant à droite, y fait des sinuosités courtes, mais nombreuses; il finit par se porter droit vers le rectum, qui occupe la ligne moyenne, à partir de l'extrémité de l'estomac.

La rate est aplatie et convexe du côté de l'abdomen, mince et tranchante du côté du dos; elle est située à la gauche de l'intestin, un peu en arrière de l'estomac. Les organes génitaux sont courts; car les sacs ne font pas la moitié de la longueur de la cavité abdominale.

Les reins sont deux organes trièdres, oblongs, à peu près aussi longs que les laitances, et ils donnent dans une vessie urinaire assez étroite. Les épiploons et les mésentères sont chargés d'une graisse abondante, formant, surtout vers le fond de l'abdomen, deux masses graisseuses considérables.

L'estomac était vide. Sa membrane interne a des plis nombreux, épais et relevés.

La vessie natatoire est petite et forme deux lobes arrondis, séparés presque entièrement l'un de l'autre, et enfoncés dans les grands creux qui sont au-devant des apophyses de la grande vertèbre. Ces deux lobes communiquent sous le corps de la vertèbre. Toutefois, la vessie étant déjà déplacée, je ne suis pas très-certain de la manière dont elle est attachée. Ses ligamens mériteront une dissection nouvelle et spéciale.

15.   24

Je n'ai pas le squelette de cette espèce.

Cette description est faite sur un individu
de vingt-deux pouces, rapporté d'Égypte par
M. Geoffroy Saint-Hilaire. Dans la liqueur le
malaptérure paraît entièrement d'un brun jaunâtre foncé. Ce savant naturaliste, qui a vu
le poisson frais, le décrit comme noir bleuâtre
sur le dos et les flancs, et blanchâtre sous le
ventre; les femelles et les jeunes mâles sont
plus clairs et ont de petites taches noires
éparses sur le corps et les nageoires.

Outre l'individu bien conservé, dû à M.
Geoffroy Saint-Hilaire, et qui est long de
vingt-deux pouces, taille ordinaire de ces
poissons, suivant cet auteur, nous en avons
de plus petits, rapportés par MM. les officiers
de la marine royale chargés de conduire en
France l'obélisque de Luxor, qui a été érigé
avec tant d'habileté sur la place de la Concorde
par M. Lebas. Ceux déposés au Cabinet du
Roi sont deux petits individus, longs de neuf
à onze pouces, offrant les mêmes formes que
ceux de M. Geoffroy, et qui viennent confirmer la fixité des caractères de cette première
espèce.

Le harmouth est commun dans le Nil en
toute saison; il se tient surtout dans les ro-
seaux, où il se laisse attraper avec une telle

facilité, que les pêcheurs de Rosette le saisis-
sent avec la main et en prennent ainsi un
grand nombre : on le trouve aussi dans le lac
Menzaleh.

Les femelles, selon les pêcheurs, sont plus
farouches que les mâles et restent plus éloignées du rivage ; elles passent pour avoir la
chair plus délicate et se vendent à un prix
plus élevé.

Sonnini donne d'autres détails sur l'histoire
de ce poisson. C'est aussi une taille de deux
pieds qu'il lui donne ; et il fait remarquer que
dans le frais il y a des marbrures sur le gris,
et des teintes plus ou moins rougeâtres au
ventre, aux barbillons et à quelques nageoires.
Il ajoute que c'est un des poissons du Nil les
plus communs et les plus mauvais à manger ;
que sa chair n'a ni fermeté ni saveur, et ne sert
d'aliment qu'aux pauvres. Il n'est peut-être pas,
dit-il, de poisson plus vivace. On en a vu un,
qui avait passé une journée entière hors de
l'eau, et après avoir reçu plusieurs coups de
marteau sur la tête, il était encore plein de
force et de vie. Coupé en deux, les parties
séparées conservaient du mouvement, et son
œsophage se contractait encore une demi-
heure après avoir été détaché des muscles qui
l'environnaient.

Le Harmouth lazera.

(*Clarias lazera*, nob.)

L'Orient, comme nous l'avons dit, nourrit d'autres poissons de ce genre qui n'ont pas été distingués par les naturalistes nos prédécesseurs, bien que les caractères tirés de la disposition des dents vomériennes soient très-sensibles.

Nous trouvons une figure parfaitement reconnaissable de l'un d'eux parmi les dessins faits dans la haute Égypte par M. Riffaud : elle y est intitulée *harmouth lazera;* c'est le nom que nous conserverons à cette espèce.

C'est d'elle aussi que M. Geoffroy a fait dessiner le crâne dans le grand ouvrage d'Égypte, pl. XVII, fig. 7. On le reconnaît parce que les dents vomériennes y sont bien représentées, quoiqu'un peu cachées sous les pièces de l'appareil hyoïdien.

Ses formes sont à peu près les mêmes que dans le précédent, si ce n'est

que son crâne est un peu plus large en avant, surtout parce que le grand sous-orbitaire postérieur est plus large; il est un peu plus convexe transversalement, et sa pointe mitoyenne, due à la proéminence interpariétale, est un peu plus obtuse; ses barbillons sont beaucoup plus longs. Le maxillaire dé-

passe la pectorale, et atteindrait à la naissance de la
dorsale; le nasal a moitié de sa longueur; le sous-
mandibulaire externe en a les trois quarts, et touche
le milieu de la pectorale; l'interne est de moitié
plus court que l'externe. Une autre différence bien
marquée c'est que ses dents vomériennes sont mousses,
ou comme de petits pavés ronds, serrés, disposés
sur un croissant plus large dans le milieu.

Les nombres diffèrent un peu de ceux de l'espèce
précédente.

B. 9; D. 70; A. 57; C. 17; P. 1/10; V. 6.

Le dessus de ce poisson paraît cendré, et le dessous blanchâtre. Les nageoires sont d'un cendré
brun. Sur le dos sont de chaque côté des séries
verticales de points blancs; au milieu de chacun
desquels paraît un petit pore; elles ne dépassent pas
la ligne latérale, et l'on en compte neuf ou dix depuis la nuque jusque vers le milieu de la longueur,
où elles s'effacent par degrés.

Nous avons un individu de cette espèce,
long d'un pied, rapporté dans la liqueur par
MM. Lefèvre. Nous en avons reçu un autre individu, long de dix-neuf pouces, par M. Bové;
mais l'espèce devient beaucoup plus grande;
car le Cabinet du Roi en possède un individu
sec de trois pieds qui lui a été cédé par le Cabinet de Vienne. Nous avons aussi un squelette voisin de cette taille, apporté d'Égypte
par M. Geoffroy, qui le prenait pour celui de
l'espèce précédente.

Outre ce que l'on voit à l'extérieur des parties osseuses de ce poisson, j'ai fait les observations ostéologiques suivantes :

L'occipital postérieur est fortement uni à la première vertèbre, dont l'apophyse épineuse forme une lame mince, triangulaire, soutenant la lame de la proéminence interpariétale, et articulée par une suture mince à la crête de l'occipital supérieur, qui soutient aussi cette même voûte. L'occipital postérieur donne aussi deux apophyses transverses, unies aux surscapulaires par une suture dentelée et une forte crête qui soutient l'angle de l'interpariétal. Il faut remarquer ici qu'il n'y a pas dans ce genre d'occipitaux latéraux, au moins je ne puis voir aucune pièce qui s'y laisse rapporter.

C'est une nouvelle anomalie de la famille des siluroïdes.

Je compte vingt vertèbres abdominales et quarante et une caudales. Les rayons de l'éventail de la dernière vertèbre sont très-divisés. Le premier interépineux de la dorsale porte sur l'apophyse épineuse de la troisième vertèbre.

J'ai dit que M. Geoffroy a fait représenter le crâne de ce poisson; mais la détermination que M. Isidore Geoffroy a donnée de ces os n'est pas conforme à notre manière de voir. Ainsi il me paraît impossible de regarder (pl. XVII, fig. 9) l'os marqué de la lettre *b* comme l'occipital inférieur, c'est le sphénoïde; *u* est le mastoïdien, et ne peut être l'occipital; car cette

iq pièce n'y touche par aucun point; d'ailleurs,
ɔ ses sutures sont mal limitées; *o* et *p* sont pour
ɯ moi les surtemporaux.

On doit croire, que beaucoup des traits de
ʰl l'histoire du même harmouth sont communs à
ɔ celui-ci, et même, à en juger par le nombre des
ɔ échantillons apportés ou envoyés en Europe,
li il serait possible que cette seconde espèce fût
q plus abondante en Égypte que la première.

Le HARMOUTH DE SYRIE.

(*Clarias Syriacus*, nob.)

Je crois qu'il faut encore distinguer le har-
ɪ mouth que M. Bové a rapporté de Syrie.

Cette espèce a le chevron mitoyen de l'arc postérieur de la bande des dents vomériennes, plus prolongé en arrière, et fait un angle plus aigu que celui
des espèces précédentes. Les granulations du crâne
sont beaucoup plus grosses et plus éparses. Le corps
est plus trapu, et la tête paraît plus longue; mesurée jusqu'à la pointe de l'interpariétal, elle n'est
comprise que trois fois et à peine une demie dans la
longueur totale. La même mesure de la tête est comprise près de cinq fois dans la longueur totale du
Clarias lazera.

La longueur des barbillons est aussi plus semblable à celle de ce dernier, qu'à celle des barbillons
de notre première espèce.

Je trouve aussi des différences assez notables dans

les nombres des rayons. La dorsale n'en a que
soixante. Les autres nageoires diffèrent moins.

D. 60; A. 52; C. 17; P. 1/10; V. 6.

La couleur paraît semblable à celle des autres
espèces, et la longueur de l'individu que je
décris est de vingt-trois pouces.

Parmi les poissons dont nous venons de
parler, on voit que celui-ci présente exactement les nombres que M. Geoffroy fils a indiqués[1], et qu'il avait pris sur le Journal rédigé
en Égypte par M. Geoffroy, ce qui prouve la
constance de ces chiffres et justifie encore la
distinction de cette nouvelle espèce.

Le HARMOUTH DU SÉNÉGAL.

(*Clarias Senegalensis*, nob.)

Nous avons reçu en petits échantillons du
Sénégal un harmouth si semblable à la première espèce du Nil, que l'on serait probablement porté à l'en croire une variété, sans
un examen attentif.

Sa tête, ses formes générales et ses nombres sont
les mêmes; seulement il a les barbillons plus longs;
les maxillaires atteignent à la pointe de sa pectorale, et les mandibulaires externes à son milieu. L'arc

---

1. Poissons du Nil, in-8.°, p. 336.

des dents vomériennes paraît plus élargi, et l'épine des pectorales un peu plus comprimée et plus large.

Nos individus, longs de huit pouces, ont été pris dans une mare bourbeuse du pays des Oualofs par M. Perotet. Ils paraissent dans la liqueur d'un brun verdâtre, et ont de petites taches noires irrégulières et éparses sur le corps et les nageoires, comme on le dit de l'espèce commune.

Il y en a depuis long-temps au Cabinet du Roi un exemplaire desséché en herbier, et donné par Adanson, qui a écrit en note que les nègres Oualofs appellent le poisson *Es*.

Le HARMOUTH DU CAP.

(*Clarias capensis*, nob.)

Ce genre s'étend à travers toute l'Afrique ; car nous venons d'en trouver une espèce au Sénégal ; et en voici une autre du cap de Bonne-Espérance.

Ses dents vomériennes sont disposées en deux petites plaques distinctes, formant chacune un arc étroit et aminci vers l'extrémité. Les granulations de la tête sont fines et serrées ; la pointe interpariétale est plus aiguë. Le corps est plus grêle ; le barbillon maxillaire dépasse l'insertion de la pectorale et atteint presque au milieu de l'épine.

D. 76 ; A. 54 ; C. 17 ; P. 1/11 ; V. 6.

La couleur du seul individu que nous possédons est d'un brun très-foncé; il est long de seize pouces, et a été rapporté par M. J. Verreaux.

———

Les harmouths des Indes, fort semblables pour les formes générales à ceux d'Afrique, ont cependant en commun ce caractère distinctif, que le lobe moyen de leur crâne n'est pas en triangle, mais en demi-cercle, ou en feston plus ou moins raccourci.

Nous en avons distingué jusqu'à six espèces, toutes confondues jusqu'à présent avec le harmouth, sous le nom de *silurus anguillaris*.

Il y en a surtout deux très-communes dans les eaux douces du Bengale, de Pondichéry et de la côte de Malabar : la première a la tête plus rude; la seconde l'a plus lisse.

Le HARMOUTH MARPOO.

(*Clarias marpus*, nob.; *Marpoo*, Russel.)

L'espèce à casque le plus rude nous paraît être celle que Russel représente, pl. CLXVIII, et qu'il nomme *marpoo*, la confondant avec le *silurus anguillaris* ou le *harmouth* : cependant il en dessine la tête un peu trop large.

Dans nos individus venus de plusieurs parties de l'Inde, la tête, mesurée jusqu'à l'ouïe, fait le sixième, et jusqu'à la proéminence interpariétale, près du quart de la longueur totale. Sa largeur, entre les ouïes, est près des deux tiers de sa longueur, prise jusqu'à cette proéminence. Ses côtés sont peu arqués. Son bord postérieur a au milieu la proéminence mitoyenne ou interpariétale en feston moindre d'un demi-cercle. Toute sa surface est légèrement chagrinée. La solution de continuité antérieure est oblongue; la postérieure ovale. Les dents vomériennes sont sur un croissant, et en velours ras. Les barbillons maxillaires atteignent à l'extrémité de l'épine pectorale, qui est du onzième ou du douzième de la longueur totale, forte, comprimée sensiblement, quoique finement dentelée au bord externe et à l'interne.

D. 68 ou 69; A. 48, etc.

Du reste, il ressemble beaucoup aux espèces d'Égypte.

Nos échantillons sont longs d'un pied : dans la liqueur ils paraissent d'un brun noir; et M. Dussumier qui les a vus frais, les décrit aussi de cette couleur. Russel leur donne une teinte plus blanche en dessous, et des teintes d'un brun pourpre sur les côtés.

Ces poissons ont la vie dure : ils se vendent vivans au marché de Calcutta, bien que l'on se contente, pour les y apporter, de les mettre dans des corbeilles avec de l'herbe que l'on arrose fréquemment.

Outre les individus des bouches du Gange

et des étangs de Calcutta que nous devons à MM. Dussumier, Duvaucel et Belanger, ce dernier en a envoyé de Pondichéry, et M. Reynaud en a rapporté de Rangoun sur l'Iraouaddi, dans le pays des Birmans ; ainsi c'est l'espèce la plus répandue ; elle paraît se porter même jusqu'en Syrie. Patrice Russel, qui prit son poisson à la ligne dans un étang à Tartoor, le reconnut pour l'avoir déjà vu à Alep ; et en effet, c'est à cette espèce que se rapportent le mieux les figures de l'espèce de l'Oronte données par Alexandre Russel dans son Histoire naturelle d'Alep (pl XII, n.° 1[1]), et par Gronovius (*Zoophyl.*, pl. VIII *a*, fig. 3, 4 et 5) ; la description de cet auteur lui convient aussi parfaitement.

Ce poisson est porté en abondance sur les marchés d'Alep, depuis le commencement de l'hiver jusqu'au commencement de Mars, où on le regarde comme passé. Sa chair est rouge, comme celle du bœuf, et d'un goût fort et peu agréable. Le peuple s'en nourrit faute de mieux ; mais elle ne passe pas pour très-saine.

Outre l'Oronte et les eaux stagnantes de son voisinage, on en trouve aussi dans un lac nommé *Marasa*.

---

1. L'une de ces figures est copiée dans l'Encyclop. méthod., ichthyol., fig. 247, pour représenter le harmouth.

On l'appelle communément *simak il as-*
wad, c'est-à-dire, le *poisson noir;* mais son
nom propre, selon Alexandre Russel, serait
siloor, ce qui rappellerait évidemment le *si-*
lurus des anciens.

Le HARMOUTH MAGUR.

(*Clarias magur,* nob.; *Macropteronotus magur,*
Buchan.)

L'autre espèce, à peu près avec les mêmes
nombres et les mêmes contours à l'arrière du
crâne,

a les côtés de la tête, derrière les yeux, en courbe
plus convexe, en sorte que sa largeur, au milieu,
est des cinq septièmes de sa longueur. La surface en
est presque entièrement lisse, et l'on ne peut sentir
même avec le doigt la crénelure de ses épines pectorales, quoiqu'on la découvre en les dépouillant.
D. 70; A. 52.

Ses teintes paraissent avoir été moins som-
bres que dans le précédent.

Nous en avons des échantillons de neuf et
dix pouces, envoyés du Bengale en 1826 par
MM. Duvaucel, et du Malabar, en 1827, par
MM. Dussumier.

C'est cette espèce que représente, et fort
exactement, la figure 45, pl. XXVI, de M. Buchanan, intitulée *macropteronotus magur,*

quoique dans le texte, pag. 146, il ne donne pour nombres que

D. 60; A. 44;

mais dans ces nageoires épaisses, comme il le dit lui-même, on ne compte pas toujours bien exactement.

> Selon cet auteur, le dos est olivâtre; le ventre d'un jaune sale, et les nageoires ont un bord rougeâtre.

Ce poisson vit dans les étangs et les fossés, et lorsque l'eau vient à y manquer, on le prend en fouillant dans la vase, où il s'enfonce.

Les Européens en font peu ou point d'usage à cause de sa laideur; mais les indigènes le regardent comme un bon restaurant, et en emploient le bouillon contre les douleurs d'entrailles. Il est probable que ces qualités appartiendraient aussi à la première espèce, que je soupçonne Buchanan d'avoir confondue avec celle-ci; car elle est tout aussi commune au Bengale, et cependant il n'en parle pas : sa taille est d'un pied à dix-huit pouces.

Le Harmouth de Dussumier.

(*Clarias Dussumieri*, nob.)

Une troisième espèce, rapportée de la côte de Malabar par MM. Belanger et Dussumier, et de Pondichéry par M. Leschenault, avec la tête lisse et large de la deuxième, a les épines pectorales plus sensiblement dentées, et les dents de l'arc vomérien approchent plus de la forme de petits pavés que de celle de dents en velours ras.

D. 69; A. 50, etc.

Elle paraît (dans la liqueur) en dessus et aux côtés d'un gris brun, et en dessous d'un gris blanchâtre. L'anale est cependant du même gris-brun que les autres nageoires. Frais, le poisson est d'un noir verdâtre sur le dos, et gris sous le ventre.

Nos individus n'ont que sept ou huit pouces.

M. Dussumier nous apprend qu'il est dans les eaux douces de Mahé le compagnon des ophicéphales, qu'il a comme eux la faculté de vivre long-temps hors de l'eau, et de ramper à de grandes distances.

Le Harmouth brun.

(*Clarias fuscus,* nob.; *Macropteronotus fuscus,* Lacépède.)

M. Desjardins nous a donné un *clarias* qui lui avait été envoyé de Sumatra, et qui est encore manifestement différent des précédens.

Sa tête, légèrement chagrinée comme celle de notre première espèce des Indes, est bien plus courte à proportion du corps, et plus large à proportion de sa propre longueur. Mesurée jusqu'au bout de la proéminence mitoyenne, elle est quatre et deux tiers, et non pas quatre fois dans la longueur totale. Sa largeur entre les ouïes est de plus des cinq septièmes de sa longueur. Le feston du milieu de son bord occipital est beaucoup moins saillant. La bouche est aussi un peu plus large à proportion. Ses dents vomériennes sont en velours ras. Le bord de son épine pectorale n'est pas plus fortement dentelé que dans la seconde espèce.

D. 67; A. 48, etc.

Ce poisson est long de neuf pouces, et paraît avoir été entièrement noir.

C'est très-probablement cette espèce que M. de Lacépède (t. V, pl. II, fig. 2) a fait graver d'après une peinture chinoise, sous le nom de *macroptéronote brun.*

Quant à son *macroptéronote hexacircinne, ib.,* fig. 3, établi aussi d'après une peinture chinoise, il paraît que c'est une espèce à tête encore plus large, mais à corps plus court; et il y a tout lieu de croire que si on ne lui voit que six barbillons, c'est que le peintre chinois en a oublié une paire.

Le HARMOUTH PONCTUÉ.

(*Clarias punctatus,* nob.)

MM. Kuhl et Van Hasselt ont envoyé de Java un poisson de ce genre très-semblable à notre première espèce des Indes, et portant la même tête également chagrinée et avec des solutions de continuité pareilles; mais les crénelures de ses épines pectorales sont beaucoup moins sensibles, et il y a neuf ou dix rangées verticales, chacune de cinq ou six points blancs, comme nous en avons vu dans la seconde espèce d'Égypte. Le fond de sa couleur paraît gris-brun, et il a le ventre et la gorge blanchâtres.

D. 70; A. 52 ou 53, etc.

Notre individu est long de dix pouces.

Le HARMOUTH GRENOUILLER.

(*Clarias batrachus,* nob.; *Silurus batrachus,* Bl.)

Le *silurus batrachus* de Bloch pl. 370, fig. 1, ressemblerait assez à cette espèce de Java;

mais la figure lui donne des points blancs beaucoup plus multipliés, et prolonge ses barbillons de manière que les maxillaires atteignent les ventrales, et que les sous-mandibulaires externes dépassent les pectorales. Si ces trois caractères sont réels, c'est une espèce à part.

On lui donne pour nombres :

B. 7; D. 67; A. 45; C. 16; P. 1/7; V. 6;

mais le premier au moins ne doit pas être exact.

Bloch avait reçu ce poisson de Tranquebar, où les Tamoules le nomment *tœli.*

Il n'est pas très-sûr que le *silurus batrachus* de Linné soit le même que celui de Bloch;

15.   25

mais ce que le premier en dit de particulier est si bref, que l'espèce n'en serait pas facile à déterminer; cela se réduit aux nombres,

B. 5; D. 60; A. 48; C. 14; P. 1/7; V. 6;

et à l'origine, *habitat in Asia;* mais il est fort douteux que les nombres aient été bien comptés.

Le Harmouth raccourci.

(*Clarias abbreviatus*, nob.)

MM. Eydoux et Souleyet ont pris à Macao un harmouth remarquable, par le raccourcissement de son corps, entre toutes ces espèces de l'Inde à corps en général anguilliforme.

Le casque est convexe et finement granuleux; sa proéminence est obtuse et courte. Sa hauteur, au milieu, est cinq fois dans sa longueur totale. Le barbillon maxillaire est gros, mais n'atteint pas le bord de l'ouïe; le nasal est plus grêle et plus long.

D. 62; A. 32, etc.

Le dessus de la tête est gris. Le corps est brun.

Il est long de sept pouces et demi.

Le Harmouth de Nieuhof.

(*Clarias Nieuhofii*, nob.)

Les clarias dont nous avons parlé jusqu'ici ne diffèrent, comme on voit, que par des caractères assez légers, et il y en a même, surtout parmi les espèces des Indes que plus d'un naturaliste pourrait ne regarder que comme des variétés; mais celle-ci et la suivante sont parfaitement distinctes par leur forme alongée et par la réunion de leurs trois nageoires verticales. Je ne m'étonnerais même pas que des naturalistes en fissent un genre particulier.

Le harmouth de Nieuhof est la première espèce du genre qui ait été connue; car c'est évidemment l'*anguille tachetée* ou *lamproye des Indes* de Nieuhof.

Sa tête, mesurée jusqu'à l'ouïe, fait le huitième, et jusqu'au bout de l'occiput, un peu moins du sixième de sa longueur totale. Sa largeur est des deux tiers de sa longueur. Son feston occipital est très-effacé; sa surface est légèrement chagrinée; les solutions de continuité n'y forment que deux petits trous ovales. L'épine dorsale, faible et à peine un peu âpre au bord, n'a que le vingtième de la longueur du poisson. Les dents vomériennes sont sur de larges croissants et un peu obtus, rappelant celles de la seconde espèce du Nil, mais moins fortes. Les barbillons maxillaires atteignent le bout de la pectorale. Les derniers rayons de la dorsale et de l'anale s'unissent à la caudale, qui ne s'en distingue que par un peu plus de longueur des siens.

B. 9; D. 90 ou 92; A. 74; C. 11; P. 1/9; V. 6.

Il paraît d'un brun roux, un peu blanchâtre en dessous, et a huit ou dix séries verticales de taches

d'un blanc jaunâtre et plusieurs autres taches semblables, répandues irrégulièrement le long de la ligne
latérale.

Notre individu est long de quinze pouces.
Selon Nieuhof, c'est un aliment agréable.

Le Harmouth jagur.

(*Clarias jagur*, nob.; *Macropteronotus jagur*,
Buchan., p. 145.)

M. Hamilton Buchanan a aussi un poisson
de ce genre dont la dorsale s'unit à l'anale;
mais il ne paraît pas que ce soit la même espèce que celle de Nieuhof; car il lui donne
d'autres nombres

D. 53; A. 50; C. 14; P. 1/7; V. 6,

et d'autres couleurs :

un vert noirâtre sur le dos, blanchâtre sous le
ventre, et les côtés variés de taches nuageuses brunâtres; les nageoires de la couleur des parties où elles
adhèrent.

Ce poisson, comme le *magur* du même auteur qui est notre seconde espèce, se prend
dans les étangs et les fossés, et lorsque l'eau y
manque il s'enfonce dans la vase : il arrive à la
même taille, un pied ou dix-huit pouces, et
l'on en fait les mêmes usages.

DES HALÉS ou HÉTÉROBRANCHES.

(*Heterobranchus*, Geoff.)

Nous n'avons pendant long-temps connu les hétérobranches que par la description, la figure et le squelette déposé dans les galeries du Muséum, se rapportant à l'espèce découverte en Égypte par M. Geoffroy Saint-Hilaire, pendant l'expédition du général Bonaparte dans cette partie du monde.

Il faut que les *Halés* soient rares dans le bas Nil; car, pendant les quarante années qui se sont écoulées depuis cette découverte, aucun naturaliste n'a rapporté d'Égypte le curieux poisson.

Ce qu'il y a de remarquable, c'est que pendant les travaux auxquels s'est livré M. Lebas pour faire ramener en France le grand obélisque qui orne aujourd'hui une des plus belles places de l'Europe, un des officiers du Luxor, M. de Joannis, poussé par un zèle louable, collectait des poissons du Nil, et parmi ceux-ci le hasard lui a procuré un hétérobranche, mais qui n'est pas, comme on le verra, de la même espèce que celui de M. Geoffroy. La découverte de ce poisson justifie on ne peut

pas mieux les observations que je faisais à cet
officier sur le peu d'avantage que retiraient
le plus souvent les sciences naturelles des travaux de ces auteurs improvisés qui publient
sans prendre conseil des hommes ayant con-
sacré leurs veilles à l'étude des sciences. Ils
ne laissent alors après leurs publications que
des matériaux incomplets, mal élaborés, et qui,
loin de servir aux progrès des sciences naturelles, les rendent plus difficiles à comprendre.
Si M. de Joannis, au lieu de publier une figure
vague de ce qu'il a appelé un jeune *heterobranchus anguillaris*, et une description encore plus vague, accompagnée de notes peu
instructives pour les hommes qui lisent pour
apprendre, avait mieux étudié les poissons qu'il
rapportait, et avait consulté un homme de
science sur les caractères curieux que présente
ce qu'il a indiqué dans son Catalogue des
poissons du Nil, comme l'*heterobranchus bidorsalis* de M. Geoffroy, il aurait montré aux
naturalistes une espèce nouvelle, voisine du
halé, caractérisée par des formes bien certaines, et il aurait enrichi l'ichthyologie d'un fait
nouveau et très-important, comme on va le
voir par le travail qu'il m'a laissé le soin d'ache-
ver. Au lieu de cela, il a dans son Catalogue
des poissons du Nil inscrit l'*heterobranchus*

bidorsalis, poisson qu'il n'a pas vu, et il a négligé l'espèce de ce genre qu'il découvrait.[1]

Comme je vais le démontrer dans cet article, il y a donc deux espèces d'hétérobranches. Toutefois ce n'est pas la découverte de cette seconde espèce qui m'aurait déterminé à établir ce genre et à le distinguer des clarias. Les mêmes raisons qui ont fait séparer les pimélodes des silures se représentent ici, et il est de toute évidence pour moi, que si l'on a eu raison dans un cas, on a eu tort dans l'autre d'hésiter à établir un genre distinct pour le halé.

Dans ce genre, la dorsale n'occupe que les trois cinquièmes ou à peu près de l'espace qu'elle occupe dans les *clarias*. Le reste de la longueur du dos est occupé par une adipeuse plus haute que la dorsale. La tête est plus large et plus aplatie que celle du har-

---

1. A ce sujet je ferai remarquer que je n'ai pu faire entrer dans un ouvrage écrit, comme celui-ci, sur les objets en nature, ou rédigé d'après de bonnes observations faites par des naturalistes *ex professo*, plusieurs documens donnés par cet officier. Le genre nouveau de siluroïdes qu'il a établi sous le nom barbare de *mochokus*, nom qui n'est d'aucune langue, me paraît certainement fondé sur des très-jeunes siluroïdes, probablement des bagres, ce petit poisson n'est point du tout voisin des synodontes. La preuve s'en tire de la nature de la seconde dorsale ou de l'adipeuse qui, dans les jeunes Bagres, présente le caractère rayonné dont l'auteur a cru devoir faire un caractère générique.

mouth. La proéminence interpariétale est arrondie. Les dents sont en fin velours ou en
soie, courtes, fines et serrées, non-seulement
aux mâchoires, mais sur un grand arc à l'extrémité du vomer.

Comme les individus du Muséum pris dans
le bas Nil sont de grande taille, que M. Geoffroy n'a pu s'en procurer d'assez petits pour être
conservés dans la liqueur, les hétérobranches
me paraissent ne descendre en Égypte que
déjà d'une grande taille. Il paraît qu'il en est
de même dans le bas Sénégal. C'est probablement dans les lacs de l'Abyssinie et de l'intérieur de l'Afrique que l'espèce se propage, et
que l'on en trouverait de petits échantillons.
Lors des hautes eaux, il s'en échappe quelques
individus à la poursuite des poissons, qui
descendent alors les fleuves.

Le HALÉ ou HÉTÉROBRANCHE DE GEOFFROY.

(*Heterobranchus Geoffroyi*, nob.; *Heterobranchus
bidorsalis*, Geoff.)

La première espèce a été, comme nous l'a-
vons dit, découverte par M. Geoffroy. Il l'a
nommée *heterobranchus bidorsalis,* dénomination qui lui convenait quand on la laissait
dans le genre des harmouths. Mais comme ce

o caractère devient aujourd'hui générique, j'ai
o cru ne pouvoir changer l'épithète de cette
q première espèce que pour lui donner le nom
b du savant zoologiste qui nous l'a fait connaître.

M. Geoffroy a déposé dans la galerie d'ana-
t tomie comparée le squelette de cette espèce;
o et nous pouvons en compléter la description
b d'après la figure faite par Redouté et gravée
b dans l'ouvrage d'Égypte, pl. XVI, fig. 2.

Sa tête est plus large et plus plane que celle du
harmouth ordinaire. Mesurée jusqu'à la nuque, elle
n'est que trois fois et demie dans la longueur totale.
Sa largeur est d'un quart moindre. Sa proéminence
interpariétale est arrondie. La scissure sur les frontaux est longue et étroite. Tout le dessus du crâne
est chargé de granulations, sans aucunes ciselures,
comme dans l'espèce suivante. Les échancrures oc-
cipitales près de l'interpariétal sont réduites à une
seule concavité, étendue jusqu'aux mastoïdiens et
aux surtemporaux. Le croissant des dents vomériennes
a en arrière un petit talon très-court. Les barbillons
maxillaires ne vont pas plus en arrière que l'ouïe.
Les intermaxillaires externes les égalent. Les internes
sont de moitié et les nasaux des deux tiers plus
courts. Il y a treize rayons à droite et douze rayons
à gauche de la membrane branchiostège. L'épine des
pectorales est faible et à peine dentelée.

Voici les nombres des rayons comptés sur le
squelette, et il est à remarquer que sur la figure de
l'ouvrage d'Égypte on les trouve de même.

B. 13 ou 12; D. 44; A. 52; C. 21; P. 1/10; V. 6.

Toutefois M. Isidore Geoffroy les a donnés dans l'ouvrage d'Égypte d'après les notes de son père, prises en Égypte.

B. 13; D. 42; A. 56; C. 21; P. 1/10; V. 6.

On voit qu'il y a une légère différence entre les rayons de l'anale.

Ce poisson est d'un gris bleuâtre plus uniforme que le harmouth ordinaire.

En examinant le reste du squelette, nous comptons vingt et une vertèbres abdominales et quarante-deux caudales. Les apophyses épineuses des troisième, quatrième, cinquième, sixième et septième vertèbres dorsales sont bifurquées. Les interépineux de la dorsale s'insèrent sur la cinquième vertèbre. Les apophyses épineuses des vertèbres postérieures se prolongent pour soutenir l'adipeuse, qui n'a d'ailleurs ni rayon ni interépineux.

L'individu est long de deux pieds cinq pouces. M. Geoffroy croit que ses habitudes ressemblent à celles du harmouth.

Le HALÉ AUX LONGS BARBILLONS.

(*Heterobranchus longifilis*, nob.)

La seconde espèce que nourrit le Nil se distingue par les ciselures de sa tête, la profondeur des échancrures de la nuque, la longueur des barbillons et les nombres des rayons.

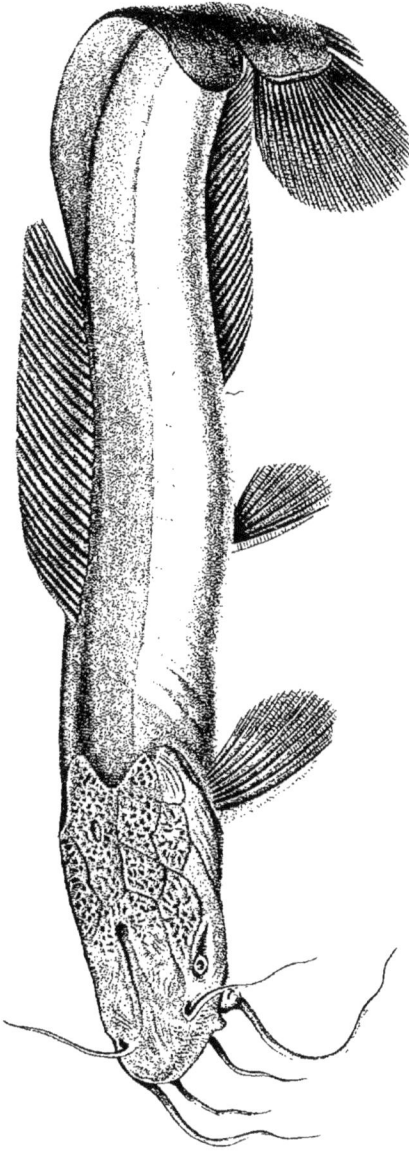

HALÉ aux longs barbillons.

HETEROBRANCHUS longifilis.

Acarie. Bavon del.

Impr.ie de l'anglais

H. Legrand sculp.t

Le halé ressemble par ses formes générales
au harmouth ordinaire (*clarias Hasselquistii,*
Commob.). Celle de notre seconde espèce est un
peu différente.

La circonscription de son museau me paraît plus
elliptique. Il est aussi plus large et plus aplati que celui
du harmouth commun. La largeur de la tête, mesurée par le travers des yeux, fait moitié de sa longueur jusqu'à la pointe de l'interpariétal. Prise par
le travers des mastoïdiens, cette largeur fait plus des
deux tiers de la même longueur de la tête. L'épaisseur,
mesurée entre les yeux, est trois fois et demie dans
la largeur, prise au même endroit. Quant à la proportion de la tête avec la longueur totale du corps,
jusqu'à la pointe interpariétale, elle en fait plus du
quart, et le quart exactement jusqu'au bord du surscapulaire. Mesurée jusqu'au bord de l'opercule, elle
donne le quart du corps, la caudale non comprise,
nageoire qui égale la moitié de cette mesure de la
tête. La hauteur, prise sous la dorsale, est le huitième de la longueur totale. Le dessus du crâne, osseux et dénudé, montre que les frontaux antérieurs
et l'ethmoïde sont ciselés et granuleux; que ces granulations deviennent plus grosses et les ciselures plus
courtes sur les frontaux postérieurs, que l'interpariétal est grenu. Son angle est obtus et arrondi, et
les arcs concaves qui le séparent des mastoïdiens sont
assez ouverts. Les barbillons sont plus longs que
dans les *clarias.* Ainsi le maxillaire atteint jusqu'au
premier rayon de la dorsale; le sous-mandibulaire
externe, jusqu'à l'extrémité du rayon épineux de la

pectorale ; le rayon nasal fait presque moitié du maxillaire; le sous-mandibulaire interne est aussi long que celui-ci. Les deux ouvertures de la narine sont écartées l'une de l'autre; l'antérieure est près du bord du museau.

L'œil est petit, aux deux cinquièmes antérieurs de la distance du bout du museau au bord de l'opercule. Les sous-orbitaires antérieurs sont petits et étroits; quant au postérieur, il est très-élargi, donne en avant un angle qui remonte au-dessus de l'œil et le sépare des frontaux. Ces os sont encore plus développés que ceux du harmouth. L'opercule est petit et triangulaire, et le préopercule est entièrement caché sous la peau et la joue. La gueule est assez largement fendue; la bande de dents en velours des intermaxillaires est large et en velours fin, mais à pointes hautes et plus rudes sur le devant. Le chevron du vomer a un large croissant de dents en velours; elles sont pointues et non grenues, quoique mousses. Les dents de la mâchoire inférieure sont plus fines. La langue est large et peu ou point libre. Le voile membraneux est plus étroit au palais qu'au-devant de la langue.

Je compte dix rayons branchiostèges à droite, et neuf à gauche. La membrane est épaisse, large, très-ouverte, et forme en dessous un isthme assez grand, qui paraît augmenté par la largeur des branches de la mâchoire inférieure.

L'individu que j'ai sous les yeux est en assez mauvais état, et n'a rien conservé de ses organes frondiformes. Les branchies ressemblent à celles du harmouth; mais les peignes me paraissent plus hauts.

Le haut de l'huméral paraît au-dessous du sur-scapulaire comme un gros tubercule arrondi et lisse. L'épine de la pectorale est assez forte, faiblement dentelée en avant ; les rayons mous la dépassent d'un tiers de leur longueur ; eux-mêmes font la moitié de la distance du bout du museau à l'huméral.

Le premier de la dorsale est inséré au tiers antérieur du corps, et la longueur de la nageoire égale celle de la tête. La hauteur des rayons fait le quart de l'étendue de la nageoire ; les ventrales sont insérées au milieu de la longueur du tronc.

Voici les nombres de notre individu :

B. 10 ou 9 ; D. 31—0 ; A. 48 ; C. 27 ; P. 1/7 ; V. 7.

L'adipeuse s'élève du pied du dernier rayon de la dorsale, et s'étend jusqu'à la caudale, qui est arrondie. La ligne latérale est un fin trait noirâtre, tracé par le milieu des côtes. La peau est lisse ; dans l'alcool, sa couleur est devenue brune, à teintes roussâtres.

L'individu est long de vingt pouces.

Nous ne savons rien des habitudes de ce poisson.

Le Halé du Sénégal.

(*Heterobranchus Senegalensis*, nob.)

Le Sénégal nourrit aussi une espèce de ce genre, et qui doit parvenir à de grandes dimensions. Je ne le connais que par le crâne déposé dans le Cabinet.

Sa proéminence interpariétale est plus obtuse, plus large à la base; les échancrures de la nuque plus profondes, parce que les surtemporaux sont plus reculés; la scissure entre les frontaux est plus large, plus courte et plus triangulaire.

Les os du crâne sont tous plus fortement granuleux; enfin, les dents sont en soies plus longues.

On ne peut pas, sur ces données, hésiter à regarder ce crâne comme étant d'une espèce distincte, mais encore imparfaitement connue.

Cette tête, longue de treize pouces, et large à proportion, provient d'un individu pêché dans le Sénégal dans le pays de Oraale, à plus de trente lieues de son embouchure : elle a été rapportée et donnée au Cabinet du Roi par M. Perrotet.

CHAPITRE XV.

Des Saccobranches.

Le poisson que je vais décrire dans ce chapitre présente une organisation non moins
curieuse que les Hétérobranches et les Clarias,
et qui porte de même sur des appendices remarquables des branchies.

C'est vers 1830 que M. Willie, chirurgien
anglais, qui a résidé long-temps dans les Indes,
a fait connaître la particularité anatomique
de ce poisson. Ce qu'il y a de remarquable,
c'est que ce siluroïde, offrant sous une autre
conformation un organe communiquant avec
les branchies, non moins singulier que celui
des hétérobranches, a le squelette, et surtout
le crâne, très-ressemblans à celui du poisson
du Nil auquel nous le comparons. En tenant
compte de sa courte dorsale, les naturalistes
pourraient très-bien considérer les siluroïdes
à branchies complexes comme une sous-fa-
mille dans laquelle les Saccobranches tien-
draient, par rapport aux Hétérobranches, la
même place et le même rapport que les
silures proprement dits occupent dans cette
série animale par rapport aux bagres; ce serait
une nouvelle preuve de ce balancement ou

de cette reproduction similaire de formes
dans des familles naturelles, la nature ajou-
tant ou ôtant un des élémens caractéristiques
de la famille prise pour type. Mais pour nous,
qui n'admettons pas d'une manière si absolue
ces lois formulées de l'organisation, nous éta-
blissons les rapports que le Saccobranche a
avec les genres les plus voisins, sans croire qu'il
soit nécessaire d'aller plus loin.

La ressemblance extérieure du crâne des
Saccobranches avec les Clarias et les Hétérobranches dépend du développement des mêmes os ; ainsi, le crâne est élargi en avant par
l'agrandissement des sous-orbitaires; en arrière,
par celui des mastoïdiens et des surtemporaux.
La proéminence interpariétale fait une saillie
sur l'occiput, sans qu'il y ait de casque ou de
chevron sur les premiers interépineux. Les
dents sont en velours aux mâchoires et sur
deux plaques arquées au chevron du vomer.
Les rayons branchiostèges sont au nombre
de sept; les barbillons de huit. De chaque
côté des apophyses supérieures, et au-dessus
du corps des vertèbres, existent deux sacs
coniques, s'étendant jusqu'aux deux tiers de
la longueur du corps, et ouverts en avant
par deux orifices pratiqués sur le haut et entre
les peignes des branchies.

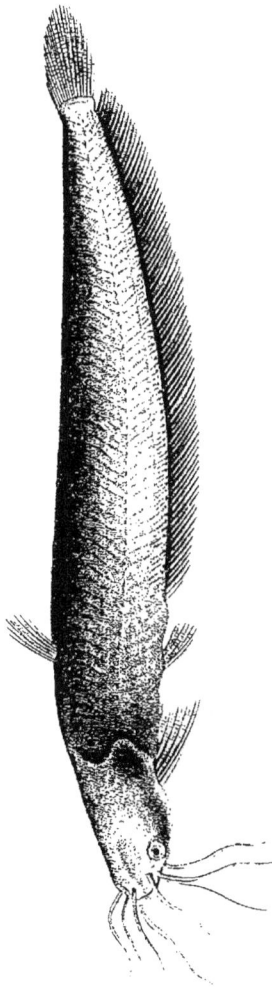

SACCOBRANCHE singi.

Aravie-Baron del.

Impr.^{te} de Langlois.

SACCOBRANCHUS singio, nob.

Dumenil sculp.

Ces caractères vont être développés dans la
ιbdescription suivante, faite sur de nombreux
αιindividus appartenant à une espèce connue
ιbdéjà depuis long-temps; car Bloch l'a reçue du
αιmissionnaire John, et l'a publiée et figurée,
αιmais assez mal, sous le nom de *silurus fossilis*.
ŒDepuis lors d'autres auteurs en avaient parlé,
αιmais sans avoir fait connaître le fait le plus
ιɔcurieux de l'organisation de ces poissons.

Le SACCOBRANCHE SINGGI.

ι)(*Saccobranchus singio*, nob.; *Silurus singio,* Buch.;
Silurus fossilis, Bl.)

Sa tête est très-déprimée et large, et son corps,
en arrière, très-comprimé et haut. La région ventrale
est arrondie. Sa hauteur, à l'anus, est du sixième de
sa longueur; il est d'un quart seulement moins large
à cet endroit; mais plus en arrière, il est trois ou
quatre fois plus mince. La longueur de sa tête est
d'un peu plus d'un septième de la longueur totale,
elle est, en arrière, presque aussi large que longue;
mais près de trois fois moins haute, et en avant elle
se termine en coin. Son contour horizontal est une
parabole peu régulière. Les deux mâchoires sont
égales, et la bouche occupe transversalement le bout
du museau sur une largeur égale au tiers de la longueur de la tête. Il y a une bande de dents en velours ras à chaque mâchoire, et une, divisée dans
son milieu, en travers du devant du vomer. Les

1 5. 26

yeux sont sur la même ligne, aux côtés de la tête, un peu en arrière du quart de sa longueur. Leur diamètre est du septième, et ils sont à près de cinq diamètres l'un de l'autre. Les orifices de la narine sont deux petits trous, l'un à moitié distance de l'œil, au bout du museau, mais plus en dedans; l'autre plus près du bord : celui-ci a une lamelle membraneuse; l'autre a un barbillon de la longueur de la tête; un peu au-dessous est le barbillon maxillaire, d'un quart plus long, et près du bord de la mâchoire inférieure, assez près de sa commissure, sont, l'un à côté de l'autre, les deux barbillons mandibulaires de ce côté, dont l'externe égale le maxillaire, et l'interne le nasal. La peau de la tête adhère assez aux os, et est si mince qu'elle laisse voir leurs fines granulations, et même un trou ovale qui est entre les yeux. Le bord postérieur du casque se termine en trois pointes, dont la mitoyenne est la moins longue. La fente des ouïes se dirige obliquement en dessous, jusques entre les yeux, où les membranes se joignent sous l'isthme. Je compte sept rayons de chaque côté.

Les branchies sont au nombre de quatre, comme à l'ordinaire. Les peignes sont de moyenne grandeur, et sur le devant de l'intérieur de la bouche il y a, comme à l'ordinaire, les râtelures des arceaux sur le côté externe de l'arc. Ces râtelures sont plus grandes sur la première branchie que sur les trois autres, qui en ont toutes, et de plus, des scabrosités sur de petits tubercules. Le pharyngien supérieur est ovale, et sa surface est rendue âpre par de très-petites dents.

Il n'y a au-dessus et du côté concave de l'os qui regarde la face inférieure du crâne, aucun organe particulier. Le pharyngien inférieur se prolonge de chaque côté derrière les branchies en un stylet grêle, de sorte qu'en enlevant les branchies, on croirait, au premier coup d'œil, trouver cinq arceaux branchifères; mais, en réalité, il n'y en a que quatre, comme dans tous les autres poissons, et ensuite le stylet du pharyngien. Entre les deux dernières paires des branchies et à l'endroit où les arceaux se courbent pour remonter vers le pharyngien supérieur, on voit un petit trou, pratiqué dans une membrane mince, blanche, qui réunit les deux branchies; il y a donc deux ouvertures de chaque côté; elles donnent toutes deux dans un long sac ou sorte de boyau conique, logé entre les muscles du dos et étendu au-dessus du corps des vertèbres, de chaque côté des apophyses épineuses supérieures de la colonne vertébrale, et dans une longueur considérable; car elle égale ou même surpasse les deux tiers de la longueur totale du poisson.

C'est là l'organe très-extraordinaire découvert par M. Willie. Les parois de ce sac sont minces, fibreuses, blanches, sans aucune apparence vasculaire. Les deux orifices qui lui donnent accès à l'extérieur étant placés, comme je l'ai dit, derrière les lames branchiales et vers le haut, il paraît presque impossible que l'eau puisse y pénétrer; il faudrait un effort de compression considérable de la part des opercules sur l'eau contenue dans tout le sac buccal et branchial, pour forcer ce liquide à remonter par refoulement dans ce sac. On conçoit, au contraire, que l'air peut y entrer facilement; car, par sa légèreté spécifique, la moindre pression le portera vers le haut des branchies, et il s'engagera facilement dans le sac. Doit-on considérer ce sac aérien comme une sorte de poumon ? c'est ce que des expériences seules pourraient confirmer; car l'inspection anatomique, et surtout le peu de vaisseaux qui rampent sur sa membrane, ne donnent pas de preuves suffisantes pour croire qu'il peut aider à la fonction de la respiration. Je dois établir ici qu'on ne saurait, en aucune manière, regarder cet organe comme analogue ou dépendant de la vessie natatoire; car, pour le considérer comme appartenant à la vessie aérienne, il faudrait qu'il y eût communication entre elle et ce sac, et c'est ce qui n'existe pas, parce qu'il passe dans l'intervalle resté entre l'interpariétal, le mastoïdien, le surscapulaire et la face antérieure de la grande vertèbre, tandis que la vessie aérienne est derrière la grande vertèbre. Je me suis assuré qu'il n'y a aucune branche récurrente qui établisse une communication entre ces deux organes. La position au-dessus du corps des vertèbres est aussi contraire à l'idée de regarder ces organes comme des appendices de la vessie aérienne; car nous avons toujours vu que les vessies natatoires, quelque compliquées qu'elles soient, ont constamment leurs cornes au-dessous du corps des vertèbres, quand elles se prolongent entre les muscles de la queue.

Les os du bras et de l'avant-bras, par leur partie inférieure, forment sous le devant du tronc une

large ceinture humérale, striée transversalement,
près de trois fois moins longue que large, qui a
une pointe en avant et un bord concave en arrière,
et qui paraît au travers de la peau. La suture qui
reçoit les deux pièces est peu dentelée. L'épine de
la pectorale est forte, finement dentelée dans les
deux sens, et du dixième de la longueur totale;
elle peut se fixer transversalement; il n'y a que sept
rayons mous, dont le premier est un peu plus long
que l'épine. Les ventrales, placées un peu plus en
avant que le tiers antérieur, sont rondes, d'un tiers
moindre que les pectorales, et ont chacune six rayons,
tous mous et branchus. La dorsale est juste au-dessus
des pectorales, à peu près de leur grandeur, et n'a
aussi que six rayons mous. L'anale commence un
peu plus en arrière, et se continue jusqu'à la caudale, dont elle demeure distincte par une échancrure
qui va presque jusqu'à leur base.

Sa hauteur est de près de moitié de celle du poisson. Ses rayons sont tous mous. Au-devant d'elle
est un petit appendice charnu, percé d'un trou en
avant, fin comme celui d'une aiguille, et cannelé en
arrière. La caudale est arrondie, du dixième de la
longueur totale, et a quinze rayons entiers.

B. 7; D. 6; A. 74[1]; C. 15; P. 1/7; V. 6.

La ligne latérale descend au milieu de la hauteur,

---

1. Je ferai remarquer que pour tous les poissons à très-longues
nageoires, dont les rayons sont cachés et empâtés sous une peau
épaisse, j'ai toujours soin d'enlever préalablement la peau d'un
côté, afin de mettre les rayons à nu, pour en connaître le nombre
avec toute certitude.

qu'elle suit à compter du bout de la pectorale : c'est une strie légèrement saillante, avec de petits zig-zags peu marqués. De chaque côté du corps se montrent des rides verticales assez marquées.

Tout ce poisson est d'un brun-noir à peu près uniforme, ou d'une couleur chocolat. D'après M. Buchanan, elle s'altère peu dans la liqueur; cependant elle y devient quelquefois roussâtre.

Nous en avons de nombreux individus, depuis cinq ou six pouces jusqu'à un pied; mais l'espèce arrive à dix-huit pouces, selon M. Leschenault.

L'anatomie de ce curieux poisson, faite avec soin, nous a fait voir,

que l'estomac est petit et globuleux, qu'il donne, du côté gauche, une branche montante qui passe sous le foie et dans le côté droit de l'abdomen. Ce duodénum diminue bientôt de diamètre, devient très-étroit, et constitue un intestin qui fait de très-nombreux replis dans les deux hypocondres avant de remonter de nouveau jusque sous le foie, d'où il se rend sous la colonne vertébrale jusqu'à l'anus, en étant un peu plus large. Le foie est petit, pluri-lobé; ceux de gauche descendent assez bas dans l'abdomen; à droite, une vésicule du fiel oblongue, mais assez grosse eu égard au volume du foie.

Les organes mâles étaient assez développés dans l'individu que j'ai examiné. Les reins sont aussi assez gros, et versent l'urine dans une vessie urinaire qui se bifurque en deux cornes assez longues, mais étroites. Derrière les apophyses en cornet de la grande vertèbre et au-devant des palettes ou osselets de Webber, existe une petite vessie natatoire, à parois minces et argentées, et formant de chaque côté de la colonne vertébrale une petite boulette arrondie, de la grosseur d'un pois.

Nous avons aussi étudié le squelette du *Saccob. singio,* et nous y avons fait les observations ostéologiques qui vont suivre :

La tête et la grande vertèbre du *singio* ont la même composition et les mêmes rapports que dans les hétérobranches. Le crâne, composé en dessus des os ordinaires, a ses côtés élargis par l'addition des surtemporaux. La première vertèbre a de même deux grandes apophyses transverses, contournées en cornets, sur le bord desquels s'articule le surscapulaire, et cette vertèbre elle-même s'unit par suture, par sa crête ou apophyse épineuse, à la production interpariétale, et par son corps, au corps du basilaire.

C'est dans l'espace resté de chaque côté entre l'interpariétal, le mastoïdien et le surscapulaire, d'une part, et la vertèbre de l'autre, que passe l'orifice du grand sac latéral.

Il y a douze vertèbres abdominales libres et quarante-cinq caudales, sans compter le triangle qui porte la nageoire de la queue, et qui paraît composé de deux ou trois.

L'os hyoïdien impair est très-fourchu, et la ceinture huméro-cubitale fort large par en bas.

Le *Pim. singio* de M. Buchanan a des di-

mensions semblables au nôtre et nous paraît
de même espèce, quoique ce naturaliste lui
attribue dans le frais une bande longitudinale
jaunâtre qui ne paraît pas sur nos individus,
et qu'il compte un peu autrement les rayons :

B. ? D. 7; A. 61; C. 12; P. 1/7; V. 6;

mais il convient lui-même qu'une peau épaisse
n'a pas permis d'en faire le calcul exact. Un
individu qui nous a été apporté de Calcutta
même pour le vrai singio, par M. Willie, ne
diffère point de ceux que nous possédions auparavant, et qui ont servi de sujets pour notre
description.

Je ne puis guère douter non plus que ce ne
soit le *silurus fossilis* envoyé de Tranquebar
à Bloch par son ami John, et représenté
pl. 370, fig. 2, de la grande Ichthyologie : tout
en est pareil, excepté qu'il sépare un peu
trop l'anale de la caudale et qu'il compte huit
rayons aux branchies :

B. 8; D. 6; C. 19; A. 70; P. 1/7; V. 6.

J'ai cependant vérifié avec soin mes nombres.

Il nous est venu de ces poissons de la côte
de Malabar par M. Belanger; du Mysore par
M. Dussumier; de Pondichéry par MM. Leschenault, de la Tour, Belanger et Reynaud, et
surtout du Bengale par MM. Duvaucel, Belanger, Reynaud et Dussumier. L'espèce n'ha-

bite dans les divers cantons que les étangs d'eau douce. Son nom au Bengale est *singgi* selon M. Buchanan, *schinggi* selon M. Reynaud; à Pondichéry on la nomme *mollin-ke-judon* (kejudon à épines).

On mange ce poisson sans difficulté, et même il passe au Bengale pour un excellent restaurant, et il y est fort recherché par les femmes qui allaitent, et par les hommes que des excès ont épuisés; ce qui fait que près des lieux habités on le trouve difficilement à toute sa grandeur. On dit même que, d'après l'idée qu'ils se font de ses qualités, les Indiens s'en abstiennent lorsqu'ils veulent se livrer avec dévotion à des cérémonies religieuses.[1]

1. Buchanan, *loc. cit.*

CHAPITRE XVI.

Des Plotoses (*Plotosus*, Lacép.).

Un corps alongé, terminé en pointe comprimée; une deuxième dorsale, longue et rayonnée, s'unissant à la caudale et à l'anale pour entourer la queue; une tête sans casque; des dents fortes et coniques aux mâchoires; des dents en pavés au vomer; tels sont les caractères qui distinguent le genre des plotoses du reste de la grande famille des siluroïdes.

Ce genre a été établi par M. de Lacépède, sur une seule espèce que Bloch avait fait connaître, et que ce dernier réunissait avec les asprèdes dans son genre *Platystacus*; M. Buchanan en a fait connaître une seconde, et les voyageurs récens en ont rapporté quelques autres encore, peu différentes entre elles, si ce n'est par quelques détails des proportions et des couleurs, et par les nombres des rayons des nageoires verticales.

Tous ces poissons ont huit barbillons, courts ou médiocres; dans tous l'épine dorsale et les épines pectorales sont petites, mais pointues, tranchantes, dentelées et propres à blesser dangereusement; leur tête est couᴐᴠ verte d'une peau molle, comme le reste du ᴐɔ corps; leurs lèvres sont charnues.

Ils ont derrière l'anus un tubercule co-ɪꞁnique semblable à celui de la plupart des si-ꞁꞁures et d'un grand nombre d'autres poissons, ᴊᴀau-devant duquel est le trou externe des ᴛᴏ organes génitaux, et derrière, ou à la pointe, ᴐꞁꞁ'ouverture de la vessie urinaire. Mais les plo-ᴐꞁtoses ont de plus un tubercule remarquable ꞁqpar sa forme, qui est celle d'un arbuscule ꞁꞁ dilaté en branches ramifiées, qui sort d'un en-ᴐᴛtonnoir profond situé derrière le cloaque et ïᴇs'insère par un tendon sur l'apophyse de la ꞁꞁdernière vertèbre abdominale. Ce tubercule ꞁꞁn'a aucune connexion avec les organes géni-ᴇꞁtaux ou urinaires, et il est très-difficile d'as-ꞁᴇsigner la fonction qu'il doit remplir. On verra ꞁqpar les dissections qui vont suivre, que M. ꝏCuvier s'est mépris sur son usage d'après ce ꞁᴩqu'il en a dit dans le Règne animal, à l'article ꞁꞁdes plotoses, et qu'il l'a confondu à tort avec ꝭle tubercule conique dont je viens de parler ꞁꝗplus haut.

Ces poissons, que la réunion des trois na-ᴇɡgeoires impaires rend si distincts de tous les ᴊautres siluroïdes, et qui constituent un groupe ꞁᴐbien nettement tranché, ont le crâne à peu ꞁꝗrès conformé comme les silures proprement dits. Cependant il est plus élargi et plus bombé, ainsi que la description du squelette du *plotose nigricans* le fera voir. Ils ont aussi beaucoup d'affinités avec les silures par la conformation de leur grande vertèbre et des interépineux qui soutiennent le chevron dans lequel joue le premier rayon épineux de leur dorsale antérieure.

Il ne serait cependant pas convenable de placer les plotoses auprès des silures, et d'en éloigner les bagres et les autres genres dont nous avons déjà décrit l'histoire.

Les plotoses appartiennent au midi de l'Asie ou aux îles de la mer des Indes. Il s'en trouve aussi quelques-uns sur les côtes orientales de l'Afrique; mais nous n'en connaissons point d'Amérique ni d'Europe.

Le Plotose rayé

(*Plotosus lineatus,* nob.)

est l'espèce la plus commune et la plus facile à reconnaître par les quatre ou les six rubans qui parcourent toute sa longueur.

Son corps porte en avant une tête grosse, déprimée et obtuse, et se prolonge en arrière en une queue comprimée et pointue.

Sa hauteur, à la première dorsale, est huit fois dans sa longueur. Il n'y a point de casque. La tête

est recouverte de la même peau molle que le reste
du corps; mesurée depuis le museau jusques au haut
de l'opercule, elle a le cinquième de la longueur totale; sa largeur est d'un tiers, et sa hauteur, à la
nuque, de près de moitié moindre; elle est transversalement convexe. Son museau forme un arc
moindre qu'un demi-cercle. L'œil occupe à peu près
le milieu de la longueur, dont il prend le septième
en diamètre; il est voisin du plan supérieur, et à près
de trois diamètres de son semblable. La bouche, qui
prend toute la largeur du museau, n'entame que
d'un quart la longueur de la tête. Les lèvres sont
épaisses et charnues. L'inférieure a des papilles nombreuses à son bord interne. La mâchoire supérieure
est plus avancée; elle porte, près de son bord, quatre
barbillons à peu près de moitié de la longueur de la
tête. Les externes, qui sont les maxillaires, ne sont
pas tout-à-fait à la commissure; les internes ou ceux
des narines s'attachent au bord antérieur d'une petite
fente, qui est l'orifice supérieur de la narine; l'inférieur est un très-petit trou tout près du bord de la
lèvre. Il y a sous la mâchoire inférieure quatre autres
barbillons, un peu moins longs que les premiers, et
placés sur une ligne transverse. La mâchoire supérieure a des dents coniques, qui n'en occupent pas
toute la largeur et sont irrégulièrement disposées
sur trois rangs. L'antérieur est plus fort, et ses deux
dents latérales se recourbent obliquement en crochets dirigés vers l'intérieur. Les dents de la mâchoire inférieure, semblablement disposées, sont un
peu plus nombreuses et occupent plus d'étendue

transversale. Les latérales sont moins courbées. Au
vomer est un large croissant de dents, toutes en
forme de perles ou de petits pavés. La langue est
épaisse, obtuse, charnue et sans dents. La fente des
ouïes se dirige obliquement en arrière. Leur membrane, très-échancrée et fort charnue, a de chaque
côté douze rayons.

La pectorale, pointue, d'un peu moins du huitième de la longueur totale, a une épine forte, de
moitié moins longue, à dents aiguës et rétrogrades
aux deux bords. La première dorsale est au quart
antérieur sur la fin de la pectorale, qu'elle égale à
peu près en hauteur, ainsi que pour la force et la
dentelure de son épine. La seconde commence à
quelque distance en arrière, un peu après le tiers antérieur; elle est de moitié moins haute, et se continue
de manière à s'unir sans distinction à la caudale et
à l'anale, et à entourer conjointement la pointe de
la queue. L'anale commence un peu avant le milieu
du poisson. En comptant treize rayons pour la caudale, on en a quatre-vingt-treize pour la dorsale
et soixante-six pour l'anale, en tout cent soixante-
douze. Les ventrales répondent à peu près au commencement de la deuxième dorsale, et sont d'un tiers
moindres que les pectorales et de forme arrondie.
J'y compte treize rayons.

B. 12; D. 93; A. 66; C. 13 (172); P. 1/11; V. 13.

La ligne latérale est droite, au milieu de la hauteur, et formée d'élevures longitudinales minces. Le
dessus du corps, dans la liqueur, paraît brun foncé;
le dessous blanc; trois lignes, qui paraissent d'un

blanc bleuâtre, en parcourent toute la longueur : la première part de la narine, passe sur l'œil et se continue le long de la partie supérieure du dos; la seconde, un peu plus large, commence à la racine du barbillon maxillaire, passe sous l'œil, et règne immédiatement sous la ligne latérale; la troisième naît près des ventrales, et se continue près du bord inférieur, comme la première près du supérieur. Ces raies, comme d'ordinaire, paraissent beaucoup mieux dans les jeunes individus, et s'effacent par degrés dans les vieux. Il y a une tache noire au sommet de la première dorsale, et souvent un liséré noir aux trois autres nageoires verticales. Dans le frais, le fond est d'un brun verdâtre en dessus, blanchâtre en dessous, et les raies sont tantôt jaunes, tantôt fauves, tantôt tirant sur le rouge.

Nous avons de ces poissons depuis trois pouces jusqu'à huit ou dix.

Les observations suivantes, faites sur la splanchnologie du plotose rayé, présentent plusieurs particularités curieuses.

À l'ouverture de l'abdomen on aperçoit deux petites masses trièdres, accolées l'une à l'autre, profondément divisées, et réunies en dessus par une lame mince, formée du même parenchyme que les deux masses principales. Au-dessus du lobe droit on voit l'extrémité arrondie d'une vessie. Ces parties appartiennent au foie, mais ne font pas le tiers du viscère entier. La petite vessie est la vésicule du fiel. En arrière de cette première portion du foie, est un intestin sinueux

et ramassé sur lui-même, suivi bientôt des gros intestins, qui sont courts. La cavité abdominale, ta-
pissée d'un péritoine très-mince et blanc de lait,
paraît donc très-petite. Mais quand on l'examine plus
profondément, on trouve, un peu en arrière des
deux premiers lobes du foie, et au-dessus d'eux, une
forte bride péritonéenne, qui forme sur le côté et
dans le haut de l'abdomen un sinus prolongé de
chaque côté, dans lequel entrent deux lobes trièdres
et alongés du foie, de sorte que ce viscère a un volume assez gros, que l'on ne peut voir que quand
on l'a dégagé. Le canal intestinal, un peu déplissé,
montre qu'il n'y a pas de renflement pour l'estomac;
qu'il forme depuis le pharynx un canal cylindrique,
qui se rétrécit à mesure qu'il descend dans l'abdomen; arrivé aux deux tiers de la cavité, il remonte
un peu, et se dilate en un gros intestin, qui fait
d'abord deux sinuosités, s'élargit encore un peu,
puis se rend droit à l'anus, en diminuant de diamètre. Les parois en sont très-minces. Au-dessus
de la première réunion des intestins est la rate, viscère mince et aplati.

Les organes de la génération étaient très-peu développés dans l'individu que j'ai disséqué : ils forment
dans le mâle, de chaque côté, un ruban frangé ou
foliacé, à laciniures plus ou moins nombreuses, qui
vont, je pense, ouvrir leur canal déférent dans une
petite fente oblongue, pratiquée sur le devant de la
verge. Cette verge est courte dans le plotose rayé,
et je dois même avouer n'avoir pu m'assurer aussi
exactement de la disposition que je viens d'indiquer

dans le plotose rayé que dans un très-grand plotose noirâtre (*Plotosus nigricans*), sur lequel la dissection ne laisse aucun doute. Je l'ai vu clairement sur cette espèce. Dans celle dont je parle, j'ai pu suivre ces organes jusqu'à leur entrée à travers les parois charnues de l'abdomen, pour pénétrer dans la verge; mais leur petitesse m'a empêché de voir davantage.

Les reins sont très-gros, et forment deux organes trièdres, cachés au-dessus des séries qui contiennent les lobes prolongés du foie et derrière la vessie natatoire. Ils ne se portent pas en arrière aux deux tiers de la cavité abdominale, et ils débouchent par un uretère très-court, qui descend verticalement dans une vessie urinaire oblongue, à parois très-minces, et qui donne dans l'appendice conique et simple qui est derrière l'anus.

La vessie natatoire est située en avant de chaque côté de la grande vertèbre; elle est petite, ronde, et ne se prolonge pas dans l'abdomen.

On voit par ce que je viens de dire des organes de la génération et de la dépuration urinaire, que le singulier tubercule en forme d'arbre dilaté en forme de branches ramifiées à peu près égales, ce qui lui donne l'apparence d'un pinceau, n'a rien de commun avec ces organes; et que ceux-ci, donnant dans le tubercule anal, sont dans les relations qui existent chez tous les autres poissons.

Quand on examine, par la dissection, ce tubercule ramifié, on voit que sa racine est une sorte de

15.   27

tendon, inséré sur l'apophyse inférieure de la dernière vertèbre abdominale, au-dessous de l'anneau
osseux par lequel passe l'aorte. Il faut bien faire
attention à la disposition de ce vaisseau, que quelques observateurs inattentis pourraient prendre pour
l'uretère. A la suite de la base tendineuse sont des
fibres charnues, réunies en un pédicule qui sort des
parois abdominales et semble s'élever alors du fond
de l'entonnoir assez creux que la peau réfléchie fait
au-devant du premier rayon de l'anale; puis, quand
le pédicule est arrivé à paraître au dehors, il prend
la forme de pinceau, en se divisant d'abord en deux
faisceaux principaux, eux-mêmes subdivisés.

Le gros intestin était rempli de petits crabes
entiers.

Nous décrivons le squelette des plotoses
d'après celui d'une autre espèce.

C'est un des poissons les plus répandus de
la mer des Indes : MM. Geoffroy, Ruppell et
Ehrenberg l'ont rapporté de la mer Rouge ;
M. Dussumier des Séchelles et de la côte de
Malabar ; MM. Quoy et Gaimard de l'Isle-de-
France, d'où M. Desjardins nous l'a aussi envoyé, et où il avait été plus anciennement
observé par Commerson, qui le nomme, dans
ses papiers, *petit machoiran*. M. Reynaud l'a
pris à Trinquemalé, M. Leschenault à Pondichéry, où son nom tamoule est *akegédou ;* et
MM. Quoy et Gaimard à Amboine, à Célèbes,

et jusqu'aux îles des Amis; MM. Lesson et Garnot l'ont eu aux îles de la Société, et MM. Eydoux et Souleyet à Macao et aux Philippines.

Renard l'a représenté, d'après Vlaming, mais en l'altérant (I, pl. III, fig. 19), sous le nom malais de *sambilang*, qui est générique, et la même figure est dans Valentyn, n.° 496, sous celui d'*ikan-binara*. Les Abyssiniens le nomment *koomat*, selon M. Ehrenberg.

C'est le *plotose anguillé*, gravé dans Lacépède d'après Commerson, tom. V, pl. III, fig. 2; l'*ingeelée* de Ruppell, II, p. 51, pl. CLXVI; le *plotose ikapou* de M. Lesson (Dict. class. d'hist. nat., XV, 435, et Voy. de Duperrey, Poiss., pl. XXXI, fig. 3). Il est aussi figuré dans Krusenstern, pl. LX, fig. 12 et 13.

Le *platystacus anguillaris* de Bloch, pl. 373, présente les mêmes dispositions de couleurs, et des formes seulement un peu plus alongées; mais, pour croire qu'il soit de la même espèce, il faudrait supposer que le peintre a beaucoup trop alongé les barbillons, qui dépassent en partie les pectorales, et que le naturaliste a fort exagéré le nombre des rayons des nageoires verticales, qu'il porte à 268, tandis que nous n'en avons trouvé, en les comptant sur beaucoup d'individus que 172.

Le plotose rayé, au contraire de la plupart des siluroïdes, vit dans l'eau salée; il se tient enfoncé dans la vase et dans le sable de la mer; et cette habitude le rend à craindre comme nos Vives, et surtout la vive Bois de roc (*trachinus nanus,* nob.) sur les côtes sablonneuses de la Manche.

Aucun poisson ne passe pour plus dangereux et n'est plus redouté des pêcheurs : tous les voyageurs sont unanimes à cet égard. Ses épines, petites et cachées dans les membranes des nageoires, paraissent peu; on n'est pas tenté de s'en défier; mais comme elles sont très-tranchantes, et que leurs dentelures sont très-aiguës, les blessures qu'elles font sont très-douloureuses, et produisent souvent des inflammations qui vont jusqu'à la gangrène. Commerson qui en fut légèrement piqué au pouce, éprouva sur-le-champ une douleur atroce, qui fut accompagnée de fièvre et demeura très-intense jusqu'au lendemain. M. Ehrenberg en a souffert pendant plusieurs jours; il assure que l'on en meurt quelquefois, et que les Arabes craignent ce poisson plus que leur scorpion. Aussi ce savant naturaliste l'avait-il appelé *plotosus malignus*[1]. Selon M. Leschenault, le té-

---

1. Nous n'avons pas cru devoir cependant conserver ce nom, parce que les autres plotoses sont tout aussi dangereux, et que

tanos a été souvent à Pondichéry la suite de ses blessures. M. Lesson a vu les petites piqûres qu'il avait reçues de jeunes sujets se changer en points gangréneux, et des individus à peine longs de trois pouces se sont déjà montrés comme très-nuisibles à MM. Quoy et Gaimard, parce que les pointes de leurs épines se cassent et demeurent dans la plaie.

Le Plotose marron.

(*Plotosus castaneus*, nob.)

Nous avons reçu de Mahé sur la côte malabare un plotose dont les barbillons sont aussi courts que ceux du rayé.

En effet, le nasal n'atteint pas à l'œil, et le maxillaire le dépasse à peine. La tête est quatre fois et deux tiers dans la longueur totale.

Les nombres diffèrent très-peu du précédent.

D. 91; C. 13; A. 73 (177).

Le tubercule anal existe, quoique très-petit, et le tubercule ramifié est semblable à celui du plotose rayé.

M. Dussumier, qui l'a vu frais, le dit d'une couleur marron uniforme, teinté de verdâtre, sans aucune tache ni raie, même sur les nageoires : il paraît noir dans la liqueur.

---

cette épithète ne distingue pas aussi bien que la nôtre l'espèce du Pl. rayé des suivantes.

L'individu a huit pouces de long.

L'espèce est voisine de la précédente, mais elle a une autre physionomie ; elle me paraît ·bien distincte.

Le Plotose bordé.

(*Plotosus limbatus,* nob.)

Nous avons un plotose de l'Indoustan à peu près dans les formes du plotose rayé ou du plotose marron ;

mais sa tête est plus courte ; elle est contenue cinq fois et demie, ou même six fois, dans la longueur totale. Les barbillons, quoique courts, sont plus longs que ceux des deux espèces précédentes. Le nasal atteint au bord postérieur de l'œil, et le maxillaire au bord de l'opercule.

D. 112 — C. 11 — A. 101 (tot. 224).

Dans la liqueur il paraît obscur ou marron uniforme ; M. Dussumier dit que cette couleur a une teinte verdâtre quand le poisson est frais, et que les nageoires sont lisérées de noir.

Les viscères abdominaux de ce plotose ressemblent à ceux de l'espèce précédente ; car le foie est formé de lobes engagés de la même manière dans des sinus formés entre les muscles latéraux du ventre. Le canal intestinal est un long tube, d'abord droit depuis le pharynx jusqu'à la moitié de la cavité abdominale ; puis il se renfle ou se dilate, sans former de cul-de-sac, remonte vers le diaphragme, et fait ensuite, en diminuant de volume, de nombreux replis dans cette première moitié du ventre. Les gros intestins occupent la seconde moitié. Le tube anal montre ici très-clairement, à cause de sa grandeur, les orifices génitaux et urinaires. La vessie urinaire a des parois plus épaisses; elle remonte assez haut du côté des reins.

La vessie natatoire est également faite comme celle de l'espèce précédente. Le tubercule frangé est tout-à-fait semblable.

J'ai trouvé le rectum rempli de débris de coquilles concassées à test dur; car il y avait des fragmens reconnaissables d'Arches barbues, et de Tritons à épiderme également velu.

Le squelette des plotoses, que nous avons étudié dans cette espèce, présente quelques caractères qui lui sont propres.

Son crâne est déprimé, et a toutes ses pièces solidement jointes; à peine y a-t-il une petite solution de continuité entre les frontaux en avant; on y voit une forte et large dépression, qui s'étend depuis l'ethmoïde jusque sur le milieu des frontaux entre les orbites. Dans l'arcade ptérygoïdienne, l'os qui représente les deux ptérygoïdiens est divisé, au contraire des autres silures, et sa portion supérieure s'articule avec le crâne au côté du sphénoïde antérieur. L'interpariétal ne donne, en arrière, qu'une petite apophyse pointue, qui se joint à un petit filet appartenant au premier interépineux, et aboutissant au chevron, formé, comme à l'ordinaire, par le deuxième et le troisième chevron, dont les branches sont fort étroites; il est supporté par une apophyse épineuse, fourchue, de la première ou grande vertèbre. L'apophyse transverse antérieure de cette vertèbre a son bord dirigé vers le bas, et presque vertical. Le surscapulaire y appuie sa branche inférieure, celle qui aboutit au basilaire. Après la grande vertèbre il en vient treize abdominales, dont la cinquième, la sixième, la septième et la huitième sont remarquables parce qu'elles sont comprimées verticalement et fourchues au bout, et qu'elles portent des côtes larges et comprimées, suspendues à leur branche inférieure. Les apophyses transverses descendent de plus en plus, et celles des deux dernières sont jointes par une traverse. Les vertèbres caudales sont au nombre de soixante ou soixante et une, toutes munies d'apophyses épineuses, supérieures et inférieures, longues et grêles. La dernière est la plus petite, et nullement en éventail. Le dessous de la ceinture des épaules est fort large.

Elle nous a été rapportée de la côte de Malabar par M. Dussumier, et de Pondichéry par M. Belanger.

Nous en avons des échantillons de quinze pouces.

M. Dussumier ajoute aux renseignemens qu'il a recueillis sur ce poisson, frais, qu'il sert de nourriture au peuple de Bombay et de Mahé.

Le PLOTOSE KANI.

(*Plotosus canius,* Buchan.)

Le Bengale produit un plotose d'un brun
οὶ foncé à peu près uniforme, que M. Hamilton
Buchanan (Poiss. du G., p. 142, et pl. XV,
fig. 44) a fait connaître et nommé *plotosus ca-*
nius. M. Belanger nous l'a envoyé du Bengale.

Sa tète est plus déprimée qu'aux autres espèces, et
son corps et ses tentacules sont plus longs. Sa hauteur
est dix fois dans sa longueur; sa tète, contenue cinq
fois dans la longueur du corps, a en largeur près
des trois quarts de sa propre longueur, et en hauteur un peu moins de moitié. Son œil, un peu après
le tiers antérieur, a le huitième en diamètre, et est
à quatre diamètres de celui de l'autre côté. Les barbillons nasaux, attachés entre la lèvre et l'orifice supérieur de la narine, sont aussi longs que la tète,
et atteindraient ou dépasseraient un peu la nuque;
les maxillaires atteignent le bout de l'opercule; les
sous-mandibulaires externes les égalent en longueur;
les internes ont un tiers de moins. Les lèvres sont
peu épaisses, et n'ont que peu de papilles. La queue
est fort pointue; du reste, tout est à peu près comme
dans la première espèce.

B. 12; D. 1/4—122; C. 13; A. 109 (t. 244); P. 1/9; V. 12.

Le tubercule anal est long et grêle, plus que dans
le *Pl. limbatus.* Le tubercule ramifié est, au contraire, beaucoup plus petit, mais, comme dans les
autres, divisé en deux faisceaux principaux.

Il paraît tout entier d'un brun noirâtre, et seulement un peu plus pâle en dessous. Le frais est d'un olivâtre foncé, avec une légère teinte violette.

Nos exemplaires sont longs de treize pouces; mais l'espèce a souvent trois pieds, et quelquefois quatre et cinq.

Ce poisson habite les rivières du Bengale méridional : les indigènes le nomment *kanimagur*, et le regardent comme un excellent manger, mais les Européens le rejettent.

Le PLOTOSE UNICOLORE.

(*Plotosus unicolor*, K. et V. H.)

MM. Kuhl et Van Hasselt ont envoyé de Java un plotose tellement semblable au *canius*, que je serais fort tenté de le prendre pour la même espèce;

mais il a les yeux un peu plus petits, les barbillons un peu plus longs et des nombres supérieurs de rayons aux nageoires verticales.

D. 133; C. 11; A. 111 (tot. 255).

D'après le dessin fait sur le frais à Java, tout le corps est brun foncé, légèrement olivâtre.

Notre échantillon est long de treize pouces.

Le PLOTOSE A LÈVRES BLANCHES.

(*Plotosus albilabris,* nob.)

Les Malais de Java paraissent employer pour ɔlle genre entier le nom de *sambilang,* que nous vɾavons déjà vu appliqué au plotose rayé; du mmoins en avons-nous reçu sous ce nom par MM. Reynaud une espèce fort différente.

Sa tête est bombée, presque aussi haute que large, du sixième de la longueur du poisson. Ses lèvres sont épaisses et papilleuses. Ses barbillons nasaux un peu plus longs que la tête; les maxillaires d'un tiers plus courts; mais les mandibulaires externes presque aussi longs. Sa peau est finement papilleuse. Ses nageoires verticales entourent sa queue en s'arrondissant, et non pas en formant une pointe, de sorte que la caudale est arrondie.

D. 109; C. 11; A. 97 (tot. 217).

Le tubercule anal est gros et conique : le ramifié me paraît plus branchu que celui des autres espèces.

Conservé dans l'alcool, il paraît tout noir, excepté les lèvres, qui sont blanches. Frais, il a aussi des teintes verdâtres.

Les premiers replis de l'intestin sont remarquables par l'intensité de leur couleur noire; d'ailleurs, les viscères ressemblent à ceux des précédens.

L'individu du Cabinet est long d'un pied.

M. Reynaud nous apprend que l'espèce est ɛassez rare à Batavia, et que ces poissons atteignent rarement à quinze pouces.

Le Plotose a grosse tête.

(*Plotosus macrocephalus,* nob.)

Cette espèce est due à Péron qui l'a prise à
Timor, à ce que nous croyons. On la distingue
aisément

> à sa grosse tête, du quart de la longueur totale, d'un
> quart seulement moins large que longue, et de moitié
> moins épaisse. Ses yeux, du neuvième de la longueur
> de la tête, à peu près au milieu de cette longueur,
> à deux diamètres et demi l'un de l'autre, sont pres-
> que dirigés vers le haut. Ses lèvres sont très-épaisses,
> garnies de beaucoup de grosses papilles charnues.
> Ses barbillons nasaux et mandibulaires externes n'ont
> pas moitié de la longueur de la tête; les maxillaires
> et les mandibulaires internes sont encore plus courts;
> tous sont épais à leur base.

> D. 96; C. 11; A. 95 (tot. 202).

> Cependant ces chiffres ne sont pas absolument
> certains, attendu que le bout de la queue est un peu
> mutilé.

Notre individu est long de dix-huit pouces :
il paraît dans la liqueur d'un gris brunâtre en
dessus, plus pâle en dessous.

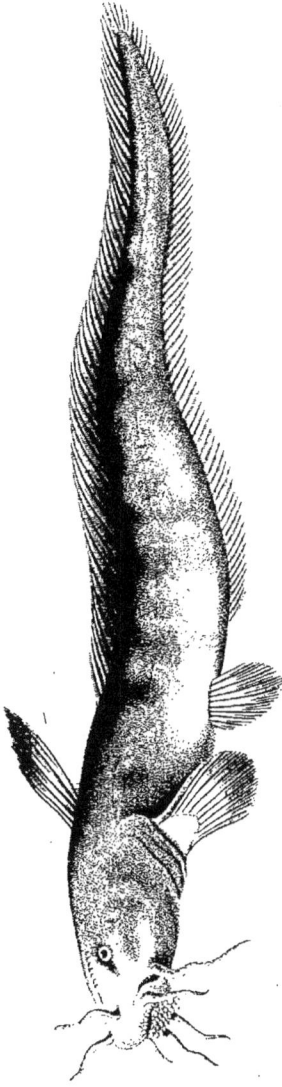

PLOTOSE à grosse tête.

PLOTOSUS macrocephalus, nob.

Amanie-Baron del.

Impr.é de Langlois.

Dumenil sculp.t

CHAPITRE XVII.

Des Asprèdes (Aspredo, Linn.).

Ce genre, établi par Linné dans les Amé-
nités académiques, a été réuni ensuite par lui-
même avec les silures. Bloch l'en a fait ressortir,
mais pour le mêler sous le nom commun de *pla-*
cystacus à celui que, plus tard, M. de Lacépède
a nommé *plotose,* et qui diffère infiniment des
asprèdes. Nous croyons devoir rétablir le genre
et lui laisser le nom qu'il avait reçu de Linné,
et qui a été adopté par Gronovius.

Les autres auteurs qui ont parlé des asprèdes,
savoir Klein et Artedi, les ont placés, le premier
parmi ses *batrachus,* le second parmi ses *mys-*
sus ou nos pimélodes; mais ni l'une ni l'autre
de ces classifications ne peut être admise.

En effet, les asprèdes, bien qu'appartenant
à la famille des siluroïdes, diffèrent essentiel-
lement de tous les autres groupes qui les composent, et même de tous les autres poissons
osseux, en ce qu'ils n'ont rien de mobile à
l'opercule, et que les trois pièces operculaires
sont réduites à de simples vestiges et entièrement soudées au préopercule, en sorte que la
dilatation et la contraction de leurs ouïes ne
dépendent que de l'arcade palato-ptérygoï-

dienne. Leur bouche est aussi fort particulière, leurs intermaxillaires étant articulés, non pas en travers, mais sous le museau dans une position longitudinale, et ne portant de dents qu'à leur tranchant postérieur. Il arrive de là que les maxillaires, prolongés d'ailleurs en barbillons, comme dans les autres siluroïdes, s'articulent au bord antérieur du museau, et plus en avant que les intermaxillaires.

La forme générale de ces poissons est d'ailleurs remarquable par l'aplatissement de leur tête et de leur partie antérieure, par l'élargissement de leur région humérale, par leur queue grêle et tranchante en dessus, et par leurs fortes épines pectorales aplaties et dentelées.

Il y a cinq rayons à leurs ouïes; leur dorsale est médiocre; leur anale longue; leur caudale peu considérable, et ils manquent d'adipeuse : tout leur corps est lisse et sans pièces de cuirasse.

Un certain nombre d'individus dans chaque espèce se fait remarquer par des appendices singuliers qui pendent sous la poitrine et sous le ventre, et qui, d'après le peu d'observations qu'il m'a été possible de faire, me paraissent une marque d'un certain état de la femelle. Je n'en ai point vu dans les mâles, les femelles elles-mêmes n'en ont pas toujours. Ils s'y montrent d'abord comme des pores sur toute la partie inférieure et nue de leur tronc; ces pores grandissent et se gonflent en tuber- cules, qui s'alongent ensuite en filamens, et l'extrémité de chaque filament se dilate en une petite cupule.

C'est dans cet état que Bloch les a vus dans un individu de l'espèce à six barbillons, et que, les prenant pour un caractère d'espèce, il a nommé ce poisson *platystacus cotylephorus;* mais j'ai observé les mêmes appendices dans nos trois espèces. Artedi, dans le texte de Seba, en a déjà bien décrit deux espèces, auxquelles nous en ajoutons aujourd'hui une troisième.

Toutes les trois vivent dans les rivières de la Guiane : c'est tout ce que l'on sait de leurs habitudes.

L'Asprède lisse.

(*Aspredo lœvis,* nob.; *Silurus aspredo,* Linn.[1])

La tête et les épaules excessivement dépri- mées de ce poisson représentent un rhom- boïde horizontal, dont l'angle antérieur ou le museau serait tronqué, et dont le postérieur se prolongerait en un corps grêle comprimé.

---

1. *Platystacus lœvis,* Bl., pl. 372; Ichthyol., t. XI, pag. 47, et Syst. posth., pag. 373.

Sa plus grande largeur entre les angles latéraux de
ce rhomboïde, formés par les huméraux, est six fois
et un tiers dans la longueur totale; ce tiers est pris
par la caudale. Sa hauteur, au même endroit, est
deux fois et demie dans la largeur. La tête s'aplatit
encore en avant, s'y rétrécit un peu, et s'y termine par
une troncature trois fois moins large que l'intervalle des épaules et légèrement convexe : c'est le
bout du museau; et à ses deux côtés s'articulent les
os maxillaires, prolongés en barbillons comme dans
les autres silures. Les orifices inférieurs des narines
sont près de ce bout, et les supérieurs un peu plus
en arrière : ce sont de petits trous à peine rebordés.
Si l'on ne mesurait la tête que jusqu'aux ouïes,
comme nous le faisons dans les poissons ordinaires,
elle serait un peu plus large que longue; mais jusqu'à l'extrémité de sa production interpariétale elle
est deux fois plus longue que large. Les yeux sont
un peu avant le quart antérieur de cette dernière
longueur, écartés l'un de l'autre à peu près autant
que du museau, dirigés vers le haut et excessivement
petits. Au travers de la peau lisse qui recouvre la
tête et les épaules, comme le reste du corps, on aperçoit un léger enfoncement longitudinal, terminé en
pointe en arrière, où ses bords se réunissent pour
former la longue et étroite production interpariétale
qui va toucher un fort petit écusson à la base de la
dorsale. Des deux côtés de cette production se voient
des arêtes latérales, appartenant à la grande vertèbre, et plus extérieurement encore, des convexités
de la production humérale, tout cela entre les deux

pectorales. La bouche est fendue transversalement sous le museau, à peine un peu plus avant que l'a- plomb des yeux; elle va d'un bord à l'autre. Sa mâ- choire inférieure seule est mobile; la supérieure est formée par le bord d'intermaxillaires carrés, couchés sous le museau et y adhérens. Les dents de l'une et de l'autre sont en velours ras, sur une bande étroite; il n'y en a pas au palais. Les barbillons maxillaires atteignent à la base des pectorales. Leur base à eux- mêmes porte en dessous un petit barbillon, et se joint au bord latéral de la tête par une membrane du tiers de leur longueur. Derrière chaque angle de la bouche est encore un petit barbillon, et un peu plus en arrière un autre; ce qui fait en tout quatre paires.

L'orifice des ouïes est une fente transversale, un peu arquée sous le bord latéral, en avant de la pec- torale, et du cinquième de la largeur en cet endroit. La dissection fait découvrir cinq rayons branchios- tèges, placés en avant de la fente, et contournant obliquement le bord latéral du rhomboïde, en avant de l'angle huméral. Le rayon supérieur est peu mo- bile et adhère au bord postérieur de l'arcade tempo- ro-ptérygoïdienne. S'il y a des pièces operculaires, ce ne sont que des vestiges soudés au temporal. La pectorale s'attache sous l'angle latéral du rhombe dont nous avons parlé. Son épine, du huitième de la longueur du corps, est très-déprimée, sept fois moins large que longue, plus étroite vers sa base, tronquée au bout, légèrement arquée, et a les deux bords tranchans et armés d'épines crochues, dont

15. 28

les externes se dirigent vers sa pointe, les internes
vers sa base : elle peut se fixer comme celle des autres siluroïdes. Il s'y joint six rayons branchus, tous
plus courts qu'elle. Son extrémité atteint juste le
point d'où sort la ventrale de son côté, et qui est
un peu en arrière du quart antérieur de la longueur
du corps. Les ventrales, des deux tiers de la longueur
des pectorales, ont un premier rayon simple, mais
grêle et flexible, et cinq branchus. Le tronc, déjà
rétréci à l'endroit où elles s'attachent, fait que leur
distance n'est pas des deux tiers de celle des pectorales. La dorsale est au-dessus des ventrales. Sa forme
est triangulaire; sa longueur est du onzième de celle
du corps; son bord antérieur est à peu près de même
hauteur, et elle commence à trois fois de distance
du bout du museau; elle a un rayon simple, mais
flexible, qui en dépasse le bord quelquefois d'un
tiers, et quatre fourchus. Tout le reste du dos et
du dessus de la queue est caréné, et d'autant plus
tranchant que l'on va plus en arrière; en même
temps la compression augmente, et la hauteur diminue, en sorte que le bout de la queue n'a pas en
hauteur plus du soixante-dixième de la longueur
totale, et est trois fois moins épais; il s'y joint une
caudale du vingtième environ de la longueur totale,
terminée en arc concave et de dix rayons seulement.

B. 5; D. 1/4; A. 56; C. 10; P. 1/6; V. 1/5.

L'anus est un peu plus en arrière de la base des ventrales, et l'anale commence un peu plus loin, à l'a-
plomb du dernier rayon de la dorsale. A peu près
de la hauteur du corps, à l'endroit où elle com-

mence, elle diminue peu à mesure qu'elle s'étend
sous la queue, et vers la fin elle est encore plus que
double de la hauteur du bout de la queue. Sa membrane atteint la base du rayon inférieur de la caudale.
Cette anale a cinquante-six rayons, tous articulés,
mais sans branches.

Le poisson entier est revêtu d'une peau douce et
molle, d'un gris brunâtre en dessus, semé de quelques points blanchâtres sur la tête et sur quelques
parties du dos ; elle est en dessous uniformément
blanchâtre, et l'on ne voit nulle part aucune âpreté.
Sa ligne latérale est une suite de très-petits points
saillans, tous contigus. On voit au-dessus une série
parallèle de petites élévations ou papilles très-peu
saillantes, distantes les unes des autres, et au-dessous,
vers le devant, une série semblable de très-petits
filamens, qui disparaissent bientôt vers l'arrière.

Le foie de l'asprède lisse est très-divisé, et donne
à droite une languette terminée par un tubercule
trièdre, qui touche à la pointe des ovaires.

L'estomac est assez ample, et arrondi en cornue,
étant étroit en avant, renflé en arrière. Du côté gauche, et vers le milieu de sa longueur, il donne une
branche montante ou un commencement d'intestin,
qui se porte dans l'hypocondre droit, y fait plusieurs replis, remonte ensuite, en se plissant plusieurs
fois, pour arriver près de l'œsophage, d'où l'intestin
descend droit vers l'anus.

La rate, située sur la fin de l'estomac, est petite,
pisiforme, et située entre les deux ovaires et l'estomac. Les ovaires sont petits et contiennent de très-

gros œufs ; ce qui pourrait faire penser que le poisson est vivipare.

La vessie aérienne est composée de deux lobes ovoïdes, situés de chaque côté de la vertèbre. Les parois en sont fibreuses et argentées.

Les reins sont gros, trièdres, commencent derrière la vessie natatoire, et forment ainsi une masse assez grosse en travers de l'abdomen et donnant directement dans une vessie urinaire oblongue, cachée dans le fond de la rainure qui sépare les deux ovaires.

Nous en avons des individus d'un pied de long et davantage.

Ils viennent tous des rivières de la Guiane ; ils y sont fort communs, à en juger par le nombre des individus que nous devons à M. Le Prieur et autres naturalistes que nous avons déjà cités pour les animaux de ce genre, déposés par eux dans le Cabinet. Levaillant a eu ce poisson aussi à Surinam. Je ne sais sur quoi se fonde Lacépède (t. V, p. 78), lorsqu'il dit qu'il y en a peut-être dans les Indes orientales.

C'est bien l'espèce représentée et décrite par Balk en 1746 dans le *Museum principis* (Amén. acad. I, p. 310, et pl. XIV, fig. 5), puisqu'il en décrit les huit barbillons ; par conséquent c'est aussi le *silurus aspredo* de Linné. Artedi l'a bien décrit dans Seba (tom. III, pl. XXIX, n.° 10), et Gronovius dans son *Zoophylacium,* n.° 326. Gmelin a eu tort de le confondre avec la figure de Klein (*Miss.* **V, XIV,** **8**), et avec le n.º 26 du *Museum* de Gronovius, qui appartiennent à l'espèce dont nous allons parler.

Bloch a corrigé cette seconde erreur, mais non l'autre; et la figure qu'il a donnée lui-même (pl. 372, fig. 1) est fort peu exacte, surtout pour la queue.

Linné, dans le Musée d'Adolphe-Fréderic, page 73, a l'air de supposer que les épines dentelées de ses pectorales sont une transformation de ses os pharyngiens.

Singularis admodum piscis dentibus faucis exeuntibus pone caput, radiumque pinnæ pectoralis primum valde denticulatum constituentibus.

J'aimerais encore mieux, s'il fallait choisir, l'idée de ceux qui en font des coracoïdiens déplacés; mais ni l'une ni l'autre n'est vraie : ce sont, comme dans les silures, des premiers rayons dont les articulations sont soudées.

L'ASPRÈDE A FILAMENS.

(*Aspredo filamentosus,* nob.)

M. Le Prieur vient de rapporter de Cayenne un autre asprède à huit filamens, et qui se distingue du précédent par plusieurs caractères.

Le museau est beaucoup plus rétréci en avant, de sorte que l'ogive de la tête est plus pointue. Le dessus de la tête, entre les narines, est lisse et sans épines. Le barbillon maxillaire atteint à l'os de l'épaule, et il a près de sa base et en dessous un très-petit barbillon, que l'on n'aperçoit qu'en y regardant avec attention. Les barbillons sous-maxillaires sont de simples filets très-grêles, comme des cheveux, et se confondent avec les nombreux filamens, aussi fins, qui pendent sous le ventre.

Le premier rayon de la dorsale est prolongé en un filet, qui est moins long que la moitié, mais beaucoup plus que le tiers de la longueur totale. Les épines du rayon de la pectorale, sur le bord interne seulement, sont au nombre de quatre ou cinq, et très-fortes.

D. 5; A. 50; C. 10; P. 1/8; V. 6.

Les rayons externes de la ventrale sont plus courts que les internes.

La couleur est uniforme et brune; les derniers rayons de l'anale sont noirs, ainsi que la caudale.

Nous en avons sous les yeux des individus depuis trois pouces jusqu'à huit pouces et demi : ils se tiennent dans les eaux vaseuses de Cayenne.

L'ASPRÈDE TROMPETTE.

(*Aspredo tibicen*, Temm.)

Cette troisième espèce a été envoyée de Surinam au Musée royal des Pays-Bas par

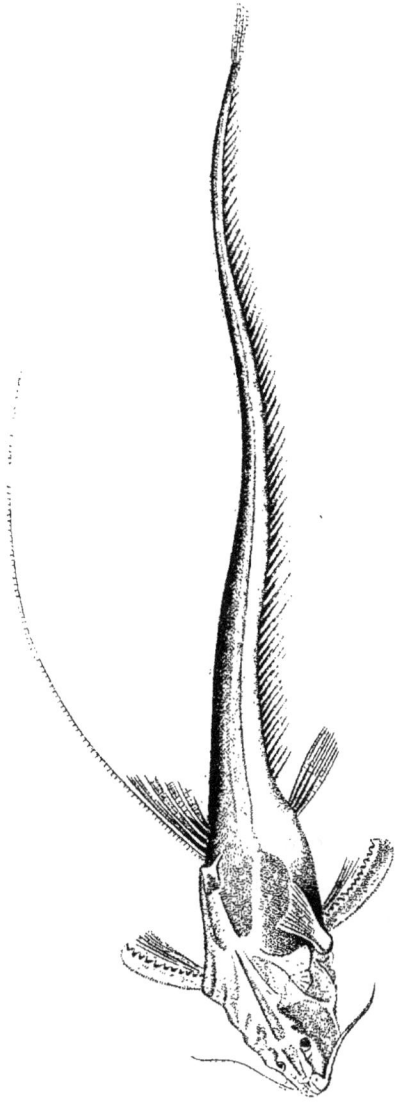

ASPREDO *filamentosus*, nob.

ASPRÉDE à filamens.

Antoir-Baron del.   Imp.^{ie} de Langlois.   Dumenil sculp.^t

MM. Diepering, et nous en devons la communication à M. Temminck. On lui a donné pour
nom spécifique celui qu'elle porte dans cette
colonie.

Elle est marbrée de brun-noir sur du brun foncé,
comme la seconde, et elle a, comme la première,
un petit barbillon adhérent à la base du barbillon
maxillaire; mais, sous la gorge, elle en a plusieurs,
dont les derniers se mêlent aux filets cotyléphores.
Un caractère encore plus distinctif consiste en quatre
petites épines qu'elle a sur le devant du museau,
relevées et placées sur une ligne transversale en arrière des narines. Les externes, un peu dentelées,
paraissent appartenir aux nasaux; les deux internes
à l'ethmoïde. Son museau est aussi plus étroit, ses
yeux plus grands et plus rapprochés, que dans les
deux autres espèces. Le premier rayon de sa dorsale
a près du double de la hauteur du reste de la nageoire. Les rayons extrêmes de sa caudale s'alongent peu.

D. 1/4; A. 58; C. 8; P. 1/7; V. 1/5.

La longueur de l'individu n'est que de huit
pouces.

L'ASPRÈDE A VENTOUSES.

(*Aspredo sicuephorus*, nob.)

Nous avons un asprède tellement voisin de
l'*aspredo lœvis*, que nous avons hésité long-
temps à l'en séparer.

Cependant la tête, mesurée jusqu'à l'extrémité de la proéminence interpariétale, est plus longue; elle fait plus du quart de la longueur totale, la caudale comprise. Dans l'autre espèce la tête n'est pas le quart de la longueur du corps, la caudale non comprise. L'extrémité du museau est coupée plus carrément; il y a huit barbillons, qui paraissent plus gros et plus longs que ceux de l'*Asp. lævis*. Dans l'individu que j'ai sous les yeux il y a même à l'angle droit de la mâchoire un long barbillon; mais il n'existe pas à l'autre angle, et il n'a pas été enlevé, car on n'en voit pas de traces.

Le poisson que je décris est un mâle, dont tout le ventre est garni de filets terminés par une petite ventouse; il y en a même sur les côtés des premiers rayons de l'anale, et sous la face inférieure des ventrales. Le pourtour des lèvres et le dessous des barbillons maxillaires sont garnis de points verruqueux. Je trouve à l'anale les mêmes nombres de rayons.

D. 5; A. 56; C. 10; P. 1/6; V. 1/5.

La couleur est rousse en dessus, pointillée de blanc. L'anale a un liséré noir; la caudale est grise. Les épines des pectorales sont rousses.

Ce poisson vient de la Mana. Il a été rapporté par M. Leschenault, et il a treize pouces et demi de long.

L'ASPRÈDE A SIX BARBILLONS.

(*Aspredo sexcirrhis*, nob.[1])

Cette espèce diffère principalement des précédentes

en ce qu'elle n'a point les petits barbillons qui tiennent en dessous à la base des barbillons maxillaires. Il ne lui en reste donc que trois paires; pour le surplus, ses formes sont à peu près les mêmes, si ce n'est tout au plus que son premier rayon dorsal ne dépasse pas autant la nageoire, et que les deux rayons extrêmes de sa caudale la dépassent au contraire un peu plus. Ses couleurs diffèrent davantage : elle est marbrée d'une teinte foncée sur une teinte plus pâle. Dans la liqueur, ces teintes sont tantôt d'un brun noirâtre, tantôt d'un gris fauve et d'un brun roux. Cette couleur rembrunie forme trois paires de taches sur la tête des mâles, et des bandes irrégulières sur celles des femelles. Il y a toujours sur les deux sexes une large bande foncée, qui monte obliquement depuis les ventrales, et embrasse la plus grande partie de la dorsale. Plus en arrière, les deux couleurs sont distribuées par plus petites parties et fort diversement.

Les viscères de l'asprède à six barbillons ressemblent, par leur disposition générale, à ceux de notre première espèce; cependant l'estomac paraît plus petit et plus arrondi. Le foie est aussi divisé, mais moins alongé sur les côtés. Les ovaires sont plus alongés et

---

1. *Platystacus cotylephorus*, Bl., pl. 372.

moins pointus; les reins moins gros, et la vessie urinaire plus grande; la vessie aérienne est semblable.

Nous avons des individus depuis neuf pouces jusqu'à un pied, qui viennent tous de Surinam.

C'est un d'eux qui a été décrit par M. de Lacépède (t. V, p. 82) sous le nom de *silure hexadactyle;* mais il en avait déjà admis, p. 78, d'après Bloch , un individu à appendices en cupules sous le nom de *silure cotyléphore.*

Il donne encore ce poisson comme venant des Indes orientales; mais ici, c'est d'après l'autorité de Bloch, et nous sommes certains que cette indication était erronnée.

Klein, en 1749, a assez bien représenté la femelle (*Miss.* V, pl. IV, fig. 8); c'est aussi l'espèce décrite par Artedi sur Seba (tom. III, pl. XXIX, fig. 9), et par Gronovius (*Mus.* I, p. 8, n.° 26).

L'ASPRÈDE VERRUQUEUX

(*Aspredo verrucosus,* nob.; *Platystacus verrucosus,* Bl.)

ne nous est connu que par les descriptions et les figures de Gronovius (*Mus. ichth.* II, n.° 153, pl. V, fig. 3) et de Bloch (pl. 373, fig. 3); j'avoue même que c'est avec doute que je le laisse dans ce genre.

Il paraît qu'il est beaucoup plus court à proportion que les autres; sa largeur aux pectorales n'est que trois fois dans sa longueur. Il n'y a que six barbillons. Sa caudale est arrondie; son anale fort petite, ce qui le différencierait beaucoup des précédens. Il a de chaque côté du corps, selon Bloch, quatre séries longitudinales de petits tubercules; mais Gronovius (si son espèce est la même) ne lui attribue qu'une peau rude, semée partout de petites papilles saillantes.

B. 5; D. 5; A. 6; C. 10; P. 1/7; V. 6.

La couleur des individus que l'on a observés est brune, et leur taille allait à peine à quatre pouces.

On n'en dit pas l'origine.

CHAPITRE XVIII.

Du Chaca *et du* Sisor.

Je place dans ce chapitre, à la suite de ces siluroïdes dont les formes sont encore faciles à faire rentrer dans celles du plus grand nombre des espèces connues, deux espèces de l'Inde. Nous avons vu l'une; l'autre n'est parvenue à notre connaissance que par les travaux de Hamilton Buchanan et les collections du major-général Hardwick. La première, le Chaca de Buchanan, a quelques affinités avec les Asprèdes; la seconde tient aussi de ces poissons, en même temps qu'elle a bien quelque analogie avec les Loricaires. Outre sa forme générale, les boucliers perdus dans sa peau molle justifient ce rapprochement.

DU CHACA.

Le poisson qui forme ce genre a été parfaitement représenté par M. Hamilton Buchanan dans son Histoire des poissons du Gange, pl. XXVIII, fig. 43; mais il le rapportait (p. 140) aux platystes de Bloch, et le nommait *platystacus chaca.* Comme ce n'est ni un asprède ni un plotose, les deux véritables genres naturels dont se composait le genre artificiel des platystes, il est nécessaire de le distinguer. Depuis, ayant eu occasion de décrire les espèces rapportées par M. Belanger, j'ai publié[1] dans la partie zoologique de son Voyage la figure et la description de ce singulier genre.

Le CHACA LOPHIOÏDE.

(*Chaca lophioides,* nob.)

Sa tête, très-déprimée et très-large, est en même temps carrée, c'est-à-dire qu'elle est aussi large que longue, et aussi large en avant qu'en arrière. Le corps va ensuite en se rétrécissant jusqu'à la dernière moitié de la queue, où il est tout-à-fait comprimé.

La largeur de sa tête aux ouïes est trois fois et demie dans la longueur totale, et comprend la hauteur à la nuque deux fois et demie. Le dessus en est plat, sauf les saillies des parties osseuses visibles au travers de la peau, et principalement des deux longitudinales, formées par le frontal, d'une transversale arquée, élevée en avant sur l'ethmoïde, et d'une transversale en arrière, qui paraît appartenir au scapulaire ou à la grande vertèbre. Le bord antérieur du disque, limité au milieu pour un tiers par les intermaxillaires, et latéralement pour les deux autres tiers par les maxillaires, est en arc légèrement convexe en avant. Les maxillaires, plats, tronqués à leur extrémité, ne dépassent pas l'angle de la bouche, et c'est

---

1. Belanger, Voy. aux Indes orientales, partie zool., Poissons, page 385 et 386, pl. IV, fig. 2.

la peau seulement qui produit à cet endroit un petit barbillon. La mâchoire inférieure, en arc un peu plus convexe que la supérieure, la dépasse d'un huitième de la longueur de la téte; elle a, ainsi que les intermaxillaires de la supérieure, une large bande de dents en fin velours serré et assez ras; il n'y a aucunes dents au palais ni à la langue, qui est large, plate et fixée, ni aux arceaux des branchies. Les pharyngiens, que la vaste ouverture de la gueule laisse aisément apercevoir sans dissection, ont aussi quatre plaques de dents en velours ras. L'orifice inférieur de la narine est un très-petit tube au bord même de la lèvre, entre l'intermaxillaire et le maxillaire. Le supérieur est un petit trou, placé un peu au-dessus ou plutôt un peu en arrière. L'œil est très-petit, pareil à un grain de moutarde et à la face supérieure. Sa distance de la bouche est d'un peu moins du quart de la longueur de la tête, et à une distance un peu plus que double de son semblable. Outre le petit barbillon de l'angle de la bouche, il y en a quatre à la face inférieure, deux en avant, et deux à droite de l'articulation de la mâchoire inférieure.

L'orifice de l'ouïe, fendu obliquement et presque tout entier à la face supérieure, est très-dilatable. Un opercule triangulaire et un petit interopercule, cachés sous la peau, sont suivis d'une membrane branchiostège, qui se fixe immédiatement au côté, en avant de la pectorale, en sorte que sur ses sept rayons il y en a cinq de cachés sous la peau de la gorge.

L'épine pectorale est singulièrement courte (du

CHACA lophioide.

Acarie-Baron del.

Impr. de *Langlois.*

CHACA *lophioides, nob*

Duméril sculp.

dixième de la longueur totale), grosse, prismatique, à trois arêtes tranchantes, dont l'externe est finement dentelée. Le reste de la nageoire n'est pas plus long, et n'a que cinq rayons branchus. La première dorsale, un peu plus en arrière que les pectorales, a une épine aussi grosse, mais encore un peu plus courte, triangulaire, striée obliquement, et quatre rayons branchus qui ne dépassent pas l'épine. La deuxième dorsale commence un peu avant le deuxième tiers de la longueur totale, et se continue avec la caudale, qui elle-même se continue avec une espèce de seconde anale, de plus de moitié plus courte que la deuxième dorsale, en sorte que tout le bout de la queue est entouré d'une nageoire non interrompue ; et à quelque distance en avant de cette deuxième anale, sous le tiers antérieur de la deuxième dorsale, est une première anale. La hauteur moyenne de cette portion de queue, entre la deuxième dorsale et les deux anales, est seize ou dix-sept fois dans la longueur totale, et son épaisseur est encore deux fois moindre. Les rayons des nageoires verticales ont un peu plus de longueur. On peut en compter vingt-cinq pour la deuxième dorsale, tous articulés, mais dont les deux ou trois derniers seuls sont branchus ; douze pour la deuxième anale, composés de même, et dix pour la caudale, ces derniers tous branchus. La première anale en a dix, dont le premier très-court, et les autres branchus.

Les ventrales sont à moitié de la longueur du poisson, adhérentes aux côtés de sa face inférieure, et sont un peu plus grandes que les pectorales ; elles ont chacune six rayons, tous branchus, même le premier.

Toute la peau de ce poisson est molle et lisse; on lui voit quelques franges sur les côtés de la queue, et quelques filamens sur la face supérieure de la tête.

Sa ligne latérale se marque par une suite de tubercules ovales, un peu rudes et écartés les uns des autres.

Les viscères du chaca ressemblent à ceux des siluroïdes; mais comme l'animal est élargi comme une baudroye, sa cavité abdominale a pris des dimensions semblables à celles de cet acanthoptérygien, d'où il est résulté que les viscères sont très-élargis, et que quelques-uns ont un assez grand volume.

Le foie est composé de deux très-gros lobes, écartés en chevron et réunis par une assez forte masse. Au lobe droit, et près de la bifurcation, est la vésicule du fiel, grosse et arrondie, et donnant par un très-large canal cholédoque dans l'intestin. Ce canal intestinal commence par un œsophage court et droit; puis il se renfle en un long estomac sans cul-de-sac ni branche montante proprement dite; car il se continue en un duodénum qui remonte à gauche près de lui, passe à droite, fait peu de replis, et se rend droit à l'anus.

La rate est ovale et assez grosse. Les ovaires ne le sont pas beaucoup, quoique pleins. Les œufs sont petits; ils sont enfermés dans deux tubes qui ne remontent pas au-delà de la fin de l'estomac. Les reins sont très-volumineux, réunis en une seule masse après la vessie aérienne, et versent l'urine dans une vessie urinaire bifide, dont les cornes sont très-grosses.

La vessie aérienne est très-grande, plus large que longue, et composée de deux lobes situés de chaque côté de la colonne vertébrale.

Il paraît, dans la liqueur, entièrement d'un brun grisâtre, plus pâle en dessous, semé en dessus de points et de taches nuageuses d'un brun noirâtre. A l'état frais, selon M. Buchanan, le fond de sa couleur est verdâtre en dessus, et jaunâtre en dessous, mais d'un verdâtre et d'un jaunâtre sales.

Notre individu, long de neuf pouces, a été apporté du Bengale par M. Belanger.

Le chaca se trouve dans les rivières et les étangs des parties septentrionales du Bengale. M. Buchanan dit que ses habitudes ressemblent beaucoup à celles des uranoscopes et des platycéphales; ce qui signifie sans doute qu'il se tient dans la vase pour y guetter sa proie. La conformation de sa gueule, assez semblable à celle de la baudroye, est en effet très-propre à cet usage.

DU GENRE SISOR, Ham. Buch.

M. Hamilton Buchanan a fait connaître par une description, sans l'accompagner d'une fi-

15.

gure, un poisson remarquable et rare des rivières du nord du Bengale. Depuis, M. Gray
l'a fait graver dans la première livraison de la
Zoologie indienne de l'ouvrage du major-général Hardwick. C'est d'après ces documens
que nous parlons de ce poisson, que nous
n'avons jamais vu en nature.

M. Hamilton Buchanan, frappé de sa ressemblance générale avec les cataphractes de
Lacépède, le distingua comme genre, à cause
de l'absence des écussons osseux qui couvrent
le corps des loricaires d'Amérique.

Il caractérisa ce genre par sa peau molle, dépourvue d'écailles ou de boucliers de chaque
côté de la queue; la bouche est entourée de
barbillons; il y a deux nageoires sur le dos, la
dernière ayant un seul rayon. Ainsi ce poisson
serait un hypostome, s'il avait des écussons.

M. Buchanan a nommé la seule espèce
qu'il connaît

Le SISOR PORTE-VERGE. [1]

(*Sisor rhabdophorus*, Ham. Buch.)

Cet auteur dit que
la tête est plus large que le corps, obtuse et couverte en dessus d'os plats, tuberculeux, striés et ter-

---

1. *Gang. fish.*, p. 207 et 208, et Prodome, p. 379.

minés par trois pointes courtes (sans doute la production interpariétale et celles des surscapulaires ou des
mastoïdiens). La bouche est petite, sans dents. Il y
a quatorze barbillons; deux maxillaires; deux autres
qui naissent de chaque côté de l'angle de la mâchoire
supérieure; puis quatre de chaque côté qui viennent
de l'angle de la mâchoire inférieure. Ils sont tous
réunis à la base par une membrane, ce qui doit former
une sorte de voile labial. Les lèvres sont charnues.
Les ouvertures des narines sont à moitié de la distance entre l'œil et le bord de la mâchoire. Les yeux
sont petits et très-haut. Les ouïes sont très-ouvertes.
Chaque membrane a quatre rayons.

Le chevron du premier rayon de la dorsale a trois
lobes. Près de la nageoire et de chaque côté il y
a cinq petites plaques osseuses, réunies et disposées
sur un double rang. Sur le dos, depuis la dorsale
antérieure, il y a deux rangées de tubercules osseux.
La ceinture humérale est visible et prolongée en
pointe le long de la pectorale. Au-delà sont les tubercules osseux, qui s'étendent sous la ligne latérale,
elle-même tuberculeuse et étroite.

Le premier rayon de la caudale se prolonge en
filet aussi long que tout le corps et la tête ensemble.

B. 4? D. 1/7 — 1; A. 6; C. 10; P. 1/12; V. 1/6.

La couleur est brune, tachetée de nuageux plus
foncé; elle est blanche sur les côtés.

Ce poisson, des rivières du nord du Bengale, atteint de six à sept pieds. C'est un animal

laid et difforme et assez rare. On voit que ce poisson nous conduit aux loricaires et aux hypostomes.

M. Gray, qui en a fait donner une figure, pl. I, fig. 1, de la Zoologie indienne du major-général Hardwick, n'indique que dix barbillons; il paraîtrait que les quatre autres ne peuvent être vus, parce qu'ils ne dépasseraient pas les bords de la tête.

CHAPITRE XIX.

Des Loricaires, des Rinelepis et des Hypostomes.

Linné avait formé, sous le nom de LORICAIRE (*loricaria*), un genre de poissons à corps couvert de plaques anguleuses et dures qui cuirassent le corps, la tête se distinguant des doras et des callichthes, parce que la bouche s'ouvre sous le museau. M. de Lacépède divisa le genre de Linné en deux autres, attendu que certaines espèces de loricaires du genre linnéen n'ont pas d'adipeuse, ou plutôt de seconde nageoire ; il leur réserva le nom imposé par Linné, et il appela HYPOSTOME les espèces dont l'auteur du *Systema naturæ* faisait des loricaires, quoiqu'elles eussent une seconde nageoire sur le dos, une sorte d'adipeuse précédée d'un rayon dur et osseux. Ces deux divisions, précisant les caractères des deux genres et les limitant convenablement, furent généralement adoptées. Depuis, les rivières de l'Amérique ont fourni de nouvelles espèces, qui ont fait penser à M. Spix et à M. Agassiz qu'il fallait établir de nouveaux genres pour faire entrer dans la méthode ces nouvelles acquisitions ichthyologiques. Ainsi, en adoptant les loricaires et les hypostomes tels que Lacépède les entendait, ils établissent les genres *Rinelepis* et *Acanthicus*.

Les premiers ont le corps hérissé d'âpretés comme une lime, le tronc couvert de grands boucliers imbriqués, et sous le ventre de petites plaques séparées. Les dents, en hameçon, sont disposées en rayons sur le pourtour des mâchoires; celles du premier rang ont une double courbure et une fissure à la pointe. La lèvre inférieure seule a un voile membraneux; la supérieure est garnie de cirrhes : il n'y a qu'une seule nageoire sur le dos.

Le genre des *Acanthicus* se compose d'espèces à corps aiguillonné, dont le dessus du tronc est protégé par des boucliers épais, osseux, squammiformes et distincts; l'abdomen est nu; les dents, à double courbure, sont disposées comme celles des *Rinelepis;* un voile labial complet et circulaire entoure la bouche : il n'y a qu'une seule dorsale.

En comparant les caractères exprimés par la diagnose de ces nouveaux genres à ceux des espèces de nos différentes loricaires, je ne crois pas qu'il faille distinguer les *acanthicus* des *Rinelepis;* car nous avons une espèce de *loricaria* à ventre nu, qui ne peut cependant pas être ramenée aux *acanthicus* de

Spix par ses autres caractères. L'étendue plus ou moins grande du voile me paraît aussi être de trop peu d'importance pour donner à ce trait la valeur d'un caractère générique; c'est à peu près comme le nombre des barbillons.

En étudiant les dents de ces siluroïdes, on leur trouve une grande affinité avec celles des *synodontis* : cette réflexion me semble démontrer qu'il ne faut pas distraire les loricaires des autres siluroïdes, quoique nous les croyions s'en éloigner par plusieurs de leurs caractères. On est surtout conduit à les rattacher aux siluroïdes par le poisson singulier dont nous venons de parler d'après MM. Hamilton Buchanan et Gray; le *sisor rhabdophorus,* avec sa peau nue et sa bouche sans dents, ne pourrait pas être introduit dans la famille que l'on établirait avec les loricaires, et cependant on ne saurait, en général, mieux le caractériser, qu'en disant de lui qu'il est un hypostome à peau nue et molle. Aussi la considération du sisor, et celle des dents des schals, montre que les loricaires doivent rester parmi les silures, y faisant un groupe, comme les clarias et les hétérobranches en font un, rattaché aux silures propres par les saccobranches ou *silurus fossilis,* Bl.

D'après ces motifs, je n'ai pas cru devoir

adopter la famille établie par M. Agassiz sous le nom de GONIODONTES; car il est impossible de ne pas dire aussi des *synodontis, os infe-rum, dentes setacei, flexiles, apice introrsum hamati* : les *synodontis* ont aussi la bouche entourée d'une sorte de voile frangé.

La similitude de la seconde nageoire et les plaques écailleuses du corps, paraîtraient devoir en rapprocher les callichthes, qui ne peuvent cependant pas s'éloigner des doras, et qui tiennent aux siluroïdes ordinaires par la liberté des mouvemens et des articulations de l'opercule et des autres pièces de l'appareil operculaire.

Les hétérobranches ont montré des caractères particuliers propres à eux, qui ne se trouvent plus dans les autres siluroïdes. Les loricaires en ont aussi de très-remarquables, qui rappellent ceux des asprèdes; leurs préopercules sont immobiles : on voit cependant deux petites plaques détachées du grand appareil operculaire, qui semblent tenir lieu de l'opercule et de l'interopercule; celui-ci même, dans quelques espèces, est mobile, et porte des épines pointues et crochues, assez semblables aux dents du poisson.

La membrane branchiostège a quatre rayons; le premier rayon de la dorsale, de la pectorale, et quelquefois de la ventrale, est osseux, dentelé et hérissé de fortes épines.

Ces poissons n'ont pas de vessie aérienne : leur intestin varie de forme et de longueur. Le dessus du crâne est prolongé en arrière par un interpariétal dont les productions forment une sorte de première écaille qui va se joindre aux deux plaques développées sur les interépineux de la première vertèbre, et dont la seconde fait le chevron sur lequel joue et se fixe le rayon épineux de la dorsale.

Les mastoïdiens et les surscapulaires élargissent le crâne sur les côtés et forment la grande voûte osseuse, donnant à la partie antérieure de l'abdomen la largeur nécessaire pour contenir la masse viscérale.

Les apophyses de la grande vertèbre sont des lames courbes en forme de sabre; elles s'appuient sur le corps de la vertèbre, et en dessus, par une longue apophyse styloïde, sous la crête verticale de l'occipital.

La ceinture humérale est très-forte quand on l'examine sur le squelette; l'huméral constitue une large cloison osseuse qui ferme en avant l'abdomen; les coracoïdiens, pliés en V, donnent de la solidité aux côtés du corps, pour soutenir les angles et les boucliers osseux de la peau.

Ils montrent bien encore ici que le rayon épineux de la pectorale ne doit pas être regardé, ainsi que l'a voulu M. Geoffroy Saint-Hilaire, comme analogue du coracoïdien. Le cubital, plié en dessous horizontalement, soutient la ceinture du plastron pectoral, et va se rejoindre au radial, qui est plus en avant.

Je ne trouve que huit vertèbres abdominales, portant côtes fines comme des soies. Il y a seize vertèbres caudales, dont les apophyses épineuses, supérieures et inférieures, sont élargies en grandes lames soudées entre elles; d'où il résulte que la mobilité de la colonne vertébrale doit être presque nulle. Ce que l'on pouvait prévoir à l'avance par la nature des tégumens de ces poissons.

Les apophyses épineuses supérieures des premières vertèbres sont divisées en deux lames aplaties, qui remontent jusque sous les plaques osseuses du bord de la dorsale. Elles embrassent les interépineux de la nageoire, qui descendent obliquement sur le corps de la vertèbre : il y a sept apophyses ainsi divisées, à partir de la troisième vertèbre. Les interépineux des trois premières vertèbres dorsales sont des lames, assez larges, soudées entre elles, soutenant le bouclier qui réunit le chevron du premier rayon à la proéminence interpariétale.

Toutes les espèces connues de ces poissons cuirassés viennent de l'Amérique méridionale, et principalement des contrées les plus chaudes. Cependant elles avancent vers le sud jusqu'au Chili, et M. Pentland les a vues s'élever, dans les Cordillères du Pérou, jusqu'à plus de 5000 mètres au-dessus du niveau de la mer.

DES LORICAIRES.

Ces poissons cuirassés ont la tête aplatie, la queue grêle et comprimée, un voile labial garni de barbillons, et quelquefois couvert de cirrhes et de tubercules charnus souvent assez longs ou assez gros.

Elles n'ont qu'une seule dorsale, c'est-à-dire, pas de nageoire adipeuse.

Ainsi, les loricaires sont en quelque sorte de vrais silures à corps cuirassé, comme les hypostomes en sont les pimélodes.

La Loricaire cuirassée.

(*Loricaria cataphracta*, Linn.)

Les caractères de ce poisson se font remarquer au premier coup d'œil. Il est déprimé et cuirassé; sa tête surtout est très-plate et ses bords tranchans. Les carènes des pièces écailleuses dont le corps est revêtu, forment de chaque côté deux angles saillans et hérissés qui se réunissent en un seul sur les côtés de la queue. Enfin, le lobe supérieur de la caudale est terminé par un filet presque aussi long que le corps.

Sa hauteur, prise entre la tête et la dorsale, où le dos est un peu élevé, ne fait que les trois cinquièmes de sa largeur au même endroit, et est comprise dix fois dans sa longueur totale, sans compter le filet terminal.

La tête est un peu plus large et plus plane entre les opercules, et se déprime encore en avant, où la circonscription horizontale du museau forme un angle curviligne d'environ soixante-cinq degrés, un peu arrondi à son sommet. La longueur de la tête, prise du bout du museau à la nuque, surpasse sa largeur de plus d'un quart. En arrière, le corps et la queue vont en diminuant de largeur, et encore plus d'épaisseur, en sorte qu'il n'y a plus, vers la base de la caudale, que le cinquième de la largeur d'entre les pectorales, et que la hauteur n'y est que des deux cinquièmes de la largeur. Les bords de la tête, du bout du museau aux angles des opercules, interceptent un triangle, dont la base idéale, égale à la largeur de la tête, est d'un cinquième moins que la hauteur.

Les yeux sont percés sur cette ligne de base, de façon que leur intervalle en forme le quart, et a moitié en sus de leur diamètre transverse. La distance de cette ligne à la nuque est une fois et demie dans sa distance au bout du museau. Les yeux se dirigent obliquement vers le ciel. Les orbites sont

ovales. Leur grand diamètre est du tiers de leur
distance au bout du museau, et du cinquième de la
longueur de la tête. Leur bord supérieur est comme
dentelé par de petites âpretés, et ils échancrent un
peu le crâne en arrière. Les narines sont en avant
des yeux, à un cinquième de cette même distance;
elles sont un peu plus rapprochées que les yeux, et
ont chacune leurs deux orifices percés, très-près
l'un de l'autre, dans une fossette membraneuse. L'antérieur est rond et découvert; le postérieur ovale,
couvert par un lambeau de membrane qui se couche
dessus, et qui peut se relever verticalement.

Tout le dessus de la tête jusqu'à la nuque, ainsi
que les pièces operculaires et les os des épaules
formant les angles latéraux de cette surface, sont
couverts de plaques âpres, anguleuses, irrégulières,
jointes ensemble par des sutures, et dont les postérieures, celles qui couvrent la région des tempes,
sont les plus grandes. L'âpreté se continue un peu
sous le bord du triangle; mais le reste de la face
inférieure de la tête n'est garni que d'une peau molle
et lisse.

La bouche est sous le museau au quart de sa distance à cette ligne imaginaire qui va d'un opercule
à l'autre. Son ouverture est ovale et transverse; elle
est entourée d'un voile membraneux, plus large en
arrière, où il est divisé par une échancrure en deux
lobes arrondis, et dont la surface est hérissée de
soies molles, éparses, et les bords ciliés de soies
semblables, mais plus longues; il y en a surtout une
de chaque côté, qui peut passer pour une espèce

de barbillon cilié et accompagné sur sa longueur
d'une production du voile. Le très-petit maxillaire
est caché dans le bord latéral du voile et dans la
racine du barbillon dont nous venons de parler.
Dans le bord antérieur de ce voile sont enfermés
les intermaxillaires, petits, mobiles, sans pédicules
montans. Chacun d'eux porte quatre ou cinq petites
dents longues, grêles, arquées, pointues et ayant un
petit crochet au-dessus de leur pointe. La mâchoire
inférieure est composée aussi de deux pièces mobiles, transverses, qui répondent aux intermaxillaires et portent des dents un peu plus nombreuses,
plus courtes et presque fourchues. Toutes ces dents
sont d'un rouge doré. En dedans de la bouche,
derrière les intermaxillaires, est le voile ordinaire
du palais, il est assez large. L'opercule est triangulaire et fort petit; il n'y a pas de sous-opercule. Le
préopercule forme le bord même de la tête à l'angle
dont nous avons parlé, et son âpreté se change
presque à sa pointe en petites épines. L'interopercule le continue en avant. Ces pièces sont garnies des mêmes âpretés que le dessus de la tête. La
fente des ouïes entame la ligne transverse d'entre les
opercules en dessus d'un huitième, en dessous d'un
quart. La membrane est à la face inférieure, lisse
comme le reste du dessous de la tête; elle contient
quatre rayons robustes, déprimés, dont les deux supérieurs sont très-larges. Immédiatement derrière
la nuque sont six écailles anguleuses, formant un
arc concave en arrière. A ses côtés, derrière les opercules, sont les os de l'épaule, et derrière ces os deux

écailles, qui commencent la deuxième série des boucliers latéraux du corps. L'épaule est si avancée
que l'attache des pectorales est sur la même ligne
transverse que le bord postérieur des yeux. Elles
sont à peu près horizontales; leur premier rayon,
du sixième de la longueur totale, sans le filet, est
âpre, robuste, tranchant au bord externe, flexible
vers le bout, légèrement arqué; les autres, au nombre
de six seulement, vont en diminuant, et sont branchus et un peu âpres. Les ventrales naissent à la face
inférieure, vis-à-vis le quart postérieur des pectorales. Leur premier rayon, qui est aussi le plus long,
égale à peu près en longueur celui des pectorales,
et est un peu moins roide et plus arrondi. Les suivans, au nombre de cinq, vont aussi en diminuant,
et ont de l'âpreté, surtout en dessus. La distance
entre les ventrales est du tiers de leur longueur. L'anus
est entre leurs bases; mais l'anale ne commence
qu'entre leurs pointes. Sa hauteur égale leur longueur; mais elle est trois fois moins longue que
haute, et n'a aussi qu'un premier rayon rond, âpre,
flexible, et cinq branchus, mais presque lisses. La
dorsale répond au-dessus des ventrales; elle occupe
en longueur un espace égal au onzième de celle du
poisson, sans le filet. Sa hauteur en avant est plus
que triple de sa longueur. Son premier rayon est
simple, rond, flexible, et suivi de sept branchus,
dont le dernier n'a que moitié de la longueur du
premier. La caudale est un peu échancrée; ses lobes
ont le septième de la longueur totale. On y compte
douze rayons, dont dix branchus, et les deux ex-

trêmes simples et âpres. Le supérieur se prolonge,
comme nous l'avons dit, en un fil de la longueur
du corps.

B. 4; D. 1/7; A. 1/5; C. 10; P. 1/5; V. 1/5.

Les boucliers qui cuirassent le tronc sont disposés diversement, selon les régions ; immédiatement derrière la rangée de la nuque, il y en a un
à deux crêtes au milieu et quatre de chaque côté,
dont les trois premiers ont des crêtes; celle du troisième forme l'angle latéral ; le quatrième appartient
à une rangée qui borde la poitrine en dessous.
Cette disposition se répète encore une fois. A la
troisième rangée, qui est immédiatement devant la
dorsale, le bouclier du milieu se soude aux deux
latéraux les plus voisins, arrangement dont il résulte qu'indépendamment des crêtes des angles latéraux, dont nous allons parler, il y a sur le dos,
avant la dorsale, trois rangées transverses de ces
crêtes, de quatre chacune, et plus en avant encore
on en voit sur le milieu du dernier bouclier de la
tête : aux quatre rangées qui accompagnent la dorsale
il n'y a pas de bouclier du milieu; mais il y en a
quatre de chaque côté, de ce point jusque vers le
milieu de la queue; les huit ou neuf rangées transverses sont composées de six pièces : une supérieure,
deux de chaque côté, et une inférieure. Les supérieures sont plus larges que longues, et ont dans le
milieu un lobe saillant et arrondi. Les latérales ont
une crête crénelée et terminée en pointe aiguë; en
sorte que dans tout cet espace le corps a de chaque
côté deux angles très-marqués, formés par des séries

de crêtes crénelées; mais au-delà de la neuvième
rangée, il n'y a plus qu'une pièce latérale, portant
deux crêtes contiguës : ainsi, ce qui reste de la
queue et qui est couvert par quinze rangées, n'a
que quatre pièces, et les côtés en sont simplement
tranchans et dentelés. Les pièces inférieures, entre
l'anale et la caudale, au nombre de vingt-deux, sont
simples comme les supérieures; mais le long de
l'anale il y en a quatre de chaque côté, aussi comme
à la dorsale, et entre l'anale et l'anus il y en a trois,
dont l'antérieure seulement est divisée. Quant à l'espace entre l'anus et la partie nue de la gorge, il est
garni de chaque côté par les plaques de la quatrième
série latérale; lesquelles sont en nombre double de
celles des troisième et deuxième séries, et en conséquence plus larges que longues. L'entre-deux de ces
deux séries et celui des pectorales et des ventrales est
garni de beaucoup de petites plaques irrégulièrement
anguleuses, dont la partie rétrécie entre les deux séries a environ trois ou quatre rangs, mais qui sont
beaucoup plus nombreux sous la ceinture humérale,
entre les pectorales. Toutes ces plaques sont légèrement âpres, excepté celles du dessous de la queue,
qui sont lisses. Trois pièces, longues et pointues, se
portent de chaque côté sur la base de la caudale.

Ce poisson paraît en entier d'un brun olivâtre
clair. La longueur de notre principal individu est
de près de onze pouces, sans le filet, qui en a plus
de dix, et ne paraît pas entier. Nous en avons des
individus plus petits, où le filet est de moitié plus
long que le corps.

15. 30

Cette espèce habite la Guiane : nous l'avons reçue de Surinam par Levaillant, et de Cayenne par M. Banon et par M. Frère. Celui-ci nous apprend qu'elle est connue à Cayenne sous le nom de *pilote*.

C'est le véritable *loricaria cataphracta* de Linné, comme il est aisé de s'en convaincre par la figure qu'il en donne dans le *Musée d'Adolphe-Fréderic*, pl. XXIX, figure excellente, où seulement le barbillon latéral est trop court; mais Linné l'a confondu à tort avec une espèce de Gronovius (*Mus.* n.° 68, pl. II), dont nous parlerons plus loin; tandis qu'il en sépare le n.° 69, qui est bien de l'espèce actuelle, ou de celle qui va suivre.

La Loricaire petite vieille.

(*Loricaria vetula*, nob., *apud* d'Orb., Voy. dans l'Amér. mér., atlas ichth., pl. 6, fig. 2.)

Cette espèce offre absolument les mêmes caractères que la première pour le nombre et la disposition des parties; mais ses proportions sont moins alongées, ses pectorales plus grandes; sa surface est plus âpre, son museau plus obtus, ses yeux plus petits, ses narines plus avancées, et ses dents blanches se terminent en tranchant arrondi, légèrement doré.

Sa largeur entre les opercules n'est que huit fois dans sa longueur, et égale celle de la tête. L'angle que forme le museau serait droit, si le sommet n'en était un peu arrondi. Le diamètre des yeux n'a que le cinquième de leur distance au bout du museau, et le neuvième de la longueur de la tête; ils sont à un peu plus de deux diamètres transverses l'un de l'autre. Leur orbite n'est pas échancré en arrière. Les barbillons latéraux sont plus longs et mieux séparés du voile. Le premier rayon des pectorales est du quart de la longueur du corps, et celui des ventrales d'un tiers moindre. La distance entre les ventrales n'est que du tiers de leur longueur. La dorsale occupe le huitième de la longueur totale. Les plaques du dessous de la poitrine, entre les quatrièmes séries latérales, sont infiniment plus nombreuses; on peut en compter plus de vingt ou de vingt-cinq d'un bord de cet espace à l'autre.

Tout ce poisson paraît d'un brun olivâtre en dessus, jaunâtre en dessous. En avant du bord antérieur de chacun des rayons de sa dorsale, il y a une rangée de petites taches noires. Les intervalles des rayons de ses pectorales sont d'un brun foncé, avec des taches transversales noires. Il y a quelques points noirâtres sur les ventrales.

L'individu est long de dix-huit pouces, et le fil en a quinze.

Il a été apporté à M. d'Orbigny en Octobre par des pêcheurs des environs de Buénos-Ayres, où il doit être d'une grande rareté; car ces pêcheurs assurèrent que c'était le premier de cette espèce qu'ils eussent aperçu. Ils l'appelaient *vieille à longue queue* : il avait été pris à la seine. C'est d'après cet individu que nous en donnons une bonne figure dans l'atlas ichthyologique de ce voyageur, pl. VI, fig. 2.

La même espèce avait été vue par Commerson, et il en a laissé deux dessins accompagnés d'une description incomplète. Ces figures sont faites d'après un individu où la queue était mutilée. L'auteur les intitule : *esturgeon cuirassé de la rivière de la Plata*, et M. de Lacépède en a fait graver un (t. V, pl. IV, fig. 1), mais en le rapportant faussement, comme variété, à sa *loricaire tachetée*.

Nous avons trouvé aussi parmi les dessins de Feuillée, conservés dans la bibliothèque de feu M. Huzard, deux figures qui, pour le contour, nous paraissent de cette espèce, mais qui montrent sur le dos trois larges bandes noirâtres, et en avant de la dorsale, ainsi que sur les pectorales, des points de la même couleur; le tout sur un fond roussâtre. Leur étiquette est simplement *piscis caudatus*.

La LORICAIRE A VENTRE NU.

(*Loricaria nudiventris,* nob.)

Cette nouvelle espèce présente un caractère
qui lui est commun avec des Rinelepis : c'est
d'avoir le dessous du thorax nu.

La tête est un peu plus large, et son museau un
peu plus obtus que dans la première espèce, sans
l'être autant que dans la seconde. Ses proportions
sont encore plus courtes que dans celle-ci. Sa largeur aux pectorales n'est que cinq fois dans sa longueur ; celle de sa tête y est quatre fois et demie.
Ses yeux ont le septième de la longueur de la tête,
et sont à quatre de leurs diamètres du museau, et
à deux diamètres l'un de l'autre. L'orbite n'est presque pas échancré en arrière ; elle a les mêmes crêtes
que les deux précédentes sur le devant du dos et sur
les côtés, mais les deux sur l'arrière de la tête lui
manquent : ces crêtes latérales sont sur deux angles,
jusqu'à la vingtième rangée ; mais il n'y a ensuite
que dix rangées à tranchant simple. Toutes ses parties sont plus âpres, surtout les rayons de ses nageoires. Les pectorales sont plus courtes que la tête
de près d'un tiers, et leur premier rayon est rond
et très-hérissé. Le premier rayon des ventrales l'égale
et est tout aussi âpre.

Le principal caractère de cette espèce consiste dans
la peau nue de la gorge. Cette peau molle se continue
jusques entre les ventrales, sans aucunes pièces dures.

Il n'y a que quatre boucliers à la rangée inférieure de chaque côté entre la pectorale et la ventrale.

Ses dents ressemblent à celles de la première espèce, et le voile de sa bouche paraît avoir été cilié à peu près de la même manière; cependant, comme l'individu est desséché, je ne puis répondre de cette dernière circonstance. Je ne puis dire non plus si le rayon supérieur de sa caudale était prolongé, attendu que cette nageoire est mutilée dans notre échantillon.

B. 4; D. 7; A. 5? C. 12; P. 7; V. 7.

Sec comme il est, il paraît d'un gris brun, et l'on y voit sur le dos, entre la dorsale et la caudale, quatre bandes transversales noirâtres. Les nageoires paraissent avoir eu des points bruns dans les intervalles de leurs rayons.

Ce poisson a été pris dans la rivière de Saint-François au Brésil, et donné au Muséum par M. Auguste de Saint-Hilaire.

La LORICAIRE VIEILLE.

(*Loricaria anus*, nob., *apud* d'Orbig., Voy. dans l'Amér. mér., atl. ichth., pl. 6, fig. 1.)

Cette espèce a, comme la précédente, deux rangées de crêtes sur les côtés,

mais elle n'en a aucunes sur la tête ni sur le devant du dos; celles des côtés continuent de former des angles séparés jusqu'à la trentième rangée, et il n'y en a ensuite que quatre ou cinq où elles soient rappro-

chées. Ses formes, les proportions de ses nageoires,
sont d'ailleurs à peu près les mêmes; mais son museau est moins obtus; ses orbites moins prolongés
en échancrure, et leur longueur à peine du septième
de celle de la tête. Leur diamètre transverse est de
moitié moindre, et ils sont à trois diamètres l'un de
l'autre. Nous ne lui voyons pas de dents; elles sont
probablement tombées, car M. d'Orbigny dit dans
les notes qui accompagnent ces poissons et qu'il
a bien voulu nous communiquer, qu'il y en a de
semblables à des poils. Au lieu d'une seule rangée de
boucliers transverses sous la poitrine, il y a une
double rangée de plaques disposées alternativement.
Le voile de sa bouche, beaucoup moindre que dans
la précédente, est charnu, papilleux, divisé en arrière
en deux lobes arrondis, et a de chaque côté quelques cils et un barbillon pointu. Il ne paraît pas que
le premier rayon de la caudale se prolonge beaucoup.

B. 4; D. 1/7; A. 1/6; C. 12.

Sa couleur est d'un gris brunâtre, avec cinq ou
six larges bandes noirâtres en travers du dos, dont
une sur la nuque, une sous la dorsale, et quatre
entre la dorsale et la queue. Les nageoires sont jaunâtres, avec des points ou des taches noirâtres entre
les rayons, excepté la caudale, qui est toute jaunâtre.

M. d'Orbigny a envoyé au Muséum deux
individus de dix-sept et de dix-huit pouces.
Ils ont été pris sur les bords de la rivière
de la Plata près de Buénos-Ayres, dans des
trous de pierres, lorsque la rivière était très-

basse : les jeunes se tiennent en troupes sous les pierres; plus âgée, elle vit isolée entre les rochers.

C'est d'après ces individus que nous avons donné la figure de cette espèce dans l'atlas zoologique du Voyage de M. d'Orbigny, pl. VI, fig. 1.

Les colons espagnols lui donnent le nom de *vieille,* en commun avec d'autres espèces du genre, et avec des doras et des callichthes.

M. Menestrier nous a envoyé de Rio-Janéiro un dessin que nous rapportons à cette espèce, sur lequel il a inscrit le nom portugais *cachimtâo*.

La Loricaire pointue.

(*Loricaria acuta,* nob.)

Cette espèce, dont nous n'avons qu'un individu sec et à nageoires peu complètes,

a le museau aussi aigu que la première, et la tête encore plus étroite. Sa largeur est une fois et demie dans sa longueur; du reste, ses proportions sont à peu près les mêmes. Son orbite a derrière l'œil un prolongement triangulaire, creusé dans l'os du crâne, et dont on voit à peine un commencement dans les précédens; en sorte que sa longueur est de près du quart de celle de la tête. Le diamètre de l'œil est d'un quart moindre, et les yeux sont à un peu plus d'un diamètre de distance. Les crêtes latérales sont

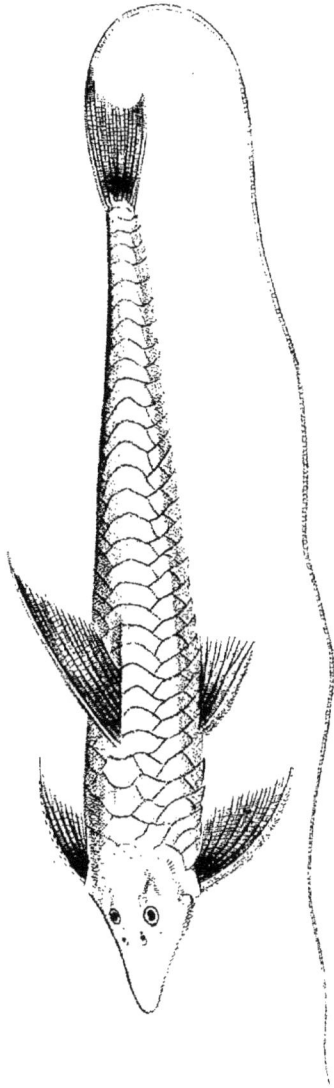

LORICAIRE pointue.

LORICARIA acuta, nob

Acarie-Baron pinx.   *Impr.ⁱᵉ de Langlois*   *Dumont sculp.*

aussi marquées; mais celles du dessus du dos sont
presque effacées. Les deux angles latéraux sont, jusqu'à la dix-neuvième plaque, suivis de douze rangées à tranchant simple. Les maxillaires sont au moins
deux fois aussi longs à proportion que dans la première espèce, et je ne vois aucunes dents aux mâchoires. Toutefois je n'ose répondre de ce caractère,
et-je ne puis dire ni comment était le voile, ni si le
rayon supérieur de la caudale se prolongeait. Le
dessous de la poitrine est garni d'une seule rangée de
plaques transverses, au nombre de six, et il y en a
six autres de chaque côté entre la pectorale et la
ventrale. Les boucliers ont à peine de l'âpreté. Les
premiers rayons des pectorales sont comprimés et
tranchans; ceux des ventrales, plus arrondis, paraissent avoir été au moins aussi longs. Tous sont
presque lisses.

D. 8; A. 6; C. 12; P. 7; V. 6.

Notre individu, long de huit pouces, paraît
tout entier d'un brun jaunâtre. Le Cabinet du
Roi l'a reçu de celui de Lisbonne. On peut
croire qu'il venait du Brésil.

La Loricaire tachetée.

(*Loricaria maculata*, Bl., pl. 375, fig. 1 et 2.)

Le museau de cette espèce est plus obtus
que dans les espèces précédentes;

mais sa tête est moins large en arrière, et, les côtés
en étant curvilignes, sa circonscription horizontale

est à peu près parabolique. Ses orbites ont leur bord antérieur sur le milieu de la longueur de la tête, et en arrière une échancrure oblongue et obtuse aussi grande que l'œil, en sorte que la longueur de l'œil fait plus du quart de celle de la tête du museau à la nuque. Le diamètre transverse est moitié moindre. L'intervalle des yeux est d'un peu plus de deux de ces diamètres transverses. Il n'y a point du tout de crêtes sur la tête et le devant du dos; mais celles des côtés du corps sont encore assez marquées; elles forment deux angles jusqu'à la vingtième rangée; les neuf rangées suivantes les ont réunis. Le dessous de la poitrine est cuirassé de bandes transverses sur une seule rangée, qui se joignent aux bandes latérales, comme dans l'espèce précédente. Ce n'est qu'entre les pectorales qu'elles se subdivisent un peu. La surface de la tête et des boucliers est peu rude. Les premiers rayons des pectorales, des ventrales, de la dorsale et de l'anale sont ronds, peu gros et âpres. Les ventrales sont un peu plus longues que les pectorales, et d'un peu moins du septième de la longueur totale. Le rayon supérieur de la caudale ne se prolonge que d'à peu près la longueur de cette nageoire. Les maxillaires sont assez longs, et le voile qu'ils supportent est grand, mais non garni de soies, ou de cils. Il a seulement ses bords un peu déchirés. Le barbillon, si on peut l'appeler ainsi, ne s'y montre que comme une pointe peu saillante à l'angle latéral postérieur. Je ne vois aucunes dents aux mâchoires.

B. 4; D. 7; A. 6; P. 6; V. 6; C.?

Notre individu, long de dix pouces, paraît d'un gris brunâtre, et a des points noirâtres sur les nageoires, l'anale exceptée.

La figure de Bloch (pl. 375, 1, 2), qui le représente assez bien pour le trait, lui donne de plus une grande tache brune sur le lobe inférieur de la queue, et des bandes violâtres et des points bruns sur le corps. M. d'Orbigny, au contraire, lui donne une teinte gris-brun uniforme en dessus, un peu rosée en dessous. Ce zélé voyageur l'a trouvé aux Missions près de l'*Ibera-Tingay*, dans un marais formé lors des crues par les eaux du Parana. Il était sur la vase encore vivant, quoiqu'il parût peu agile. On ne le mange pas dans le pays, mais les Guaranis se servent de sa peau comme d'une râpe : ils le nomment *ynya*, et la peau *ynyambi*. Aussi est-ce en suivant les renseignemens de M. d'Orbigny que j'en ai fait donner une figure dans la partie ichthyologique de l'atlas de zoologie du Voyage dans l'Amérique méridionale. L'espèce est représentée pl. VI, fig. 3.

C'est non-seulement, comme l'a bien vu Bloch, le *plecostomus* n.° 68 du *Museum* de Gronovius, pl. II, fig. 1 et 2, que Linné a confondu mal à propos avec son *loricaria cataphracta;* mais je pense que c'est encore le sujet de la figure de Seba, tom. III, pl. XXIX,

n.° 14, que Linné et Bloch citent aussi sous
le nom de *Lor. cataphracta.*

Dans son Système posthume Bloch a encore
mêlé autrement la synonymie de ces deux espèces : il a un *loricaria cataphracta* tout différent du véritable, le *plecostomus* n.° 167 du
Muséum de Gronovius et la figure 12 de la
planche XXIX de Seba, qui est notre *hypostomus cirrhosus* ou le *Hyp. Temminckii;* ensuite, il fait du véritable *Lor. cataphracta* de
Linné une espèce qu'il nomme *Lor. cirrhosa,*
et à laquelle il ajoute le *Lor. maculata* actuel
comme synonyme. C'est une confusion que
nous espérons maintenant avoir débrouillée.

La LORICAIRE LISSE.

(*Loricaria læviuscula*, nob.)

Cette espèce, encore très-semblable aux
deux précédentes pour les formes, se distingue
cependant beaucoup, en ce que

les angles des côtés de son corps, quoique bien
marqués jusqu'à la vingtième rangée, n'ont point
de crêtes dentelées et épineuses; en ce que ses yeux,
au lieu d'être à peu près au milieu de la longueur
de la tête, sont au tiers supérieur et beaucoup plus
rapprochés l'un de l'autre, n'ayant pas même entre
eux la largeur de leur diamètre transverse; enfin,
en ce que le dessous de sa poitrine est garni de

nombreuses petites plaques disposées irrégulièrement; et dont on peut compter quatre ou cinq
sur une ligne transverse. Ses orbites n'ont en arrière qu'une échancrure triangulaire médiocre. Leur
longueur est d'un peu plus du cinquième de celle
de la tête. Le diamètre transverse a un tiers de moins.
Ses pièces de cuirasse sont très-peu âpres. Son voile,
très-large en arrière, n'est un peu épais et papilleux
que dans deux parties oblongues, latérales. Le bord
antérieur est court, garni, ainsi que les bords latéraux, de filamens charnus. A l'angle postérieur externe de chaque côté est un petit barbillon court et
pointu. Dans la partie antérieure du voile sont sus-
pendus deux petits intermaxillaires, portant chacun
une rangée de dents fines, serrées, formant un peigne
couché contre la gencive; elles se terminent en crochet bilobé. La mâchoire inférieure en a deux paquets
tout semblables.

Le premier rayon des ventrales est plus gros que
celui des pectorales; celui-ci est un peu tranchant.
Tous deux sont âpres, et à peu près du sixième de
la longueur du poisson. La caudale en a le septième.
Son rayon supérieur se prolonge peu.

B. 4; D. 1/7; A. 1/5; C. 12; P. 1/6; V. 1/5.

Ce poisson, dans la liqueur, paraît d'un brun
roussâtre. Le dessus de sa tête et sa nuque sont semés de points noirâtres, et l'on voit les restes de
deux séries de ces points régnant de chaque côté.
Il y en a aussi quelques-uns sur les pectorales et la
base de sa dorsale.

Notre individu est long de onze pouces, et

vient de l'ancien Cabinet : on ignore son origine.

La Loricaire a bec.

(*Loricaria rostrata,* Spix.)

La loricaire à bec (*loricaria rostrata* de Spix, pl. III, se distingue de toutes les précédentes .

par son museau encore plus étroit et plus alongé qu'à notre *Loricaria acuta.* Chaque angle du voile a un petit barbillon. Les premiers rayons des nageoires sont grêles; celui de la pectorale a le bord un peu rude. On ne peut indiquer la longueur de celui de la caudale, qui était cassé.

D. 1/7; A. 1/5; C. 12; P. 1/6, V. 1/5.

Les pièces osseuses qui enveloppent son corps ne paraissent avoir ni crêtes saillantes ni épines, mais former seulement deux angles latéraux, qui s'unissent à la vingt-sixième rangée, laquelle en laisse encore cinq ou six après elle entre les pectorales. Les pièces qui garnissent la poitrine sont sur cinq ou six par rangée transverse; entre la pectorale et l'anus elles sont sur trois rangées.

Tout ce poisson paraît lisse à l'œil nu, excepté au museau et sur les rayons, où il y a une âpreté plus marquée. La figure le représente d'un jaune d'ocre; les nageoires grises.

Il y en a au Musée de Munich un individu dans la liqueur, long de sept pouces et demi, venu du Brésil.

La LORICAIRE BRUNE.

(*Loricaria brunnea*, Hancock.)

Le docteur Hancock, dans le Journal zoologique de Londres, n.° 14, p. 247, parle d'une loricaire de l'Orénoque,

qui aurait les plaques pectorales sur une seule rangée, occupant toute la largeur, et marquées seulement d'une ligne sur leur milieu; les pièces de cuirasse très-anguleuses, à crêtes barbelées, dont la dorsale n'aurait que six rayons, et dont la bouche manquerait de barbillons à la bouche.

D. 1/5; A. 1/5; C. 12; P. 1/5; V. 1/5.

Cette espèce, que nous ne connaissons point, est brune, longue de dix à douze pouces, et se trouve dans les rivières et dans les lacs qui s'écoulent dans l'Orénoque. Les colons la nomment *corroncho,* et les sauvages Ouarous, *guasiguaru.*

DES RINELEPIS.[1]

MM. Spix et Agassiz ont établi sous ce nom, qui exprime que les écailles de ces poissons sont couvertes d'âpretés semblables à celles des limes, un genre démembré des loricaires. Les

---

1. Ρίνη, lime, λεπίς, écaille.

espèces n'ont, comme ces dernières, qu'une seule dorsale ; mais les Rinelepis ont le corps gros et trapu des Hypostomes ; les plaques osseuses à peu près disposées comme des écailles ; le plus souvent la lèvre postérieure est seule élargie et prolongée en voile membraneux. On pourrait ne les regarder que comme une simple division des loricaires ; cependant elles n'ont que trois rayons à la membrane branchiostège : elles viennent des mêmes contrées.

Le RINELEPIS ÉLANCÉ.

(*Rinelepis strigosa*, nob.)

Cette première espèce semblerait lier le genre des loricaires et celui dont nous traitons.

Celle-ci n'a sa largeur aux pectorales, qui est aussi la longueur de sa tête, que trois fois et deux tiers dans la longueur totale. Sa hauteur au même endroit est d'un tiers moindre. De là, le dessus de la tête descend obliquement en demeurant presque plan, et sans que le museau se rétrécisse beaucoup, en sorte qu'il se termine comme par une troncature. La bouche est près de l'extrémité antérieure, fendue en travers, et n'a, au lieu de voile, qu'un repli étroit à l'angle et à la lèvre postérieure, lequel s'aiguise néanmoins de chaque côté en un tentacule court et pointu. Les dents sont à chaque mâchoire sur un seul rang, nombreuses, fines comme des cheveux, terminées en crochets aigus, simples et dorés. Les yeux sont petits, ronds, sans échancrure à l'orbite. Leur diamètre est du dixième de la longueur de la tête, et ils sont à six diamètres du bout du museau et à la même distance l'un de l'autre. La fossette où sont percés les deux trous de la narine est à deux diamètres en avant, mais un peu plus en dedans. L'opercule et l'interopercule cachent tout-à-fait la membrane des ouïes, qui est mince et n'a que trois rayons plats. Le premier rayon de la pectorale a le cinquième de la longueur totale; il est gros et un peu comprimé à sa base; vers le bout il devient rond et obtus. Son bord externe et presque tout son pourtour vers l'extrémité, sont non-seulement âpres, mais vraiment hérissés de petites épines serrées. Le premier rayon des ventrales, celui de la dorsale, et les deux extrêmes de la caudale, sont aussi ronds, gros et très-âpres. La dorsale occupe le sixième de la longueur du corps, et a quelque chose de moins en hauteur. Les pectorales, les ventrales et la caudale sont aussi d'un sixième de la longueur totale. La caudale a son bord postérieur en arc légèrement rentrant. L'anale est d'un quart moins haute que la dorsale, et de moitié moins longue.

B. 3; D. 1/7; A. 1/5; C. 16; P. 1/6; V. 1/5.

Toutes les pièces qui couvrent la tête, et qui sont très-multipliées sur le museau, sont fort âpres. Les lèvres, un repli tenant à l'interopercule, et qui recouvre la membrane des ouïes, ainsi que tout le dessous de la gorge et de la poitrine, et même le ventre jusqu'à l'anale, sont également garnis de très-nombreuses petites pièces anguleuses, irrégulières et âpres; mais de chaque côté du corps et autour de la queue il y a cinq rangées longitudinales de pièces ou d'écailles osseuses, et vraiment hérissées, surtout aux bords; celles de la troisième rangée de chaque côté ont le bord légèrement échancré au milieu, seul vestige de ligne latérale. Derrière la dorsale il y a d'abord sept paires d'écailles appartenant à la première rangée longitudinale de chaque côté. Entre la huitième paire en est une petite, unique et impaire, premier indice de la deuxième dorsale des hypostomes. Ensuite les écailles des deux rangées se réunissent, et il n'y en a plus qu'une seule série impaire sur le dos de cette dernière partie de la queue; elle est composée de sept pièces, dont les deux dernières sont étroites; celle qui termine est pointue et appuie sur la base du rayon supérieur de la caudale. Sur la base de cette nageoire est de chaque côté une ligne verticale, de neuf ou dix pièces écailleuses et triangulaires.

Ce poisson est tout entier d'un brun noirâtre.

Notre individu est long de treize pouces.

Selon M. d'Orbigny, à qui nous le devons, la taille de l'espèce va de douze à quinze ou seize pouces. Ce naturaliste l'a rencontrée dans le Parana et d'autres rivières de la province de *Corrientes,* surtout dans les petites, à fond sablonneux. Elle se tient souvent sous des pierres, comme d'autres poissons de ce genre; et quoique répandue sur un grand espace, elle

'n n'est abondante nulle part. Son genre de vie
est tranquille et pacifique. Les Guaranis l'appellent, comme ses congénères, *tandei* (vieille),
et les Espagnols *viega,* ce qui est la même chose.

Lè RINELEPIS APRE.

(*Rinelepis aspera*, Sp.)

Une seconde espèce de ce groupe, qui nous
paraît le *rinelepis aspera* de Spix,

a les formes et à très-peu près les proportions de
la précédente; mais l'âpreté de sa surface est plus
rase, plus douce; il n'y a de vraies petites épines
qu'à une partie du bord des écailles et sur le bord
externe du premier rayon pectoral, et toute cette
âpreté est divisée par de petites lignes enfoncées,
très-serrées, en sorte qu'on peut dire que toutes les
parties sont finement striées. Le premier rayon pectoral, qui participe à cette disposition, est très-fort,
du cinquième de la longueur totale, comprimé, légèrement arqué et un peu pointu. Les épines ou les
grains de son bord externe sont petits et serrés. Le
premier rayon de la ventrale est aussi long, mais
plus rond et non strié.

D. 1/7; A. 1/5; C. 15; P. 1/6; V. 1/5.

Les échancrures des écailles de la troisième rangée, qui marquent la ligne latérale, sont plus profondes et plus étroites qu'à l'espèce précédente. Il y
a aussi entre les deux pièces de la huitième paire de
derrière la dorsale une petite plaque impaire. Les
petites sur le bout de la queue sont au nombre de six.

Le bout du museau y est aussi plus arrondi, moins tronqué. La lèvre antérieure, couverte de petites pièces écailleuses, se prolonge de chaque côté en une petite pointe, et il paraît que la postérieure n'avait qu'une très-courte membrane pour tout vestige de voile. Nous ne voyons pas de dents en peignes aux mâchoires : la supérieure en a seulement en velours ras et rare; mais il serait possible que celles en peignes fussent tombées. La figure de Spix en représente de telles.

Cette description est faite d'après un individu desséché, brun noirâtre, de deux pieds de longueur, rapporté du Brésil et donné au Muséum en 1822 par M. Auguste de Saint-Hilaire, qui l'avait pris dans la rivière de Saint-François.

Le Rinelepis barbu.

(Rinelepis genibarbis, nob.)

Le caractère le plus distinctif de cette espèce est un paquet de poils ou d'épines grêles, roides, serrées, qui occupe de chaque côté un espace ovale au bas de son opercule.

Sa tête a à peu près la forme de la moitié d'une pyramide qui aurait six pans; un à chaque joue, et un entre les yeux.

Sa largeur aux opercules, qui est en même temps celle d'entre les pectorales, est trois fois et demie dans sa longueur, mesure qui, en montant du mu-

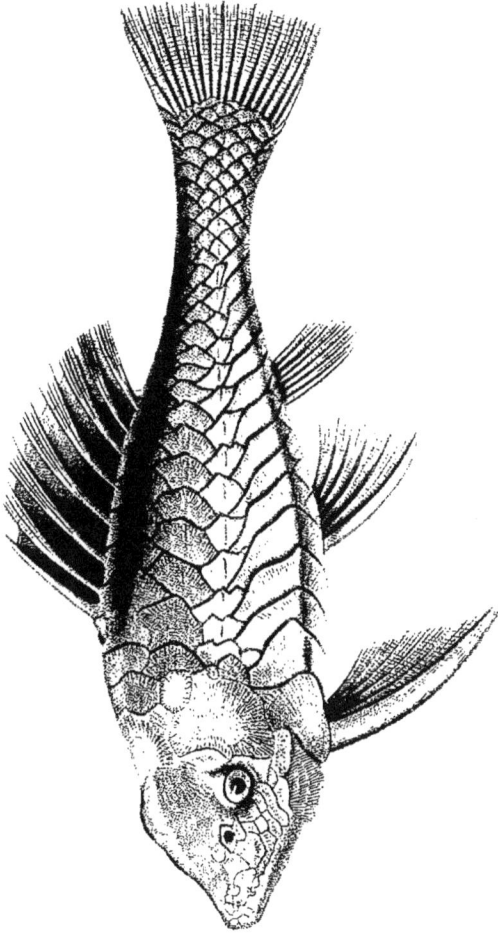

RINELEPIS barbu.

Acarin-Baron pinx.t

RINELEPIS genibarbis, nob.

Imp.rie de Langlois.

Bronrod sculp.t

seau à la nuque, égale cette largeur. Sa hauteur entre
les yeux en fait moitié; mais la nuque se relève et
en a les trois quarts. Les côtés sont curvilignes, et
la circonscription du museau est en angle obtus, arrondi au sommet. La bouche et les dents sont à peu
près comme dans le *Rin. strigosa*. L'œil a le sixième
de la longueur de la tête en diamètre, est à trois
diamètres et demi du bout du museau et à quatre
de l'autre œil. Entre eux, le crâne est plat; et la
nuque est convexe longitudinalement. Le ventre est
presque aussi large que la tête; mais la queue l'est
trois fois moins; elle ne se comprime sensiblement
que vers la caudale. La dorsale occupe un peu moins
du quart de la longueur, et est près de moitié moins
haute que longue. Son premier rayon est rond et de
force médiocre. Le premier des ventrales lui ressemble, et est à peu près de même longueur; mais
le premier des pectorales est beaucoup plus fort,
comprimé, et un peu arqué. Sa longueur est quatre
fois et demie dans celle du poisson. Tous sont âpres;
l'âpreté de celui des pectorales est disposée en stries.
La caudale est coupée carrément; mais ses rayons
extrêmes saillent un peu.

D. 1/7; A. 1/5; C. 14; P. 1/6; V. 1/5.

Tout le corps est âpre, et les âpretés forment en
certains endroits des stries diversement dirigées. Les
pièces osseuses de la seconde et de la troisième rangée ont une arête un peu saillante, et ces dernières,
qui répondent à la ligne latérale, ont une échancrure
au-dessous du bout de leur arête. Celles de la quatrième rangée, qui ont le plus de hauteur, sont lé-

gèrement ployées en angle, selon leur milieu. La cinquième donne neuf ou dix pièces assez petites entre la pectorale et la ventrale; derrière la dorsale il y a dix paires de grandes plaques, ensuite en viennent six petites impaires, dont la dernière, qui est pointue, est sur la base du premier rayon de la caudale. Le bout du museau et tout le dessous de la gorge, de la poitrine et du ventre sont garnis de très-nombreuses pièces irrégulières, plus âpres sous la gorge, plus lisses, plus réunis sous les huméraux.

Notre individu, sec, entièrement brun et long de 15 pouces, a été cédé au Cabinet du Roi par celui de Lisbonne. Il vient probablement du Brésil.

Le Rinelepis porc-épic.

(*Rinelepis histrix*, n.; *Loricaria histrix*, Vandelli.)

Feu M. Vandelli, directeur du Cabinet de Lisbonne, avait envoyé à M. de Lacépède les figures d'une espèce de ce groupe, très-remarquable non-seulement parce que son opercule est garni de poils épineux comme dans le précédent, mais parce qu'il y a une quantié de poils semblables et beaucoup plus longs sur tout le bord externe de l'épine pectorale.

La largeur de sa tête est trois fois et trois quarts dans la longueur totale, et elle est d'un quart moins longue que large. Son museau est très-obtus et arrondi au bout; son œil n'a que le quinzième de la longueur de la tête, et la distance d'un œil à l'autre est de six diamètres. Les soies qui garnissent le premier rayon pectoral ont moitié de sa longueur dans le milieu, et diminuent vers la base et vers la pointe de ce rayon. Les ventrales paraissent d'un quart moindres que les pectorales; la dorsale occupe le sixième de la longueur, et est un peu plus haute que longue. La caudale a ses angles légèrement saillans. Sa longueur est cinq fois et demie dans celle du poisson. Tout le corps paraît rude; et il y a des crêtes un peu crénelées sur les trois rangées intermédiaires de pièces écailleuses. Sur le bout de la queue en sont cinq ou six impaires, dont la première paraît se relever un peu comme les vestiges de deuxième dorsale, que nous avons vus dans quelques-uns des précédens. Je ne puis décrire les écailles de dessous.

Les figures sont longues de huit à neuf pouces. Je les dois à l'amitié dont cet homme célèbre et excellent m'honorait. Elles faisaient partie des manuscrits que son fils m'a remis de sa part.

Le RINELEPIS HÉRISSONNÉ.

(*Rinelepis acanthicus*, nob.; *Acanthicus histrix*, Spix.)

J'ai déjà dit pourquoi je regardais l'*Acanthicus histrix* de Spix, pl. I, comme du même genre que les Rinelepis.

Ses formes sont les mêmes. Sa tête ne serait que
trois fois et demie dans sa longueur, si les rayons
extrêmes de la caudale n'étaient eux-mêmes prolongés
en filets de la longueur de la tête. Le museau est
obtus et comme tronqué. L'œil n'a que le quinzième
de la longueur de la tête; il est à peu près au milieu
de la joue et fort éloigné de son semblable. Le voile
de la bouche donne de chaque angle un barbillon
grêle, du quart de la longueur de la tête. Les dents
sont en peigne comme dans les précédens, mobiles,
crochues à leur extrémité. Le premier rayon pectoral est d'un sixième plus long que la tête, rond,
obtus, assez fort, et extrêmement hérissé; il atteint
jusqu'à la naissance de l'anale; celui de la dorsale est
pointu et d'un tiers moindre; celui de la ventrale et
celui de l'anale de près de moitié : tous sont très-
hérissés, ainsi que les deux extrêmes de la caudale,
qui est fourchue jusqu'à moitié, et dont les angles se
prolongent en outre en filets, comme nous l'avons dit.

D. 1/8; A. 1/5; C. 16; P. 1/6; V. 1/5.

La tête est très-rude, et cette âpreté se change
vraiment en petites épines sur le museau et au bas
des joues sur l'interopercule; elles sont articulées
sur des fossettes, de manière que M. Agassiz les compare à celles des épines des oursins. Il paraît que
l'opercule a aussi de ces soies épineuses plus longues, comme dans les deux précédens; leurs pointes
sont crochues. Les pièces qui cuirassent le corps
sont âpres, et ont chacune sur leur milieu une petite crête, divisée en quatre ou cinq épines dirigées

vers l'arrière. Le dessous a de petites plaques carrées, fort rudes.

Le cabinet de Munich possède un individu de cette espèce, desséché, d'un brun jaunâtre, long de dix-neuf pouces et demi, sans la caudale, qui, avec ses filets, en a dix et demi : il vient de la rivière des Amazones.

———

DES HYPOSTOMES.

Ce genre a été établi, ainsi que nous l'avons déjà dit, par Lacépède. Il est caractérisé par ce que la seconde dorsale a un rayon antérieur osseux; mais cette nageoire, comme celle des callichthes, est analogue à l'adipeuse.

Ces espèces ont le corps épais et court, la tête est surtout grosse, et donne à ces poissons un singulier aspect : ils viennent tous des rivières de l'Amérique méridionale.

L'Hypostome plécostome.

(*Hypostomus plecostomus*, nob.; *Loricaria plecostomus*, Linn.)

Cette espèce, qui est la plus commune, au moins du côté de la Guiane et de la Colombie, me paraît aussi celle que Gronovius (*Mus.* et *Zoophyl.*, pl. III, fig. 1 et 2) et Bloch, pl. 374, ont représentée. La figure du premier est la plus exacte; elle a été copiée, mais infidèlement, dans l'Encycl. méth., Ichthyol., n.° 260.

La longueur de sa tête jusqu'à la nuque est cinq fois et davantage dans la longueur totale; mais en retranchant la caudale, elle n'y est que trois fois et demie. Sa largeur entre les opercules ou entre les pectorales, ce qui est la même chose, est d'un cinquième moindre, et la hauteur à cet endroit de près de deux cinquièmes. La queue, qui est ronde, n'a guère en diamètre, sous la deuxième dorsale, que le tiers de la largeur à la poitrine. Toutes les parties en sont disposées comme dans les loricaires. La circonscription horizontale du museau est à peu près parabolique. L'œil a son bord antérieur au milieu de la longueur de la tête, et son diamètre est du septième de cette portion du corps; il est à trois diamètres et demi de celui de l'autre côté; sa direction est latérale. Le pourtour de l'orbite est circulaire. Tout le dessus de la tête est âpre. La proéminence interpariétale du casque a une crête un peu aiguë, et se termine en pointe peu acérée. A chacun de ses côtés est une large plaque temporale, et plus bas l'os huméral. L'opercule est très-petit, un peu plus en avant, et triangulaire; il n'y a point de sousopercule. L'interopercule a de petites épines à son extrémité, qui touche à la fente des ouïes et couvre en grande partie une petite membrane, où il n'y a que trois rayons plats. La bouche est entourée d'un voile charnu, papilleux, circulaire, plus large, mais non échancré en arrière, et dont chaque angle a un petit

barbillon du septième de la longueur de la tête. Le
maxillaire est caché dans cette partie du voile. Les
intermaxillaires et les mandibulaires sont, en travers,
mobiles, et portent chacun une trentaine de dents
grêles, rangées en peigne, dont la racine est courbée
en avant et comprimée, et le corps arqué vers l'arrière. La couronne est échancrée, mais un lobe est
plus long que l'autre. L'épine pectorale a le quart
de la longueur du poisson, non compris la caudale.
Ce premier rayon est fort, un peu comprimé; mais,
vers l'extrémité, il s'arrondit davantage. Vers les bords,
son âpreté se change en petites épines, qui, sur la
moitié postérieure, s'alongent et le couvrent presque
tout autour. Le premier rayon de la ventrale est d'un
quart plus court, plus rond, plus mou, et velu
plutôt qu'épineux. Le premier rayon dorsal est d'un
cinquième plus long que le pectoral, beaucoup plus
grêle et moins âpre. Sur sa base est le petit grain ou
vestige de rayon, commun à tous les autres siluroïdes. La dorsale occupe une longueur qui est
cinq fois et demie dans celle du poisson sans la caudale, et la deuxième dorsale est à cette même distance de la première. Les ventrales sont attachées sous
le milieu de la première dorsale. Le premier rayon
pectoral atteint la base de la ventrale. L'anale est vis-
à-vis l'espace qui suit la fin de la dorsale. Son premier rayon est très-grêle. La caudale est fourchue,
mais inégalement, et de façon que son lobe inférieur
est plus long, indépendamment des deux rayons
extrêmes, qui se prolongent de manière que, lorsqu'ils sont entiers, ils ont presque moitié de la lon-

gueur du reste du poisson; mais on les trouve rarement sans mutilation.

B. 3; D. 1/7; A. 1/5; C. 16; P. 1/6; V. 1/5.

Les boucliers dont le corps est cuirassé sont
disposés, comme dans les loricaires, sur cinq rangées, et les deux rangées supérieures, derrière sa
deuxième dorsale, et les inférieures, à compter de la
quatrième, derrière l'anale, se soudent en une rangée
impaire. Mais il existe une différence marquée entre
les deux genres, c'est qu'à la poitrine, entre la pectorale et la ventrale, la cinquième rangée des loricaires n'existe plus dans les hypostomes. Les premières rangées de chaque côté ne forment que trois
paires de pièces en avant de la dorsale, à peine relevées en angles sur les côtés de la nageoire. Ses angles
sont également peu saillans. La deuxième et la quatrième rangée forment des crêtes longitudinales, relevées sur plus ou moins de longueur par une âpreté
plus forte ou même par de petites épines. Sur la fin
de la queue il y a trois ou quatre petites pièces, dont
la dernière est pointue, et sur chaque côté de la base
de la caudale il y en a six, étroites, longues et
aiguës. Le dessous du corps, depuis la bouche jusqu'à l'anus, n'a aucuns boucliers ni plaques, mais
seulement de très-petites écailles rudes, un peu plus
grandes et un peu plus âpres en avant de la base des
huméraux.

La couleur de ce poisson est d'un fauve plus ou
moins vif. Tout le dessus de la tête est couvert de
points ou de petites taches rondes, serrées, d'un
brun noir. Des taches semblables, mais plus larges

et un peu plus espacées, sont semées sur le dessus
et les côtés du corps. Le dessous, entre la gorge et
l'anus, en a de pareilles, mais plus pâles. Je n'en
vois pas sous la queue. A la dorsale, les intervalles
des rayons ont chacun deux rangées de huit ou neuf
taches rondes et noirâtres, dont plusieurs s'effacent
à la rangée antérieure. Il y a des taches semblables
sur l'épine pectorale, et chaque intervalle des rayons
de cette nageoire en a une rangée; il en est de
même des ventrales et de la caudale.

Notre description est faite d'après des individus de douze à quinze pouces, pris par
feu M. Plée dans la lagune de Maracaïbo. Les
créoles de la Colombie les appellent *armadillo*.

On a rapporté à cette espèce le *guacari* de
Margrave (Bras. 166) et de Pison (72); mais,
d'après le nombre des rayons marqués à la
dorsale, ce guacari, comme nous le verrons
plus loin, est plutôt notre *Hyp. duodecimalis.*

L'Hypostome ponctué.

(*Hypostomus punctatus*, nob.)

Une autre espèce du Brésil, qui au premier
coup d'œil a de la ressemblance avec l'*hypostomus duodecimalis* par ses petites taches, se
rapproche plus de notre première espèce par
le nombre des rayons de la dorsale.

Elle a la tête plus étroite; le museau plus pointu; les lignes âpres des écailles moins grosses, moins visibles; les plaques plus petites et plus nombreuses; la dorsale plus haute; les rayons de la pectorale plus longs et moins hérissés; la caudale plus fourchue.

D. 1/7; A. 5; C. 20; P. 1/6; V. 1/5.

La couleur est un vert-brun assez terne, semé partout, même sur les nageoires, d'une très-grande quantité de petits points noirs.

Ce poisson, long d'un pied, vient de Rio-Janéiro : il a été rapporté par M. Gaudichaud.

L'Hypostome goret.

(*Hypostomus verres*, nob.)

Différens hypostomes, envoyés de Cayenne au Muséum, quoique fort semblables à l'*Hyp. plecostomus* pour l'ensemble, nous ont paru aussi constituer une espèce différente, ou au moins une variété bien prononcée.

La crête de leur plaque interpariétale n'est point si comprimée, mais obtuse en dessus, terminée en rond en arrière et garnie d'une âpreté serrée, mais rase et égale. Il en est de même des plis anguleux des pièces de sa cuirasse; ce sont des crêtes saillantes, arrondies et rudes. Les premiers rayons de ses pectorales, plus longs à proportion et obtus, atteignent le milieu des ventrales. Dans certains individus la moitié postérieure en est hérissée d'épines grêles, longues, crochues au bout. Les taches paraissent plus lavées que dans le guacari. Du reste, ces deux poissons se ressemblent par les formes, par les nombres des rayons, et par les autres détails.

D. 1/7; A. 5; C. 18; P. 1/6; V. 1/5.

Dans cette espèce, dont j'ai fait l'anatomie, le foie est aplati, arrondi, peu grand; il est au-dessous d'un estomac dont les membranes sont très-minces, mais qui, soufflé, devient une très-grande poche; la moitié se recourbe pour remonter par une branche assez courte vers l'intestin. Ce canal alimentaire devient très-remarquable et unique dans la famille des silu-roïdes; le diamètre en est très-étroit, mais la longueur égale vingt fois celle du corps. Il est par conséquent très-long, ce qui rend la masse viscérale semblable à une petite pelote de ficelle, lorsqu'on ouvre l'abdomen.

Cette disposition se retrouve dans les autres espèces : ils étaient remplis de vase.

Celui dont nous parlons, porte à Cayenne le nom de *goret,* peut-être à cause de quelque grognement qu'il fait entendre.

Nos individus, envoyés par MM. Leschenault et Doumerc, ou rapportés par M. Frère, sont longs de douze et de quinze pouces.

L'Hypostome de Commerson.

(*Hypostomus Commersonii,* Val., *apud* d'Orbig., atl. icht., Am. mér., pl. 7, fig. 2.)

C'est ici une espèce parfaitement distincte : Commerson en avait laissé une figure sans

description, intitulée *esturgeon de la ence-
nada,* et la croyait de l'espèce décrite par Gronovius, c'est-à-dire, de celle de l'hypostome
plécostome; aussi M. de Lacépède (tom. V,
pl. IV, fig. 2) n'a-t-il pas manqué d'en faire
copier la figure comme une variété de l'hypostome *guacari,* qu'il attribuait à notre plécostome.

Ses formes diffèrent peu, quant au corps et à la
tête, de celles de l'*Hypostomus verres.* Sa plaque
interpariétale n'a point de crête, et se termine en
arrière en une proéminence obtuse. Son âpreté est
rase et serrée. Sa dorsale est plus haute que longue;
ce qui est le contraire de celle de l'Hyp. plécostome.
Son premier rayon pectoral est obtus, fort hérissé
d'épines crochues et serrées; il atteint au tiers ou à
moitié de la ventrale.

D. 1/7; A. 5; C. 16, etc.

Certains individus, peut-être les mâles, ont les
angles longitudinaux de leurs pièces de cuirasses
relevés de petites épines courtes et serrées. Dans tous,
les points noirâtres sont petits et très-fréquens; il y
en a au moins trois ou quatre rangées irrégulières
dans chaque intervalle des rayons de la dorsale; quelquefois ils y sont peu distincts. A l'état frais, le fond
de la couleur est d'un brun verdâtre, d'autant plus
foncé que le poisson est plus grand.

Nous en avons des individus de dix-huit et
de vingt pouces, et d'autres plus petits, pris,

les uns dans la rivière de Saint-François au Brésil, par M. Auguste de Saint-Hilaire, les autres dans le fleuve de la Plata et de ses affluens, par M. d'Orbigny.

Selon cet observateur on rencontre l'espèce depuis les Missions jusqu'à Buénos-Ayres, dans tout le cours du Parana et de l'Uruguay. Ils ne quittent pas les endroits pierreux des fleuves; et quand les eaux baissent, on les prend dans les trous ou sous les pierres isolées : à Corrientes ils se blottissent entre les rochers. Leur natation est assez vive, mais toujours au fond de l'eau. Ils aiment à se tenir en familles, et déposent leurs œufs au mois de Septembre dans les creux des roches. Lorsqu'on les prend ils font entendre des sons rauques et cadencés.

Les Espagnols leur donnent le nom générique de *viega* (vieille); les Guaranis de Corrientes les appellent *yaru-itacua* (grand'mère des trous des pierres). On ne les mange pas dans le pays.

J'ai fait donner une bonne figure de cette espèce dans le bel atlas zoologique du Voyage de M. d'Orbigny : elle est représentée dans la partie ichthyologique pl. VII, fig. 2.

15.　　　　　　　　　32

L'Hypostome a douze rayons dorsaux.

(*Hypostomus duodecimalis*, nob.)

Cette espèce est très-semblable à celle de Commerson, et a à peu près

la même tête, un peu plus grande cependant et un peu plus carénée vers la nuque. Les mêmes crêtes sur le corps, les mêmes lèvres, les mêmes dents; mais elle a deux caractères qui la distinguent parfaitement: son premier rayon dorsal, plus comprimé, moins hérissé, est beaucoup plus long à proportion, et dépasse le milieu de la dorsale, et ce qui est plus marqué encore, cette nageoire, plus longue que haute, a douze rayons, sans compter le petit grain qui est à la base du premier. L'épine de son adipeuse est grande et fort arquée. Les rayons extrêmes de sa caudale ne se prolongent pas beaucoup. L'âpreté de ses pièces de cuirasse est disposée comme par stries. Sa proéminence interpariétale est courte et obtuse.

D. 1/11; A. 1/4; C. 16; P. 1/6; V. 1/5.

Tout son corps et ses nageoires sont couverts de points ou de petites taches d'un brun clair, qui se touchent de manière à ne laisser entre elles que de petits espaces rhomboïdaux ou triangulaires, plus pâles, qui même sur la dorsale paraissent d'un blanc de lait.

Notre individu, long de seize pouces, a été pris dans la rivière de Saint-François au Brésil par M. Auguste de Saint-Hilaire.

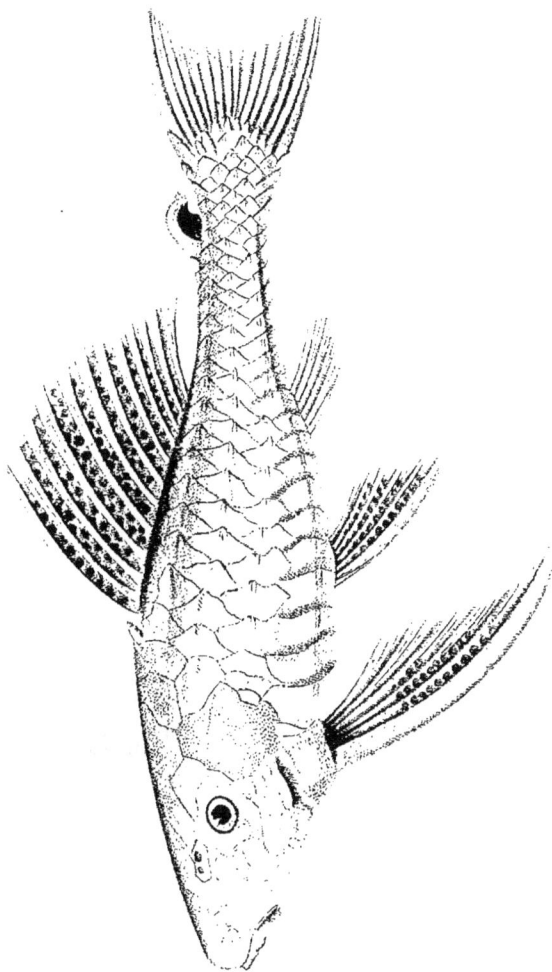

HYPOSTOME à douze rayons dorsaux.

Acorie - Baron pinx.^t

Impr.^{ie} de Langlois.

HYPOSTOMUS duodecimalis, nob.

Dumenil sculp.^t

Nous ne doutons presque pas de son identité avec l'*hypostoma edenticulatum* de Spix,
pl. IV. La seule différence apparente consiste-
rait dans l'absence des tentacules; mais l'individu conservé à Munich, sur lequel M. Agassiz
a fait sa description, étant desséché, il est très-
possible que ces petits filamens y aient été
enlevés ou cachés.

Nous avons lieu de croire que c'est le vrai
guacari du prince Maurice, copié sous ce
nom dans Margrave, p. 166, et dans Pison,
p. 72; du moins est-il certain que sa figure
marque 11 ou 12 rayons à la dorsale. Cependant elle a la tête plus petite à proportion,
et n'est coloriée que d'un gris uniforme, avec
les nageoires jaunâtres; mais Margrave y sup-
plée en décrivant les taches brunes comme
les semences de moutarde semées sur un fond
aunâtre. Il ajoute que ce poisson vit jusqu'à
cinq heures hors de l'eau, et qu'on le mange
après en avoir enlevé la cuirasse, il fait observer qu'il a peu de chair.

Sa description est excellente, et il a même
connu la longueur et l'égale ténuité des intestins de ce genre.

Je rapporterais encore à cette espèce l'*hypostomus multiradiatus,* indiqué plutôt que
décrit par M. Hancock dans le Journal zoo-

logique de Londres, n.º 14, pag. 246, s'il ne réduisait sa taille à huit pouces. Il lui donne treize rayons mous à la dorsale. Ce poisson est nommé, dit-il, *corroncho,* comme d'autres espèces de ce genre, par les Espagnols de la Guiane, et les Indiens warroros lui donnent le nom de *guasiquita.*

L'Hypostome échancré.

(*Hypostomus emarginatus,* nob.)

Cette espèce est plus alongée que les précédentes, et bien moins anguleuse ; sa largeur aux pectorales est six fois dans sa longueur ;

Le contour horizontal de son museau approche de la forme parabolique. Ses épines pectorales atteignent à peine aux ventrales ; elles sont comprimées et hérissées, mais d'épines assez courtes. Les angles de ses pièces de cuirasse, très-peu saillans et nullement relevés en crête, se laissent suivre néanmoins jusqu'à la caudale ; mais son caractère spécifique le plus marqué se montre dans sa plaque interpariétale, relevée au milieu en une carène obtuse et peu marquée, loin de se terminer par une partie saillante ; cette plaque a son bord postérieur échancré.

Les nombres des pièces et des rayons sont les mêmes que dans les précédens.

D. 1/7; A. 1/4; C. 16; P. 1/6; V. 1/5.

A l'état sec, ce poisson paraît brun, avec deux

rangs de taches rondes et noirâtres dans les intervalles des rayons de ses nageoires.

Notre individu, venu du Cabinet de Lisbonne, et probablement originaire du Brésil,
est long de près de vingt pouces.

———

Nous passons maintenant à des espèces où
les angles et les crêtes des côtés s'effacent, et
où la tête et le corps se dépriment par degrés.

L'HYPOSTOME DE ROBIN.

(*Hypostomus Robinii*, nob.)

Son museau est arrondi en demi-cercle ou en
demi-ellipse. Ses yeux, du septième de la longueur
de la tête, sont à trois diamètres l'un de l'autre. Sa
plaque interpariétale n'a point de crête, et a à peine
une convexité légère; elle finit en pointe aiguë, mais
courte. La première et la seconde rangée des pièces
de la cuirasse forment à peine des angles sensibles;
ceux du commencement de la quatrième le sont un
peu davantage. Il n'y a de crêtes sur aucuns, et au-
delà les ventrales, toutes les pièces s'arrondissent. Ses
premiers rayons pectoraux atteignent le tiers des nageoires paires inférieures, et sont obtus et fort hérissés vers leur dernier tiers, quoique leurs épines
soient moins alongées que dans les individus de la
deuxième espèce que nous avons signalés sous ce
rapport.

D. 1/7; A. 1/4; C. 16; P. 1/6; V. 1/5.

Notre plus grand individu, apporté de la Trinité par M. Robin, paraît à l'état sec

d'un brun foncé et pointillé de noirâtre à la tête. Il n'y a qu'une rangée de taches rondes et brunes dans les intervalles des rayons de sa dorsale.

Il est long de huit pouces.

Nous en avons de plus petits, ou du moins que nous ne pouvons en distinguer, des affluens de la Plata, par M. d'Orbigny.

L'Hypostome grenu.

(*Hypostomus granosus,* nob.)

Nous avons reçu de Cayenne un petit hypostome,

remarquable par les fortes granulations charnues, qui sont sur toute la ventouse, et par les plaques osseuses, qui font sous le ventre un large écusson au-devant des ventrales, de manière à ne laisser d'espace nu que la moitié antérieure de l'abdomen, et l'intervalle depuis les ventrales jusqu'à l'anus. Les yeux sont petits et rejetés sur l'arrière du crâne, aux deux tiers de la longueur de la tête, qui surpasse la largeur du corps et fait le quart de la longueur totale. Les narines sont petites et rapprochées. Il n'y a pas d'épines à l'interopercule.

D. 8; A. 7; C. 16; P. 1/7; V. 1/5.

Le premier rayon des ventrales et des pectorales est gros et hérissé.

Ce petit poisson est grisâtre, avec des teintes jaunes ou olivâtres sur la tête; les lèvres sont rougeâtres.

Nos individus sont longs de trois pouces : ils ont été donnés au Cabinet du Roi par M. Le Prieur. La même espèce se retrouve au Brésil. M. Gaudichaud en a rapporté de Rio-Janéiro des individus de même taille que les précédens, et MM. Eydoux et Souleyet l'ont aussi trouvé dans ces mêmes lieux.

Les hypostomes qui vont suivre forment dans ce genre un groupe remarquable, en ce que leur interopercule très-mobile est hérissé d'un faisceau de longues pointes qui peuvent, par le mouvement de l'os que je viens de nommer, ou se tenir cachées dans une fossette pratiquée sous le très-petit opercule de ces poissons, ou, en s'écartant de la joue, faire deux paquets d'épines à pointes recourbées en avant, et que je regarde plutôt comme des moyens de s'accrocher pour que le poisson puisse résister aux grands courants d'eau, que comme une arme défensive.

L'HYPOSTOME EN SCIE.

(*Hypostomus serratus*, nob.)

Cette espèce, rapportée de Surinam au Musée royal de Leyde par M. Diepering, se distingue éminemment

par les quatre ou cinq épines qui arment chacune des crêtes de ses pièces de cuirasse, et vont en grandissant de la première à la dernière; de sorte que ces crêtes lui forment de chaque côté du corps comme quatre rangées de dents de scie, elles-mêmes dentelées.

Du reste, ses formes sont à peu près celles du hypostome de Commerson. Sa tête est très-rude; sa proéminence interpariétale est obtuse, sans crête; le dessus de son museau convexe; son contour arrondi. Ses dents sont plus fortes, mais également à deux courbures rectangulaires et terminées par deux pointes inégales. Il y a à son interopercule quelques épines plus longues que celles des environs, terminées en crochet, et que l'animal peut faire saillir et diverger. La valvule membraneuse qui couvre l'orifice postérieur de sa narine, est remarquablement grande. Son premier rayon pectoral est rond, obtus, fort hérissé, et atteint la base de la ventrale. Sa dorsale est plus longue que haute. Les rayons extrêmes de sa caudale se prolongent d'un quart de sa longueur. Tout ce poisson est d'un brun de chocolat foncé, semé sous le ventre de points blancs et ronds. On en voit aussi quelques-uns sur la base de sa dorsale et sur les rayons de ses nageoires paires, et même un peu sur ceux de sa caudale. Les épines de sa cuirasse sont aussi blanches.

D. 1/8; A. 1/5; C. 16; P. 1/6; V. 1/5.

L'individu qui nous a été communiqué par
M. Temminck est long de huit pouces.

L'Hypostome itacua.

(*Hypostomus itacua*, Val., *apud* d'Orb., Atl. icht.
de l'Am. mér., pl. 7, fig. 1.)

C'est une petite espèce assez semblable à la
précédente

pour cet angle léger des pièces antérieures de la quatrième rangée, et pour la petite proéminence de la
plaque interpariétale; mais, en général, plus rude,
à museau moins circulaire, à joues un peu concaves,
et qui a surtout les yeux plus grands. Leur diamètre
est du quart de la longueur de la tête, et ils sont à
un diamètre et demi l'un de l'autre. Dans la liqueur,
elle paraît brun noirâtre en dessus, plus pâle en
dessous. Les intervalles des rayons de leurs nageoires
ont du noirâtre. Le poisson frais est agréablement
coloré. Le corps est rayé longitudinalement de quatre
bandes bleues, qui alternent avec quatre autres jaunâtres. Le dessus de la tête est bleu; les opercules
ont du jaunâtre, et le bas des joues est jaune plus pur;
la dorsale a les rayons jaunes; la membrane très-
pâle, et quatre raies bleues longitudinales. La caudale, bleuâtre, a aussi à la base quatre traits verticaux bleus, et sur chaque pointe du croissant trois
traits de même couleur, mais plus courts. Les pectorales et les ventrales sont jaunes, rayées de bleu

en travers des rayons. L'anale, jaunâtre, a quelques
mouchetures près du bord. L'adipeuse est bleue.

Nous n'en avons pas de plus de quatre pouces.
Ils viennent des affluens de la Plata, où on les
confond avec les précédens et avec d'autres
sous le nom commun de *yaru itacua*. Leurs
habitudes sont celles des espèces voisines : ils
se tiennent sous les pierres.

L'espèce est représentée dans la partie ichthyologique dont M. d'Orbigny m'a confié la
description, pl. VII, fig. 1. Je lui ai conservé
le nom guarani que ce voyageur nous a indiqué. Je dois cependant faire remarquer que
le dessinateur a fait les yeux trop petits.

L'HYPOSTOME BARBU.

(*Hypostomus barbatus,* nob.)

Dans celui-ci le corps n'a plus d'angles.

La tête et le devant du corps sont déprimés ; les
flancs arrondis.

La longueur de la tête est un peu plus de quatre
fois dans celle du corps. Sa largeur égale sa longueur ; mais sa hauteur à la nuque n'en fait que
moitié. Son contour horizontal est en demi-ellipse.
Les yeux, du sixième de sa longueur, sont à quatre
diamètres du museau, seulement à un du bord occipital et à deux et demi l'un de l'autre. Les narines,

à un diamètre d'œil l'une de l'autre, sont chacune à la même distance de l'œil qui est derrière elle. Les dents sont excessivement fines et nombreuses, mais, d'ailleurs, conformées comme dans les précédens, ainsi que la bouche, le voile des lèvres et les petits tentacules. Tout le pourtour ou le bord externe de la tête, jusqu'aux ouïes, est garni de soies roides, mais rares, comme une barbe mal faite. En arrière, sur l'interopercule, elles s'alongent un peu et se mêlent à des papilles charnues, qui leur donnent l'air de sortir d'une base spongieuse. L'opercule est excessivement petit, et a aussi quelques soies ou épines grêles.

Le premier rayon pectoral est gros, rond, obtus, très-hérissé, et atteint au tiers de la ventrale, dont le premier rayon est âpre et renflé en fuseau dans son milieu. Il en est de même du premier rayon dorsal. La nageoire du dos est plus longue que haute; l'anale est fort petite; la caudale, échancrée en croissant, n'a pas ses rayons extrêmes prolongés.

B. 3; D. 1/7; A. 1/4; C. 16; P. 1/6; V. 1/5.

Tout le dessus de la tête, les pièces de la cuirasse disposées d'ailleurs comme dans les autres, et les rayons des nageoires, sont très-âpres. Sur les pièces de cuirasse l'âpreté est un peu striée; mais tout le dessous, jusqu'à l'anale, est lisse et sans écailles; en quoi l'espèce diffère beaucoup des précédentes.

Dans la liqueur, ce poisson paraît tout entier d'un brun noirâtre, excepté la partie nue du dessous, qui tire au blanchâtre; il y a du nuageux dans la teinte des nageoires.

Nous n'en avons qu'un individu, long de dix pouces, envoyé de *la Mana* au Cabinet du Roi en 1824 par MM. Leschenault et Doumerc : il est long de dix pouces.

*L'*Hypostome a gouttelettes.

(*Hypostomus guttatus*, nob.)

Le Cabinet royal de Leyde a reçu de Surinam un poisson semblable au précédent par tous les caractères importans, et qui n'en diffère

que par un peu moins de longueur de la tête, un peu moins de grandeur des yeux; des soies plus courtes, plus faibles et plus nombreuses au pourtour de la tête, et une rangée de petites taches blanches dans chaque intervalle des rayons de sa dorsale, dont le premier est beaucoup moins rentré. Dans son état actuel (dans la liqueur), sa teinte générale est plutôt roussâtre que noirâtre.

Il est long de neuf pouces.

*L'*Hypostome oursin.

(*Hypostomus guacharote*, nob.)

Nous avons déjà fait remarquer un paquet de soies crochues cachées derrière l'interopercule de l'*hypostomus serratus* et des autres espèces voisines, et qu'il peut à son gré faire saillir et diverger.

Ce singulier genre d'armure se retrouve encore dans l'espèce actuelle. Lorsque l'on soulève son opercule, on voit à l'instant une vingtaine d'épines comprimées, crochues au bout, sortir en quelque sorte d'un creux qui est entre l'interopercule et l'opercule; elles divergent de toute part comme celles d'un oursin. Les plus longues ont à peu près le tiers de la longueur de la tête; elles demeurent ainsi saillantes tant que l'on tient l'opercule très-soulevé; mais lorsqu'il s'abaisse, elles rentrent et se cachent comme elles étaient d'abord.

Du reste, ce poisson, à la grandeur près, ressemble beaucoup au précédent. Il a de même la tête déprimée; la circonscription du museau en demi-ovale; le crâne et les pièces de cuirasse sans crêtes, mais simplement rudes, et les dernières striées; il n'a point de soies autour du museau.

La largeur de la tête, entre ses pectorales, égale sa longueur, et est quatre fois et demie dans la longueur totale.

Le diamètre de l'œil est cinq fois dans la longueur de la tête, et les yeux sont à deux diamètres et demi l'un de l'autre. Les dents sont très-fines et doublement courbées. L'épine pectorale, hérissée et peu arquée, atteint le premier quart de la ventrale, qui est un peu renflée en fuseau. L'épine dorsale est grêle et rude. La caudale, du quart au moins de la longueur totale, est fourchue, et a des lobes très-pointus.

B. 3; D. 1/7 — 1; A. 1/5; C. 16; P. 1/6; V. 1/5.

Tout le dessous est lisse jusqu'à l'anale.

Nos individus, conservés dans la liqueur, paraissent d'un brun roussâtre : ils ne passent pas cinq pouces. Nous les devons à M. Plée, qui les a pris dans les eaux douces de Porto-Ricco. Les Espagnols de cette île les nomment *guacharote,* ce qui est dû sans doute à la même étymologie que *guacari.*

L'Hypostome hérissonné.

(*Hypostomus erinaceus,* nob.)

Nous avons une autre espèce du Chili, très-voisine de la précédente, mais qui s'en distingue,

parce que le corps est plus court et plus gros à la région pectorale, où la largeur est du tiers seulement de la longueur du tronc. Les yeux sont plus écartés et plus verticaux ; les fossettes pour les narines sont plus grandes ; le bout du museau est nu et sans écailles. L'interopercule porte un groupe d'épines à pointes recourbées en avant. Quand le faisceau est sorti du trou, on voit une vingtaine d'épines ; mais quand il se cache, il n'y en a que huit à dix de visibles ; les postérieures, comme à l'ordinaire, sont les plus grandes.

D. 8 ; A. 3 ; C. 15 ; P. 1/5 ; V. 1/5.

Les écailles sont plus grenues, et les pointes de leur pore plus fortes que celles de l'espèce précédente.

Ce petit poisson, long de trois pouces, a été donné au Cabinet du Roi par M. Schlegel.

L'HYPOSTOME CRAPAUDIN.

(*Hypostomus bufonius*, nob.)

M. Pentland a aussi rapporté un hypostome à museau nu, voisin de cet *hypostomus erinaceus*,

mais dont le corps est plus alongé, l'espace nu autour du museau encore plus grand, les yeux moins écartés, les fossettes des narines moins grandes, les faisceaux des épines du préopercule plus gros, les épines plus fortes et plus nombreuses.

D. 8; A. 4, etc.

Le premier rayon de la pectorale et celui de la ventrale sont assez gros et rudes; les écailles sont rudes; mais le bord n'a pas de pointes. Le poisson était verdâtre.

On le confond sous le nom de *crapaud* avec une autre espèce dans le Rio Apurimac, qui descend des montagnes du haut Pérou. Ce savant physicien a pris cet hypostome à environ 2000 mètres de hauteur.

L'HYPOSTOME A FILETS CHARNUS.

(*Hypostomus cirrhosus*, Val. *apud* d'Orb., Atl. icht. du Voy. dans l'Am. mér., pl. 7, fig. 3.)

Cette espèce a toutes les formes et les nombres de la précédente, et les mêmes paquets d'épines crochues et rentrantes derrière l'interopercule; elles sont plus fortes, plus crochues et moins nombreuses : on n'en compte que onze ou douze à chaque paquet. Elle a le corps plus court à proportion. Sa largeur aux pectorales n'est que trois fois et demie dans sa longueur. Ses yeux, plus petits et plus écartés, sont à trois diamètres l'un de l'autre. Ses épines pectorales atteignent seulement à la naissance des ventrales. Le pourtour de son museau, même en dessus sur une large bande, n'est point âpre. Il est revêtu d'une peau molle et douce, qui, selon M. d'Orbigny, reste lisse dans le jeune âge. Plus tard, elle se hérisse de filamens charnus, plus ou moins nombreux, plus ou moins branchus, selon les individus ou même selon les eaux où ces poissons vivent.

D. 1/7; A. 1/4; C. 16; P. 1/6; V. 1/5.

Il nous a envoyé quelques hypostomes tout-à-fait semblables à ceux que nous avons décrits d'abord, et dont le museau était entouré de ces filamens plus courts, moins nombreux dans les uns, plus nombreux, plus longs, souvent fourchus, dans d'autres. Outre le pourtour du museau, il y en a une ou deux rangées qui remontent sur le milieu, jusques au-devant des narines.

Ces poissons, dont le plus long n'a que quatre pouces, paraissent dans la liqueur noirâtres en dessus, gris-brun en dessous; mais à l'état frais, selon M. d'Orbigny, leur teinte ordinaire est verte ou assez foncée, le dos ponctué de jaunâtre clair; le croissant de la caudale est bordé de bleu.

Cet observateur, comme nous croyons devoir le répéter, nous assure que les filamens ne se montrent qu'avec la croissance du poisson, et qu'à un âge peu avancé ils paraissent encore simples; que les individus pris aux Missions, par exemple, avaient les filets beaucoup plus longs et plus divisés que ceux de Buénos-Ayres; à quoi il ajoute que les premiers sont verts, pointillés de jaune, et les seconds, beaucoup plus pâles et presque entièrement jaunes. Ne pourrait-on pas aussi supposer que l'espèce n'était pas la même dans les deux endroits?

Quoi qu'il en soit, il y a de ces poissons dans toute cette étendue de rivières, toujours dans les lieux où les courans sont rapides. Ils s'y cachent en nombre sous les pierres ou dans les trous des rochers, et s'y attachent par la succion de leurs lèvres ou en se cramponnant avec les crochets de leurs épines subopercu-laires, au point qu'il est souvent plus aisé de les rompre que de les arracher. Dès qu'on les touche, ils redressent et écartent leurs épines pour se défendre. Leur natation est assez rapide, et c'est souvent sur le dos qu'ils nagent, habitude qui nous rappelle l'observation si

ancienne faite sur les synodontes du Nil. Ils
se nourrissent de vers, et pondent en Septembre des œufs qu'ils attachent sous les pierres
par un gluten. On ne les mange pas.

C'est cette espèce qui est par excellence le
yaru-itacua ou grand'mère des trous des
pierres des Indiens guaranis.

On la trouve aussi près de Rio-Janéiro:
M. Menestrier nous en a envoyé de ce lieu
une figure très-reconnaissable, et dit que les
Portugais l'y nomment *cambocto*.

Nous avons publié dans l'atlas ichthyologique du Voyage de M. d'Orbigny dans l'Amérique méridionale une figure de cette espèce,
avec les couleurs telles que ce voyageur les a
indiquées. Elle est représentée pl. VII, fig. 3.

L'Hypostome de Temminck.

(*Hypostomus Temminckii*, nob.)

M. Temminck nous a communiqué un hypostome envoyé de Cayenne au Musée royal
de Leyde,

et qui a les mêmes épines, les mêmes filamens et
le même museau nu que ceux que nous venons de
décrire; mais qui a la tête un peu moins large, plus
convexe; les yeux un peu plus écartés, et dont les
épines pectorales atteignent jusqu'au milieu des ven-

trales. Ces proportions indiquent une espèce différente et probablement sujette aux mêmes variations.

L'individu est long de quatre pouces, et paraît dans la liqueur d'un brun-roussâtre clair;
le dessous est blanc.

Nous croyons que c'est le *plecostomus* décrit dans Gronovius, *Mus. ichthyol.*, 2.ᵉ cah.,
au n.° 167.

Seba en représente un individu (tom. III,
pl. XXIX, fig. 12); mais il ne marque pas bien
les filamens de la rangée sur le museau, et ne
représente pas ses épines à l'état d'écartement.
Au reste, ces deux synonymes conviendraient
presque aussi bien à l'espèce précédente, et si
nous les rapportons à celle-ci, c'est parce que
les cabinets de la Hollande renferment généralement plus d'objets de la Guiane que du
Brésil méridional.

Ce qui est certain, c'est que ce n'est point
du tout ici le *loricaria cataphracta* de
Linné, comme l'a voulu Bloch (Syst. posth.,
p. 124).

L'HYPOSTOME CALAMITE.

(*Hypostomus calamita*, nob.)

M. Pentland a rapporté sous le nom de crapaud, que j'ai traduit par celui d'une espèce

du genre *Bufo*, commun dans cette famille
des batraciens, un hypostome encore plus
barbu que celui rapporté par M. d'Orbigny.
Cette espèce a encore d'autres caractères qui
la distinguent :

Elle a le museau large, aplati, et sa circonscription est en demi-cercle. La largeur de la tête entre
les interopercules égale celle entre les épaules et la
longueur de la tête, et elle fait le tiers de celle du
corps, la caudale non comprise. Les yeux, à moitié
de la longueur de la tête, sont écartés entre eux
de cette même longueur; ils sont petits et presque
verticaux.

Les fossettes des narines sont rapprochées des
yeux, et tout le grand espace demi-circulaire du
museau qui est au-devant, a la peau couverte de petites granulations, qui rappellent les plaques du
dessus du crâne, et dans leur intervalle naissent de
gros cirrhes coniques, formant un premier groupe
de huit à neuf sur le devant du museau. De chaque
côté et au-devant de l'interopercule il y en a trois
plus courts; et tout le bord de la lèvre est garni de
tentacules, qui se divisent à l'extrémité. La ventouse
de la lèvre est large et granuleuse; à l'angle il y a un
très-court barbillon. Les dents, jaunâtres et pointues,
forment deux bandelettes étroites à chaque mâchoire.
L'interopercule porte un faisceau de grosses épines,
au nombre de quinze au moins sur chaque os, et
mobile.

Le premier rayon de la pectorale et de la ventrale
est très-gros et très-âpre.

D. 8; A. 1/5; C. 16; P. 1/6; V. 1/5.

Les écailles sont granuleuses, mais sans épines sur le bord. Le poisson paraît avoir été verdâtre, marbré de taches plus foncées. Le dessous du ventre est lisse et blanc.

Ces poissons ont près de six pouces. M. Pentland les a trouvés dans les montagnes du haut Pérou, dans le rio Apurimac.

CHAPITRE XX.

Des Malaptérures, des Ailia.

Nous voici encore arrivés à parler, dans la grande famille des silures, de poissons présentant un caractère très-particulier, qui les constitue en une tribu non moins distincte que les petits groupes que nous avons déjà mentionnés. Ceux-ci manquent de première dorsale; ils n'ont plus sur le dos que la nageoire adipeuse.

C'est à cette famille qu'appartient ce poisson si célèbre par sa puissance électrique, le silure du Nil, qui se trouve aussi dans le Sénégal.

Le MALAPTÉRURE ÉLECTRIQUE.

(*Malapterurus electricus*, Lacép.; *Silurus electricus*, Linn.)

Ce poisson, qui partage avec la torpille et le gymnote le pouvoir de donner des commotions électriques, a été annoncé aux naturalistes en 1756 par Adanson, mais sans description ni figure. On aurait dû cependant en avoir des notions à une époque beaucoup antérieure, si l'on eût fait attention aux trois passages du Recueil des voyages de Purchas.

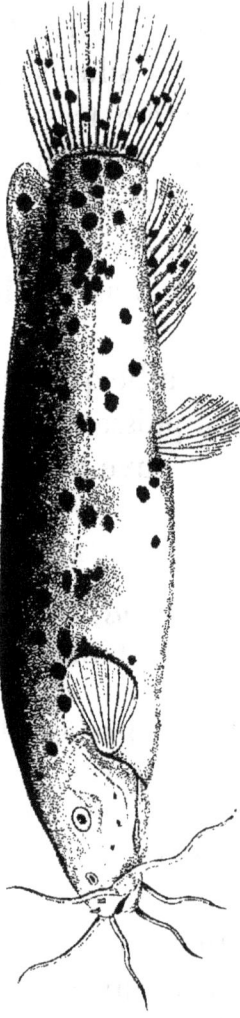

MALAPTÉRURE électrique.

MALAPTERURUS electricus. Lacep.

Acarie-Baron pinx.^t

Impr.^{ie} de Langlois.

Dumenil sculp.^t

Le premier est de 1554. Il est tiré de la relation de J. Nunnez Baretus, envoyé patriarche d'Éthiopie, et d'André Oviédo, son successeur. Il y est dit[1] qu'il existe dans le Nil un poisson, qu'il appelle *torpedo,* ne causant aucune action, si on le tient sans aucuns mouvemens; mais qu'au plus léger que l'on fait, on sent aussitôt dans les artères, les articulations, les nerfs et par tout le corps une douleur vive avec de l'engourdissement, effets qui cessent dès qu'on lâche le poisson.

Un second passage est extrait des observations de maître *Richard Jobson*[2] sur la rivière de Gambia. Il rapporte que dans cette rivière ils retirèrent dans le filet, parmi d'autres poissons, un qui avait le corps large, semblable à une brème, mais d'une plus grande épaisseur (*one like an english* BREME); qu'un des matelots ayant voulu le prendre, il s'écria qu'il avait perdu l'usage de ses mains et de ses bras. Un autre matelot qui le toucha du pied, sentit de l'engourdissement dans la jambe. Ces faits, recueillis en 1620, furent publiés en 1625. Comme nous connaissons l'abondance du silure électrique dans le Nil et dans le

---

1. Purchas, *his pilgrimes*, tom. II, chap. II, pag. 1183.
2. *Ibid.*, tom. II, S. 1, pag. 1568.

Sénégal, et comme la forme indiquée dans le second passage éloigne l'idée que ces observateurs aient eu sous les yeux une raie, nous devons bien croire, malgré le mot de *torpedo* employé dans la première relation, qu'il s'agit ici du silure électrique.

Enfin, le troisième passage va offrir un autre genre d'intérêt; car il va nous prouver que les malaptérures, comme les clarias et les hétérobranches, d'abord connus par les espèces qui vivent dans le Nil, se trouvent à travers toute l'Afrique. On raconte, dans la relation du voyage du frère Joaô dos Sanctos[1], que dans la rivière de Sofala, abondante en poissons gras et savoureux, on trouve un étrange poisson, appelé par les Portugais *Tremedor,* et par les Cafres indigènes *Thinta,* et d'une telle nature qu'on ne peut le prendre en vie sans que les mains et les bras soient frappés de douleurs; mais que quand il est mort, il devient comme un autre poisson, c'est-à-dire qu'il perd cette faculté; on y ajoute que le poisson est estimé et de très-bon goût. Ces passages, que M. le D.ʳ Roulin m'avait dit exister dans Purchas et que j'y ai retrouvés, désignent de la manière la plus claire un pois-

---

1. Purchas, *his pilgrimes*, tom. II, pag. 1546.

son électrique, qui ne peut être autre qu'un malaptérure, sinon de la même espèce, au moins très-voisin de celui du Nil et du Sénégal.

Après avoir rappelé ces premières indications, je dois citer, pour continuer l'historique de la découverte de ces poissons, qu'en 1775 les éditeurs des manuscrits de Forskal ont publié une description fort étendue, laissée par ce savant Danois; mais avec le faux intitulé de *raia torpedo*. Ce n'est qu'en 1782 que Broussonnet, dans les Mémoires de l'académie des sciences, donna la première figure du poisson dont il s'agit, et le rapporta au genre des silures. La gravure du mémoire de Broussonnet a été copiée assez fidèlement dans l'Encyclopédie méthodique. Depuis on a obtenu une connaissance beaucoup plus complète de cette espèce par les observations faites à son sujet en Égypte par M. Geoffroy Saint-Hilaire, et consignées en grande partie dans l'ouvrage descriptif de ce pays et en partie dans les Annales du Muséum[1]. Beaucoup plus tard, vingt-deux ans après le travail de M. Geoffroy Saint-Hilaire, M. Rudolphi, dans les Mémoires de l'académie de Berlin pour

---

1. Ann. du Mus., tom. I.er, 1802.

1824, a donné une description et des figures anatomiques fort détaillées de l'organe auquel ce poisson doit la faculté remarquable qui lui est commune avec un si petit nombre des animaux de sa classe. Le travail du célèbre professeur de Berlin fait beaucoup mieux connaître la structure de l'organe électrique du malaptérure, et on doit regretter que M. Isidore Geoffroy Saint-Hilaire, en publiant, en 1827, la description du *silurus electricus,* n'ait pas eu connaissance du beau travail de l'anatomiste allemand, ou que du moins il n'en ait pas profité. On va voir cependant que malgré ces travaux, il m'est resté encore plusieurs observations anatomiques à faire sur ce poisson, dont il n'existe pas jusqu'à présent de description faite avec assez de détails pour le bien faire connaître.

C'est un poisson gros et court, à tronc arrondi, à tête déprimée, à queue comprimée, mais légèrement; dont l'épaisseur paraît beaucoup varier, selon l'état des individus. Le plus communément sa hauteur vers le milieu, qui est égale à son diamètre transversal au même endroit, est environ cinq fois et demie dans sa longueur. La tête est enveloppée, comme le reste du corps, d'une peau molle et lâche. Mesurée jusqu'au bout de l'opercule, elle est un peu plus de cinq fois dans la longueur totale. Il ne s'en faut pas d'un sixième que sa largeur n'égale sa lon-

gueur; mais sa hauteur à la nuque n'en fait pas
tout-à-fait moitié. Sa face supérieure est presque
plane. Vue en dessus, elle paraît presque carrée, un
peu rétrécie en avant, et tronquée de ce côté en arc
très-ouvert. La bouche occupe toute la largeur de
cet arc, et n'entame que faiblement le côté. L'œil
est un peu plus près du bout de l'opercule que du
bout du museau. Il a le septième de la longueur de
la tête, et est à près de six diamètres de celui de
l'autre côté. Les lèvres sont charnues; la supérieure
de très-peu plus avancée que l'autre. Les quatre orifices des narines sur le devant du museau ont des
rebords membraneux et tubuleux. Les antérieurs sont
plus rapprochés. La base du barbillon maxillaire répond à peu près à leur intervalle; mais la commissure se porte plus en dehors. Ce barbillon est d'un
tiers plus court que la tête, et se termine en fil très-
grêle. Le barbillon sous-mandibulaire externe l'égale
à peu près en longueur; l'interne est un peu plus
court. Les dents sont en fin velours sur une large
bande à chaque mâchoire; il n'y en a point au vomer. L'orifice des ouïes est oblique et fort court,
ne se recourbant point en dessous, en sorte que la
membrane s'attache au corps à la hauteur du bord
inférieur de la pectorale. Tous ses rayons, au nombre
de sept, sont cachés sous la peau. La pectorale, attachée bas, et de forme ovale, a près du dixième
de la longueur totale, et neuf rayons, dont le premier, de moitié plus court et sans branches, est
grêle, mou, et ne rappelle point l'épine des autres
siluroïdes. Les ventrales, à peu près de la grandeur

des pectorales, sortent presque immédiatement après
le milieu du poisson; elles sont peu distantes l'une
de l'autre, arrondies, et de six rayons, dont l'externe sans branches. L'anale commence un peu avant
le dernier tiers, et occupe un peu plus d'un huitième de la longueur; elle est un peu moins haute que
longue, et a douze rayons, dont le premier et même
le second sont petits et cachés dans son bord antérieur.
Entre elle et la caudale est un espace des deux tiers
de sa longueur. L'adipeuse commence vis-à-vis le
dernier quart de l'anale, est coupée en ovale très-
oblique et ne laisse qu'un espace beaucoup moindre
jusqu'à la caudale; celle-ci est un peu arrondie et a
dix-sept rayons, dont les extrêmes sont simples et
de moitié plus courts, et en ont encore un ou deux
petits plus en dehors.

B. 7; D. 0; C. 17; P. 9; V. 6.

La ligne latérale est droite, mince, un peu relevée et presque continue; d'espace en espace elle a
un très-petit brin saillant. La peau de ce poisson
n'est pas lisse, mais semble, au toucher, avoir un
velouté très-fin et très-ras, être un peu ce que les
botanistes nomment tomenteuse. Son fond est d'un
olivâtre plus ou moins foncé. Des taches noires,
très-inégales et irrégulières, y sont semées sans aucun
ordre sur le corps et sur les nageoires. En certains
endroits elles forment des traits, des vergetures; en
d'autres, de simples points : aucune règle n'est observée à cet égard.

Nous avons fait avec soin l'anatomie de ce
poisson, et nous avons étudié non-seulement

sa splanchnologie et son squelette, mais aussi son organe électrique. Voici d'abord la description de ses viscères abdominaux.

Ce silure a le foie petit et plurilobé, presque entièrement situé dans le côté droit de l'abdomen. Sa vésicule du fiel est oblongue et assez grosse. Les lobules secondaires externes s'enfoncent dans des petits sinus, creusés entre les muscles latéraux de l'abdomen, sous la pectorale. Ces petites cavités sont tapissées par le péritoine, qui donne en dessous une bride, pour les fermer et les séparer en apparence de la cavité générale du ventre. On retrouve ici la même disposition que nous avons déjà vue, mais encore plus développée, dans les plotoses.

L'estomac est petit, et donne du fond du sac une branche montante, étroite, qui longe le côté gauche du viscère, passe sous la courbure du foie et entre dans l'hypocondre droit. L'intestin fait ensuite des replis courts, ou, si l'on veut, des sinuosités nombreuses, en conservant un diamètre étroit, et finit, un peu après les deux tiers de la cavité abdominale, par se rendre droit à l'anus. Les épiploons de ce canal intestinal sont larges et très-graisseux, surtout près de l'estomac et vers le rectum. La rate est grosse, ovale, et au-dessus de l'estomac.

La vessie natatoire, ainsi que M. Geoffroy l'a représentée dans l'ouvrage d'Égypte, pl. XII, fig. 4, est oblongue, ou plutôt a le corps en fuseau, pointu en arrière, et donne en avant deux lobes arrondis en boule, qui se placent de chaque côté du corps de la grande vertèbre, en avant des osselets de Webber.

Cette vessie a deux tuniques : une externe, formée d'un tissu cellulaire spongieux; l'interne est mince et fibreuse. Autant que j'ai pu en juger, les reins sont assez gros; ils versent dans une vessie urinaire à deux urnes, ainsi que cela a lieu dans tous les siluroïdes.

La figure 2 de la planche XII de l'ouvrage d'Égypte représente un silure électrique ouvert pour montrer ses viscères; mais je suis obligé de dire que cette figure est très-inexacte et très-vague. Aussi M. Geoffroy fils n'a-t-il pas pu donner une explication de toutes les parties indiquées par les lettres gravées sur la figure.

La marche du canal intestinal, *ii,* n'est certainement pas copiée sur la nature. Il est difficile de deviner ce qu'indiquent *e* et l'espèce de canal double qui se rendent à l'anus; ces corps n'existent pas; aussi M. Isidore Geoffroy n'en parle pas, non plus que du sac indiqué par la lettre *u,* qui est peut-être une représentation inexacte d'une des cornes de la vessie urinaire.

Le crâne du malaptérure a été figuré par M. Geoffroy sur la même planche XII de l'ouvrage d'Égypte, vu en dessus et en dessous: il est accompagné de l'os hyoïde, des rayons branchiostèges et de la grande vertèbre. Malheureusement les sutures ne sont pas marquées

sur ces figures. Je ferai remarquer que sur les
deux figures, *m* et *n* ne représentent pas le
même os, et que M. Geoffroy ne leur assigne
pas de noms. Dans la figure du côté gauche,
je crois *m* un mastoïdien et *n* un occipital
latéral, et sur la figure droite *n* est une branche
de l'hyoïde, et *m* me paraît appartenir à la
mâchoire inférieure. *j* sur la figure. gauche,
n'est pas, comme le dit M. Isidore Geoffroy,
l'os du palais, mais le ptérygoïdien. On voit
donc que les explications de cette planche ne
sont pas plus positives que les figures elles-
mêmes.

Voici les observations que nous avons faites
sur le squelette même.

Le crâne est extrêmement comprimé entre les orbites, et élargi à sa partie postérieure en un rectangle
transverse, dont les angles antérieurs, formés par
les frontaux postérieurs, produisent une longue apophyse cylindrique, à laquelle se suspend la chaîne
des sous-orbitaires, qui de son autre extrémité va
s'attacher entre le palatin et le maxillaire. Ces sous-
orbitaires sont filiformes comme dans tous les silures. L'angle postérieur du rectangle appartient au
mastoïdien. Un surtemporal grêle et presque cylindrique s'étend de cet angle à l'extrémité de l'apophyse
du frontal antérieur. En avant, le crâne est un peu
élargi par une lame horizontale des frontaux antérieurs, et cette lame se continue en descendant un

peu tout le long du côté du sphénoïde antérieur.
L'os qui tient lieu des deux ptérygoïdiens, s'articule,
comme dans le plotose, avec le frontal antérieur.

Le surscapulaire ne se soude pas avec le crâne,
mais s'y articule seulement d'une manière mobile
entre l'angle du mastoïdien et une crête de l'occipital externe.

L'interpariétal, aussi large que long, a une crête
transverse, échancrée au milieu, et donne en arrière une petite pointe comprimée, qui s'enchâsse
dans l'échancrure du sommet de la crête antérieure
de la grande vertèbre; celle-ci a trois apophyses
transverses, dont l'antérieure, après avoir appuyé
contre le surscapulaire, se dilate, comme dans les
schals, en une lame verticale mince, qui tient à la
vessie natatoire; mais il y a cette différence que, dans
le malaptérure, le surscapulaire ne produit point
de lame semblable. Nous avons déjà fait remarquer
que, malgré l'absence d'une forte épine à la pectorale, les os de l'épaule n'ont rien de particulier, et
que le filet osseux dans lequel M. Geoffroy a cru
voir le remplaçant du coracoïdien, est le même arceau qui s'observe dans les autres siluroïdes. La suture inférieure des deux huméraux est assez longue.

Il y a après la grande vertèbre seize vertèbres abdominales, dont les apophyses épineuses sont comprimées, médiocrement hautes, et dont les transverses, déprimées et horizontales, portent les côtes
à leur extrémité.

Il ne commence à y avoir un anneau sous le corps
de la vertèbre qu'aux caudales, qui sont au nombre

de vingt-deux. La vingt-deuxième, qui est l'éventail, a les apophyses inférieures de la vingt et unième et de la vingtième soudées à son bord inférieur.

Les côtes sont assez fortes et de longueur médiocre. Je ne leur vois pas d'appendice dans mon squelette.

Cette description est faite sur des individus conservés dans la liqueur, et de sept ou huit pouces à un pied de longueur ; mais nous en avons de secs jusqu'à vingt-trois pouces. Ceux-ci nous ont été donnés par M. Ehrenberg, qui les a rapportés du Nil. Un des officiers du Luxor en a rapporté de quatorze pouces.

Ces poissons sont célèbres par leur organe électrique.

M. Geoffroy[1], qui l'a décrit le premier, en parle

comme d'un amas de tissu cellulaire serré et épais, composé de véritables fibres tendineuses qui, par leurs différens entrecroisemens, forment un réseau dont les mailles ne sont visibles qu'à la loupe, et dont les petites cellules sont remplies d'une substance albumino-gélatineuse. Il est recouvert, du côté interne, par une très-forte aponévrose, que l'on ne peut en séparer sans la déchirer, et qui tient aux muscles par un tissu cellulaire rare et peu consistant. Une branche du nerf de la huitième paire descend vers le bas de la poitrine, et se porte sous la lame aponévrotique, qu'elle parcourt, en donnant à

1. Ann. du Musée, tom. I.er, pag. 392 et suiv.

15. 34

droite et à gauche des nerfs, qui la percent et pénètrent dans le tissu cellulaire de l'organe, où ils s'épa-
nouissent.

Cette description de M. Geoffroy ne donne,
comme on le voit, qu'une idée de l'extérieur
de l'organe. Il l'a faite dans la direction de
ses idées philosophiques, et en comparant cet
organe à ceux de la torpille et du gymnote.
Il a représenté dans les Ann. du Musée, tome
Ier, pl. XXVI, une raie, une torpille et un
gymnote; et celui-ci, dont nous devons nous
occuper seulement ici, a la peau et l'organe
électrique soulevés et détachés du corps. Il
montre une branche nerveuse, la huitième
paire, et ses ramifications sous l'organe électrique; et l'on voit par l'explication de la
planche, qu'il croit trouver en *m m* les muscles latéraux du corps. Quoique cette figure
laisserait beaucoup à désirer, elle est bien
meilleure que celle gravée dans l'ouvrage
d'Égypte, pl. XII, fig. 3; car l'organe électrique
y est représenté relevé et détaché du corps,
comme s'il formait une des parois de la cavité
abdominale, puisque l'on a dessiné les vertèbres et les côtes, sans montrer par une coupe
les muscles abdominaux. C'est un grand défaut
dont M. Geoffroy fils n'a pas averti dans l'explication, donnée par lui, de cette figure. Il

indique *n n* le nerf de l'appareil électrique;
mais il a oublié de mentionner le vaisseau *o,*
dont le dessinateur a suivi vaguement le trajet,
sans en marquer aucune branche, et qui est
la veine de l'organe électrique qui se rend à
la veine cave. L'artère a été complètement
oubliée.

Il y a sur cette figure une autre erreur
très-grave, dont je ne puis m'empêcher de
parler ici. C'est que M. Geoffroy a laissé représenter des écailles sur la peau de ce silure
électrique. Ceci est contraire à la vérité, en ce
qui touche les caractères spécifiques du poisson; mais c'est contraire aussi à cette loi im-
portante dans la physiologie galvanique des
poissons doués de vertus électriques. Tous
ceux jusqu'à présent connus, que la nature
a pourvus de cette puissance, n'ont sur le
corps ni écailles, ni épines. La torpille, le
gymnote, le malaptérure, ont la peau nue.
On ne saurait trouver une preuve plus évi-
dente de cette loi que dans le *tetrodon electricus,* qui a la peau sans aucunes épines. Ce
genre tétrodon, dont les espèces à corps épineux ont reçu le nom de *hérissons de mer,* en
a deux ou trois de peau nue et sans pointes
osseuses.

En examinant les figures 2 et 3 de la

planche XII de l'ouvrage d'Égypte, on a peine à croire qu'elles aient été faites sur des individus d'une même espèce.

M. Rudolphi a bien reconnu cette tunique aponévrotique décrite par M. Geoffroy. En effet, voici un extrait de ce que dit le célèbre anatomiste et professeur de Berlin.

Immédiatement sous la peau est une membrane propre, composée de cellules rhomboïdales, dont les parois sont serrées les unes contre les autres, comme de petits feuillets. Un raphé aponévrotique longitudinal, allant de la peau aux muscles, tant sur le dos que sous le ventre, la divise en deux parties, une pour chaque côté. Toute sa face interne est doublée d'une aponévrose argentée, composée de fibres qui se croisent. Cette tunique s'étend en dessus jusqu'à l'œil, sauf une échancrure pour la pectorale; en dessous, elle ne dépasse pas les ouïes; en arrière, sa cellulosité ne va pas plus loin que l'anale, et il ne reste que l'aponévrose. Le nerf vague marche sous cette aponévrose, et fournit beaucoup de rameaux, qui la percent pour se rendre dans la cellulosité. Il est accompagné d'une artère venant de la partie antérieure de l'aorte, et d'une veine, qui se rend dans la veine cave près de l'oreillette.

Jusqu'ici M. Rudolphi ne donne qu'une description plus complète de la tunique, décrite par M. Geoffroy; qui n'a vu entre la tunique et les muscles qu'un tissu cellulaire rare et peu consistant.

M. Rudolphi, au contraire, ajoute, qu'il existe encore une tunique propre, couverte de peu de cellulosités, et consistant en un tissu floconneux, irrégulier, d'un genre tout particulier. Lorsqu'on en prend un peu avec des pinces, ce tissu forme des paquets lâches de fibres très-molles, dirigées sans ordre. Une branche nerveuse se montre dessous, et les nerfs intercostaux lui donnent aussi de petits filets. M. Rudolphi n'y a point trouvé de graisse.

Il accompagne son mémoire de quatre planches. On voit sur la première une très-bonne figure du poisson, déjà bien représenté par M. Geoffroy (*loc. cit.*). Sur la planche II, la couche externe de l'organe électrique, celle dont les principaux détails ont été déjà signalés par M. Geoffroy, est relevée; et l'auteur du mémoire de l'académie de Berlin, y a fait dessiner, avec une grande exactitude, le nerf de la huitième paire et ses branches, que M. Geoffroy a représentées trop grosses; l'artère qui naît de l'aorte, la veine qui verse dans la veine cave. Sur une troisième planche M. Rudolphi montre l'organe floconneux, comme il l'appelle, et les nerfs qui s'y distribuent; les muscles latéraux du corps sont mis à découvert, avec leurs faisceaux de fibres en chevron. Sur une quatrième, l'anatomiste, que je cite, a représenté le crâne ouvert, afin de montrer l'origine des nerfs dont il a tracé la marche, et de constater ainsi leur nom et leurs fonctions.

Pour continuer la méthode de travail dont je ne me suis jamais encore départi, depuis la rédaction de notre Histoire des poissons, j'ai vérifié sur la nature les faits avancés par les auteurs qui m'ont précédé.

J'ai reconnu, comme les deux observateurs que je viens de citer, une tunique extérieure, celle décrite par M. Geoffroy,

consistant en une couche épaisse d'un tissu cellulaire spongieux, situé immédiatement sous le derme, et lui adhérant fortement, composé de feuillets minces et croisés, abreuvé d'un fluide gélatineux, doublé à sa face interne d'une aponévrose argentée, à laquelle il adhère fortement. Cette tunique s'étend depuis le front et les ouïes jusque derrière l'anale; son opercule se perd à cet endroit.

Sous cette aponévrose marchent les grands troncs vasculaires et nerveux, dont les rameaux la percent pour se distribuer au tissu qui la recouvre; ils ont été parfaitement bien représentés par M. Rudolphi: puis, sous cette tunique j'ai trouvé la seconde qui a fait le sujet du mémoire de M. Rudolphi. Mais au lieu d'être simple comme l'a cru ce célèbre anatomiste, j'ai découvert qu'elle est composée de six feuillets au moins, semblables entre eux, parfaitement distincts, faciles à séparer l'un de l'autre, ainsi que des muscles sous-jacents, auxquels ils ne tiennent que par un tissu cellulaire lâche et peu abondant. Ces feuillets aponévrotiques s'étendent jusqu'à la caudale; ils sont minces, denses, se laissent étendre sous le doigt; leur surface externe devient floconneuse par l'imbibition de l'eau.

Ces espèces de flocons, qui ressemblent à du coton mouillé, présentent à de forts grossissemens un feutrage de fibrilles d'une petitesse extrême, entrelacées. Les tuniques reçoivent par leur face externe des filets très-fins, du même nerf qui marche sous l'aponévrose. On en voit d'autres, aussi très-fins, qui traversent les six membranes, se rendre à la face interne; ils naissent des intercostaux.

Ces détails donnent aujourd'hui une connaissance aussi exacte, je crois, qu'on puisse l'obtenir avec des animaux conservés dans l'alcool, de l'organe électrique du malaptérure.

Je ferai remarquer que, contrairement à ce que M. Geoffroy a avancé (Ann. du Mus., tom. Ier, pag. 403), le nerf de l'organe électrique de la torpille appartient, comme celui du malaptérure, à la huitième paire, et qu'ainsi cette phrase[1] : « Le système nerveux, « qui complète cet organe électrique, n'a pas « plus de rapports avec les branches nerveuses « que nous avons examinées dans la torpille « et le gymnote, que les tuyaux de ceux-ci « n'en ont avec l'enveloppe particulière du silure trembleur..... » est tout-à-fait inexacte.

---

1. Ann. du Musée, tom. Ier, page 402.

son bon goût, elle n'est pas également saine
pour tout le monde.

Je ferai remarquer que le silure électrique
du Sénégal a les taches plus marquées, et souvent moins nuageuses que celles des individus
pêchés dans le Nil.

———

DES AILIA,

*et en particulier de l'*AILIA BENGALENSIS, Gray.

M. Buchanan a décrit, mais non figuré, un
poisson des eaux douces du Bengale qui a de
l'affinité avec le silure électrique propre à
l'Afrique, en ce qu'il n'a comme lui qu'une
nageoire adipeuse; mais il l'en distingue par
plusieurs autres caractères.

M. Gray a donné de ce poisson une figure,
pl. III, fig. 2, de la première livraison de la Zoologie indienne du major-général Hardwick.
C'est à l'aide de ces documens que nous allons
parler de ce poisson, dont M. Gray a indiqué
un nom sous-générique que nous adoptons,
comme celui de ce nouveau genre.

Par l'ensemble, il rappelle beaucoup le Schilbé
oudné. Tout son corps est comprimé, presque comme
une lame de couteau; sa petite tête elle-même est
assez comprimée.

Sa hauteur, à la naissance de l'anale, est cinq fois et demie dans la longueur totale, et son épaisseur quatre fois dans sa hauteur. La ligne de son ventre est plus convexe que celle de son dos. La longueur de sa tête est sept fois dans sa longueur totale; à la nuque, elle est d'un tiers moins haute que longue, et de moitié moins large que haute. Le profil de la tête se continue en ligne droite avec le dos. Les mâchoires sont à peu près égales. La bouche prend à peine plus d'un cinquième de la longueur de la tête. Les dents, tant aux mâchoires qu'au palais, sont presque imperceptibles. L'œil est derrière la commissure et un peu plus bas, et a le quart environ de la longueur de la tête en diamètre. Les huit barbillons, à peu près égaux entre eux et très-fins, atteignent presque à moitié de la longueur du corps. La pectorale en a le septième; les ventrales, sous le tiers postérieur des pectorales, n'ont que le quart de leur longueur; en sorte que, dans le système linnéen, on pourrait regarder ce poisson comme thoracique. L'anale commence sous la pointe des pectorales, au quart antérieur de la longueur totale, et en occupe près de moitié; la caudale en prend un cinquième, et est fourchue, à lobes pointus. La très-petite adipeuse est un peu en arrière du tiers postérieur.

B. 8; D. — 0; A. 72; C. 17; P. 1/13; V. 6.

Tout ce poisson paraît argenté, un peu plombé sur le dos, et avec un peu de noirâtre vers le bord postérieur de la caudale; ce sont aussi les couleurs du frais, selon M. Buchanan.

Notre individu est long de cinq pouces et demi, et l'espèce n'en passe guère sept.

Elle habite les eaux douces du Bengale, et est réputée pour un bon manger.

FIN DU TOME QUINZIÈME.

AVIS AU RELIEUR

POUR PLACER LES PLANCHES.

BIBLIOTHÈQUE NATIONALE
R.F.
IMPRIMÉS

www.ingramcontent.com/pod-product-compliance
Lightning Source LLC
Chambersburg PA
CBHW060832220326
41599CB00017B/2306